农作物高效间套作实用技术与种植模式图解

NONGZUOWU GAOXIAO JIANTAOZUO SHIYONG
JISHU YU ZHONGZHI MOSHI TUJIE

高丁石 等 主编

U0395200

中国农业出版社
北京

图书在版编目（CIP）数据

农作物高效间套作实用技术与种植模式图解 / 高丁
石等主编 . —北京：中国农业出版社，2023.1
　　ISBN 978 - 7 - 109 - 30407 - 9

　　Ⅰ.①农… Ⅱ.①高… Ⅲ.①作物—间作—图解②作
物—套作—图解 Ⅳ.①S344 - 64

中国国家版本馆 CIP 数据核字（2023）第 014718 号

中国农业出版社出版

地址：北京市朝阳区麦子店街 18 号楼
邮编：100125
责任编辑：郭银巧
版式设计：王　晨　责任校对：刘丽香
印刷：中农印务有限公司
版次：2023 年 1 月第 1 版
印次：2023 年 1 月北京第 1 次印刷
发行：新华书店北京发行所
开本：880mm×1230mm　1/32
印张：8
字数：228 千字
定价：38.00 元

《农作物高效间套作实用技术与种植模式图解》

编 委 会

主　编：高丁石　董县中　马文全　袁献明

　　　　桑爱云　杨志刚　许海生　夏书贞

副 主 编：（以姓氏笔画为序）

　　　　代大伟　刘国堂　刘晓雯　齐浩然

　　　　李有太　李虹建　张利宾　张雪江

　　　　张瑞霞　周现伟　孟银芳　常丁皓

编写人员：（以姓氏笔画为序）

　　　　马文全　王义辉　王坤欢　代大伟

　　　　刘国堂　刘建军　刘春红　刘晓雯

　　　　齐浩然　许海生　李　珂　李有太

　　　　李虹建　杨文静　杨志刚　张文川

　　　　张利宾　张雪江　张瑞霞　周现伟

　　　　孟银芳　袁献明　夏书贞　高丁石

　　　　桑爱云　常丁皓　董县中　裴桂泉

前言
FOREWORD

    我国传统农业经历了几千年的发展历程，积累了大量的精耕细作经验，尤其是农作物间、套、复种栽培技术，是我国劳动人民长期生产实践经验的结晶，也符合我国人口多耕地少的国情，在由现阶段农业转型升级的过程中，应继承和发展这一技术。纵观我国农业发展历史，有理由相信，在有限的耕地上，通过高效间套模式种植，能够生产出更多的农产品，能够获得更大的经济效益。高效间套作模式化种植技术在农业现代化进程中，仍将发挥日益重要的作用。

    农作物高效间套种植技术是在时间上和空间上的集约化，能够充分利用光、热、水、土资源，提高土地和光能利用率，具有增产增收、改善农田生态条件的重要作用。随着社会主义市场经济的发展，间套种植模式化栽培迅速发展，加上现代农业科技成果的应用和农业生产条件的不断改善，使之在技术上有了新的创新和提高，已进入了一个崭新的发展阶段，在近些年的生产实践中，涌现出了许多高产高效间套种植模式。为了适应新时代农业发展需求，促进间套种植技术健康发展，满足广大农民迫切希望通过高效间套种植模式栽培提高种植业效益、尽快走向富裕之路的要求，编写了该书，目的在于宣传普及高效种植新技术，继承传统农业技术，创新现代农业技术，为现代农业发展尽微薄之力。

本书较系统地阐述了农作物间套种植的增产机理、栽培技术原则和应具备的基本条件，并对 30 多种农作物栽培技术要点进行了总结，对近些年来增产增收且生态效益明显的露地高效间套种植模式与温棚设施高效间套作栽培模式进行了逐一介绍。本书以理论和实践相结合为指导原则，深入浅出，通俗易懂，图、表、文并茂，可操作性强。愿能在现代生态农业发展中起到抛砖引玉作用，继承与创新这一传统农业技术精华。

由于编者水平所限，书中不当之处，敬请读者批评指正。

编　者

2022 年 3 月

目 录
CONTENTS

目录

视频目录

>>> 第一章　概　述

第一节　高效间套种植的概念与意义

（一）高效间套种植的概念

高效间套种植是我国农民在长期生活实践中，逐步认识和掌握的一项增产措施，也是我国农业精耕细作传统的一个重要组成部分。生产实践证明，由于人均耕地不断下降，耕地后备资源有限，靠扩大种植面积增加农作物总产量的潜力甚小，而提高单一作物的产量，又受品种与作物的本身生理机制和现有科技水平等条件的限制。因此，在农业资源许可的情况下，运用间套种植方式，充分利用空间和时间，实行立体种植，就成为提高作物单位面积产量和经济效益的根本途径。

高效间套种植是相对单作而言的。单作是指同一田块内种植一种作物的种植方式，如大面积单作小麦、玉米、棉花等。这种方式作物单一，耕作栽培技术单纯，适合各种情况下种植，但不能充分发挥自然条件和社会经济条件的潜力。

间作是指同一块地里成行或带状（若干行）间隔地种植两种或两种以上生长期相近的作物。若同一块地里不分行种植两种或两种以上生长期相近的作物则叫做混作。间作与混作在实质上是相同的，都是两种或两种以上生长期相近的作物在田间构成复合群体，只是作物具体的分布形式不同。间作主要是利用行间；混作主要是利用株间。间作因为成行种植，可以实行分别管理，特别是带状间作，便于机械化和半机械化作业，既能提高劳动生产率，又能增加经济效益。

套作则是指两种生长季节不同的作物，在前茬作物收获之前，就套播后茬作物的种植方式。此种种植方式，使田间两种作物既有构成复合群体共同生长的时间，又有某一种作物单独生长的时间。既能充分利用空间，又能充分利用时间，是从空间上争取时间，从时间上充分利用空间，是提高土地利用率、充分利用光能的有效形式。这是一种较为集约的种植方式，对作物搭配和栽培管理的要求更加严格。

（二）高效间套种植的意义

正确运用高效间套种植技术，即可充分利用土地、生长季节和光、热、水等资源，巧夺天时地利，又可充分发挥劳力、机力、水、肥等社会资源作用，从而达到稳产高效的目的。我国的基本国情是人多地少，劳动力资源丰富，随着人口的不断增加，人均耕地相应减少，而人们对粮食和农产品的需求量却在日益增加，这就需要人们把传统农业的精华与现代化农业科学技术结合起来，赋予高效间套种植以新的时代内容，使其为现代化农业服务。当前出现的许多新的高产高效间套模式，已经向人们展示了传统农业的精耕细作与现代化农业科学技术相结合的美好前景，特别是在人口密集、集约经营、社会经济条件和自然经济条件较为优越的农区，高效间套种植将是提高土地生产率的最有效措施之一。因此，高效间套种植在农业现代化的发展中，仍具有强大生命力和深远的意义。

第二节　高效间套种植的增产机理

作物高效间套种植是人们在认识自然过程中，模拟自然群落的成层规律和演绎规律，逐步在农业生产实践中创造的形式多样的人工复合群体。高效间套种植的群落中包含有种内关系，也有种间关系，有同时共生的作物之间的关系，也有时间上前后接茬作物之间的关系。概括而言，就是两种或两种以上作物的竞争与互补关系。在农业生产中，只看到作物间套种植的互补关系而看不到竞争关系，或者只看到竞争关系而看不到互补关系，都是片面的，都不利于农业生产水平的提高。全面地研究与了解作物立体间套种植竞争与互补关系及其机理，有助于选择适宜的高产复合群体和制订相应的农业调控措施。只有根据当地现时生产条件，尽可能的协调好竞争关系，充分发挥其互补作用，巧妙地利用自然规律，充分利用土地、阳光和季节，减少竞争，趋利避害，农业生产水平才能得到不断提高，农业生产效益才能不断增加。一般认为高效间套种植有以下四个增产效应：

（一）空间互补效应

在作物立体间套种植复合群体中，不同作物的高矮、株型、叶型、叶角、分枝习性、需光特性、生育期等各不相同。这也为其实现立体间套作空间互补提供了条件。一是通过合理搭配种植，增加复合群体的总密度，能够充分利用空间，增加截光量和侧面受光，减少漏光与反射，改善群体内部的受光状况；二是通过不同需光特性作物的搭配（如喜光作物与耐阴作物搭配），可实现光的异质互补；三是通过不同生育期作物的搭配，可提高光热资源利用率。一般较为理想的复合群体表现为，上部叶片上冲，株型紧凑，喜强光；下部叶子稠密，叶片平伸，适应于较低光强，这样的群体可获得良好空间互补效应。如玉米与矮秆豆类作物间套作构成的复合群体，叶面结构镶嵌，变单种的平面受光为立体受光，增加了同化层的受光面积，间作玉米侧面受光量明显增加，从而延长了作物的光合时间，增加光合产物的合成和积累。

在复合群体中，作物有互补也有竞争。互补与竞争的特殊表现形式是边际效应，有边行优势也有边行劣势。一般种植在边际的高位作物，由于通风透光和营养条件较好，因而可产生边行优势。边行劣势一般在间套种植中处于高位作物下的矮作物上表现，其减产幅度决定于高位作物的高度和密度、矮作物的高度及与高作物的距离、矮作物自身特性等。生产中要尽可能发挥边行优势，尽量减少边行劣势。

（二）时间互补效应

高效间套种植能争取农时季节，相对地增加了作物的生长期和积温，可以充分利用环境资源，而且可以调剂农活。采取错期播种办法，使不同间套种植作物吸水高峰错开，可以减缓竞争，合理利用环境资源，提高产量。据调查，黄淮海平原套作玉米比复种玉米至少可以增加有效积温 $400\sim650\,℃$，并能把原来的早熟或中熟夏玉米品种更换为生育期更长、增产力更大的中熟或晚熟品种，充分发挥品种增产优势，而且全年积温保证率可达 $90\%\sim97\%$。

（三）土壤资源互补效应

作物高效间套种植不仅能充分利用地力，在一定程度上还有养地的效果。一是不同作物根系类型及分布特点有差异。一些作物根系扎得深，分布广，吸收能力强；一些作物扎根浅，分布集中，相对来说吸收力较差。如玉米、西瓜、棉花等作物根系较深，分布在 $40\sim50$ 厘米表土层，而小麦、花生、白菜、芝麻、大豆、甘薯等作物根系密集，分布浅，集中分布在 $15\sim30$ 厘米土层中。因此，不同作物吸收不同层次土壤养分也为间套种植提供了理论依据。二是不同作物或同一作物不同的生育阶段，吸收水、肥的能力，对水、肥的需求量，以及吸肥的种类存在差异，如禾谷类作物需要氮素多而需磷、钾素相对较少，且需肥比较集中；豆类作物吸收氮素少而需磷、钾素较多；瓜菜类需氮钾较多且需求量较大。三是作物残茬的差异。各种作物残留物在质与量上均有明显差异，如豆类作物具有固氮根瘤菌，其破裂根瘤、残枝落叶、分泌物留于土壤中，不仅有益于间套种植作物的生长，而且可以培肥地力。四是不同作物根系分泌物及相互作用效应不同。每种作物在生长中都产生一些代谢物，通过挥发、淋洗、根分泌、残体分解等方式释放于周围环境中，对临近作物或下茬作物生长产生促进或抑制作用，某些分泌物甚至可以消除病虫、抑制杂草等。

（四）作物适应性互补效应

各种作物对病虫及恶劣气候的适应能力不同。一般来说，单作抗御自然灾害的能力低，而根据各种作物抗逆力和适应性的差异，合理地进行间套种植，可以发挥互补作用，最大限度地减轻灾害造成的损失。在生产实践中，复合群体绝对的互补是很难找到的，往往是竞争与互补同时存在，但合理的竞争常会带来有益的互补，一般情况下，作物间套种植的产量常介于单作种植时的高、低产量之间，即比高产作物单作产量低，比低产作物单作产量高，但总产高于单作联合产量。如果作物合理搭配，优化种植方式，可压低竞争损失，从而使间套种植产量不仅高于单作联合产量，而且也可高于高产作物的单作产量。

第三节　搞好高效间套种植应具备的基本条件

作物高效间套种植方式在一定季节内单位面积上的生产能力比常规种植方式有较大的提高，对环境条件和营养供应的要求较高，只有满足不同作物不同时期的需要，才能达到高产高效的目的。在生产实践中，要想搞好高效间套种植，多种多收，高产高效，必须具备和满足一定的基本条件。

（一）土壤肥力条件

要使高效间套种植获得高产高效，必须有肥沃的土壤作为基础。只有肥沃的土壤、水、肥、气、热、孔隙度等因素协调，才能很好地满足作物生长发育的要求。从结构层次看，通体壤质或上层壤质下层稍黏为好，并且耕作层要深厚，以 30 厘米左右为宜，土壤中固、液、气三相比以 $1:1:0.4$ 为宜，土壤总孔隙度应在 55% 左右，其中大孔隙度应占 15%，小孔隙度应占 40%。土壤容重值在 $1.1\sim1.2$ 为宜。土壤养分含量要充足。一般有机质含量要达到 1% 以上，全氮含量要大于 0.08%，全磷含量要大于 0.07%，全钾含量应在 1.5% 左右，其中速效磷含量要大于 0.002%，速效钾含量应达到 0.015%。此外作物需要的微量元素也不能缺乏，同时，高产土壤要求地势平坦，排灌方便，能做到水分调节自由。

（二）水资源条件

一般认为水资源总量是由地表水和地下水资源组成的，即河流、湖泊、冰川等地表水和地下水参与水循环的动态水资源的总和。世界各地自然条件不同，降水和径流差异也很大。我国水资源受降水的影响，其时空分布具有年内、年际变化大以及区域分布不均匀的特点。其中 45％的降水转化为地表和地下水资源，55％被蒸发和蒸散。降水量夏季明显多于冬季，干湿季节分明，多数地区在汛期降水量占全年水量的 60％～80％。

我国水资源总的情况是总量相对丰富，居世界第 6 位，但人均占有量少，只相当于世界人均水资源占有量的 1/4，居世界第 110 位，是世界上 13 个贫水国之一。另外，因时空分布不均匀，导致我国南北方水资源与人口、耕地不匹配，南方水资源较丰富，北方水资源较缺乏，同时北方耕地面积占全国耕地面积的 3/5，水资源量却只占全国的 1/5，水资源缺乏尤其严峻。

从全球来看，70％左右的用水量被农业生产所消耗，因此我国要搞立体农业，首先要改善水资源条件，特别是在北方农业区，只有在改善了水资源条件的基础上，才能大力发展立体农业；要在搞好南水北调大型水利工程前提下，同时开展节水农业的研究与示范，走节水农业的路子，集约化农业才能持续稳步发展。

（三）人才与科学技术水平条件

农作物高效间套种植是两种或两种以上作物组成的复合群体，群体间既相互促进，又相互竞争，高产高效的关键是发挥群体的综合效益。因此，相比单作种植，农作物高效间套种植栽培管理的技术含量高，用工量大，时间性强，所以必须有充足并掌握一定的农业科学技术的人才，否则可能造成多种不多收，投入大产出少的不良后果。

科学技术是农业发展的最现实、最有效、最具潜力的生产力。特别是搞高效间套种植生产更需要先进的、综合的农业科学技术来支撑。世界农业发展的历史表明，农业科技的每一次重大突破，都带动了农业的发展。20 世纪 70 年代的"绿色革命",大幅度地提高了世界粮食生产水平,80 年代取得重大进展的生物技术和 90 年代快速发展的信息技术被应用到农业上,使世界农业科技的一些重要领域取得了突破性进展。进入 21 世纪,知识经济与经济全球化进程明显加快、科技实力的竞争已成为世界各国综合国力竞争的核心。面对人口持续增长、耕地面积逐年减少、人民生活水平逐步提高这三大不可逆转的趋势,新形势下要加快农业的发展,实现农业大国向农业强国的历史性跨越,必须不失时机地大力推进农业科技进步,从而带动高效间套农业生产的发展。

推进农业科技进步,要进一步深化科技体制改革,要按市场来配置科研资源,提高资源运行效率。一是按照自然区划逐步形成一批符合地域资源特色、产业开发特色的农业研究开发中心、农业试验站,创办各类科技示范点。二是建立多元化的农业科技推广服务体系,促进农业科技成果产业化,解决农业科技与经济脱节问题。三是要进一步加强对农业科技发展方向与重点的战略性调整。

农业科技要围绕发展优质、高产、高效、安全、生态农业,加强农产品质量标准体系和质量监测体系的研究,提升我国农业的国际竞争力水平。要进一步加强农业科研攻关,提高农业科技创新能力。要进一步加强农业科技与农业产业化的有机结合和相互促进。要多渠道、多层次增加对农业科技的投入,更要大力加强农业科技队伍建设,培养和造就大批高素质的农业科技人才,特别是创新人才,已经成为生产力发展的核心要素,要下大力气改善人才队伍结构,加大中青年人才选拔培养力度,充分发挥中青年科技人才的积极性和创造性,为立体间套作农业服务。

第四节 农作物高效间套种植的技术原则

农业生产过程中存在着自然资源优化组合和劳动力人才资源优化组合的问题。由于农业生产受多种因素的影响和制约,有时同样的投入会得到不同的收益。生产实践证明,粗放的管理和单一的种植方式谈不上优化组合自然资源和劳动力人才资源，反而会造成资源的浪费。搞好耕地栽培制度改革，合理地进行茬口安排，科学地搞好立体间套种植才能最大限度地利用自然资源和劳动力资源。作物立体间套种植，有互补也有竞争，其栽培的关键是通过人为操作，协调好作物之间的关系，尽量减少竞争等不利因素，发挥互补的优势，提高综合效益，尤其要研究在人工复合群体中，分层利用空间，延续利用时间，以及均匀利用营养面积等。总的来说，栽培上要搞好品种组合、田间的合理配置、适时播种、肥水促控和田间统管等工作。

（一）合理搭配作物种类

合理搭配作物种类，首先要考虑对地上部空间的充分利用，解决作物共生期争光的矛盾和争肥的矛盾。因此，必须根据当地的自然条件、作物的生物学特征合理搭配作物，通常是"一高一矮""一胖一瘦""一圆一尖""一深一浅""一阴一阳"的作物搭配。

"一高一矮"和"一胖一瘦"是指作物的株高与株型搭配，即高秆与低秆作物搭配，株型肥大松散、枝叶茂盛、叶片平展生长的作物与株型细瘦紧凑、枝叶直立生长的作物搭配，以形成分布均匀的叶层和良好的通风透光条件，既能充分利用光能，又能提高光合效率。

"一圆一尖"是指不同形状叶片的作物搭配。即圆叶形作物（如豆类、棉花、薯类等）和尖叶作物（多为禾本科）搭配。这里豆科与禾本科作物的搭配也是用地养地相结合的最广泛的种植方式。

"一深一浅"是指深根系与浅根系作物的搭配，可以充分利用土壤中的水分和养分。

"一阴一阳"是指耐阴作物与喜光作物的搭配，不同作物对光照强度的要求不同，有的喜光、有的耐阴，将两者搭配种植，彼此能适应复合群体内部的特殊环境。

在搭配好作物种类的基础上，还要选择适应当地条件的丰产型品种。生产实践证明，品种选用得当，不仅能够解决或缓和作物之间在时间上和空间上的矛盾，而且可以保证几种作物同时增产，又为下茬作物增产创造有利条件。此外，在选用搭配作物时，应注意挑选那些生育期适宜、成熟期基本一致的品种，便于管理、收获和安排下茬作物。

（二）采用适宜的配置方式和比例

搞好高效间套种植，除必须搭配好作物的种类和品种外，还需安排好复合群体的结构和搭配比例，这是取得丰产的重要技术环节之一。采用合理的种植结构，既可以增加群体密度，又能改变通风透光条件，是发挥复合群体优势，充分利用自然资源和协调种间矛盾的重要措施。密度是在合理种植方式基础上获得增产的中心环节。复合群体的结构是否合理，要根据作物的生产效益，田间作业方式，作物的生物学性状，当地自然条件及田间管理水平等因素妥善地处理配置方式和比例。

带状种植是普遍应用的高效间套种植方式。确定耕地带宽度时，应本着"高要窄，矮要宽"的原则，要考虑光能利用，也要照顾到机械作业。此外，对相间作物的行比、位置排列、间距、密度、株行距等均应做合理安排。

带宽与行比主要决定于作物的主次、农机具的作业幅度、地力水平以及田间管理水平等。一般要求主作物的密度不减少或略有减少，而保证主作物的增产优势，达到主副作物双丰收，提高总产的目的。

间距指的是作物立体间套种植时两种作物之间的距离。只有在保持适当的距离时，才能解决作物之间争光、争水、争肥的矛盾，又能保证密度、充分利用地力。影响间距的因素有：带的宽窄，间套作物的高度差异、耐阴能力、共生期的长短等。一般认为宽条带间作，共生期短，间距可略小，共生期长，间距可略大。

对间套种植中作物的密度不容忽视，不能只强调通风透光而降低密度。与单作相比，间套种植后，总密度是应该增加的。各种作物的密度可根据土壤肥力及合理配置原则来确定。围绕适当放宽间距、缩小株距、增加密度，充分发挥边行优势，提高光、热、气利用的原则，各地总结出了"挤中间、空两边"和"并行增株""宽窄行""宽条带""高低垄"间作等经验。

（三）掌握适宜的播种期

在高效间套种植时，不同作物的播种时期直接影响了作物共生期的生育状况。因此，只有掌握适宜播期，才能保证作物良好生长，从而获得高产，特别是在套作时，更应考虑适宜的播种期。套作过早，共生期长，争光的矛盾突出；套作过晚，不能发挥共生期的作用。为了解决这一矛盾，一般套作作物掌握"适期偏早"的原则，再根据作物的特性、土壤墒情、生产水平灵活掌握。

（四）加强田间综合管理，确保全苗壮苗

作物采用高效间套种植，将几种作物先后或同时种在一起组成的复合群体管理要复杂得多。由于不同作物发育有早有迟，总体上作物变化及作物的长相、长势处于动态变化之中，虽有协调一致的方面，但一般来说，对肥、水、光、热、气的要求不尽一致，从而构成了矛盾的多样性。作物共生期的矛盾以及所引起的问题，必须通过综合的田间管理措施加以协调解决，才能获得全面增产，提高综合效益。

运用田间综合管理措施，主要是解决间套种植作物的全苗、前茬收获后的培育壮苗及促使弱苗向壮苗转化等几个关键问题。

套种作物全苗是增产的一个关键环节。在套种条件下，前茬作物处于生长后期，耗水量大，土壤不易保墒，此时套种的作物，很难达到一播全苗。所以，生产中要通过加强田间管理，满足套种作物种子的萌芽、出苗的条件，实现一播全苗。

在高效间套种植田块，不同的作物共生于田间，存在互相影响、相互制约的关系，如果管理跟不上去或措施不当，往往影响前、后茬作物的正常生长发育，或顾此失彼，不能达到均衡增产。因此，必须科学管理，才能实现优质、高产、高效、低成本。套种作物的苗期阶段，生长在前茬作物的行间，往往由于温、光、水、肥、气等条件较差，长势偏弱，而科学的管理就在于创造条件，促

弱转强，克服生长弱，发育迟缓的特点。套种作物共生期的各种管理措施都必须抓紧，适期适时地进行间苗、中耕、追肥、浇水、治虫、防病等。管理上不仅要注意前茬作物的长势、长相，做到两者兼顾，更要防止前茬作物的倒伏。

前茬作物收获后，套种作物处于优势位置，充分的生长空间，充足的光照，田间操作也方便，此时是促使套种作物由弱转强的关键时期，应抢时间根据作物需要以促为主地加强田间管理，克服"见粒忘苗"的错误做法。如果这一时期管理抓不紧，措施不得当，良好的条件就不能被充分利用，套种作物的幼苗就不能及时得以转化，最终会影响间套种植的整体效益。所以，要使套种作物高产，前茬作物收获之后一段时间的管理是极为重要的。

(五)增施有机肥料

农作物高效间套种植，多种多收、产出较多，对各种养分的需要增加，因此，需要加强养分供应，以保证各种作物生长发育的需要。有机肥养分全、来源广、成本低、肥效长，不仅能够供应作物生长发育需要的各种养分，还能改善土壤耕性，协调水、气、热、肥因素，提高土壤的保水保肥能力，且对增加作物营养，促进作物健壮生长，增强抗逆能力，降低农产品成本，提高经济效益，培肥地力，促进农业良性循环有着极其重要的作用。

有机肥料种类较多、性质各异，在使用时应注意各种有机肥的成分、性质，做到合理施用。

1. 动物质有机肥的施用　动物肥料有人粪尿、家畜粪尿、家禽粪、厩肥等。人粪尿含氮较多，而磷、钾较少，所以常做氮肥施用。家畜粪尿中磷、钾的含量较高，而且一半以上为速效性，可做速效磷、钾肥料。马粪和牛粪由于分解慢，一般做厩肥或堆肥基料施用较好，腐熟后作基肥使用。人粪和猪粪腐熟较快，可做基肥，也可作追肥加水浇施。厩肥是家畜粪尿和各种垫圈材料混合积制的肥料，新鲜厩肥中的养料主要为有机态，作物大多不能直接利用，待腐熟后才能施用。

有机肥料腐熟的目的是为了释放养分，提高肥效，避免肥料在土壤中腐熟时产生某些对作物不利的影响，如与幼苗争夺水分、养分或因局部地方产生高温、氮浓度过高而引起的烧苗现象等，有机肥料的腐熟过程是通过微生物的活动，使有机肥料发生两方面的变化，从而符合农业生产的需要。在这个过程中，一方面是有机质的分解，增加肥料中的有效养分；另一方面是有机肥料中的有机物由硬变软，质地由不均匀变得比较均匀，并在腐熟过程中，使杂草种子和病菌虫卵大部分被消灭。

2. 植物质有机肥的施用 植物质肥料中有饼肥、秸秆等。饼肥为肥分较高的优质肥料，富含有机质、氮素，并含有相当数量的磷、钾及各种微量元素，饼肥中氮磷多呈有机态，为迟效性有机肥。作物秸秆也富含有机质和各种作物营养元素，是目前生产上有机肥的主要原料来源，多采用厩肥或高温堆肥的方式进行发酵腐熟后作为基肥施用。

随着生产力的提高，特别是灌溉条件的改善，在一些地方也应用了作物秸秆直接还田技术。在应用秸秆还田时需注意保持土壤墒足和增施氮素化肥，由于秸秆还田的碳氮比较大，一般为（60～100）：1，作物秸秆分解的初期，首先需要吸收大量的水分软化和吸收氮素来调整碳氮比（一般分解适宜的碳氮比为 25:1），所以应保持足墒和增施氮素化肥，否则会引起干旱和缺氮。试验证明，小麦、玉米、油菜等秸秆直接还田，在不配施氮、磷肥的条件下，不但不增产，反而会出现较大程度的减产。

在一些秋作物上，如玉米、棉花、大豆等适当采用麦糠、麦秸覆盖农田新技术，利用夏季高温多雨等有利气象因素，能蓄水保墒抑制杂草生长，增加土壤有机质含量，提高土壤肥力和肥料利用率，改变土壤水、肥、气、热条件，促进作物生长发育增产增收。采用麦糠、麦秸覆盖，首先可以减少土壤水分蒸发、保蓄土壤水分；其次能改变土壤不良理化性状，提高土壤肥力；再次，能抑制田间杂草生长，且夏季覆盖能降低土壤温度，有利于农作物的生长发育。麦秸、麦糠覆盖是一项简单易行的土壤保墒增肥措施，覆盖技术应掌握适时适量，麦秸粉碎不宜过长。一般夏玉米覆盖应在玉米长出 6～7 片叶时，每亩*秸秆 300～400 千克，夏棉花覆盖于 7 月初、棉花株高 30 厘米左右时进行，在株间均匀撒麦秸300 千克/亩左右。

（六）合理施用化肥

在增施有机肥料的基础上，合理施用化学肥料，是调节作物营养，提高土壤肥力，获得农业持续高产的一项重要措施。但是盲目地施用化肥，不仅会造成浪费，还会降低作物的产量和品质。应大力提倡经济有效地施用化肥，使其充分有效发挥化肥效应，提高化肥的利用率，降低生产成本，获得最佳效益。合理施用化肥，一般应遵循以下几个原则。

1. 根据化肥性质，结合土壤、作物条件合理选用肥料品种一般在雨水较多的夏季不要施用硝态氮肥，因为硝态氮易随水流失。在盐碱地不要大量施用氯化铵，因为氯离子会加重盐碱危害。薯类含碳水化合物较多，最好施用铵态氮肥，如碳酸氢铵、硫酸铵等。小麦分蘖期喜硝态氮肥，后期则喜铵态氮肥，应根据不同时期施用相应的化肥品种。

2. 根据作物需肥规律和目标产量，结合土壤肥力和肥料中养分含量，以及化肥利用率确定适宜的施肥时期和施肥量不同作物对各种养分的需求量不同。根据作物目标产量，用化学分析的方法或田间试验的方法，首先诊断出土壤中各种养分的供应能力，再根据肥料中有效成分的含量和化肥利用率，用平衡施肥的方法计算出肥料的施用量。据试验，一般亩产 100 千克的小麦需从土壤中吸收 3 千克纯 N，1.3 千克 P_2O_5，2.5 千克 K_2O；亩产 100 千克的玉米需从土壤中吸收 2.5 千克纯 N，0.9 千克 P_2O_5，2.2 千克 K_2O；亩产 100 千克的花生（果仁）需从土壤中吸收 7 千克纯 N，1.3 千克 P_2O_5，3.9 千克 K_2O；亩产 100 千克的棉花（棉籽）需从土壤中吸收 5 千克纯 N，1.8 千克 P_2O_5，4.8 千克 K_2O。

作物不同的生育阶段，对养分的需求量也不同，可根据作物的

---

* 亩为非法定计量单位，15 亩＝1 公顷，余同——编者注

需肥规律和土壤的保肥性来确定适宜的施肥时期和每次施用量。在通常情况下，有机肥、磷肥、钾肥和部分氮肥作为基肥一次施用。一般作物苗期需肥量少，在底肥充足的情况下可不追肥；如果底肥不足或立体间套种植的后茬作物未施底肥时，苗期可酌情追肥，应早施少施，追施量不超过总施肥量的10%；作物生长中期，即营养生长和生殖生长并进期，如小麦起身期、玉米拔节期、棉花花铃期、大豆和花生初花期、白菜包心期，生长旺盛，需肥量增加，应重施追肥；作物生长后期，根系衰老，需肥能力降低，一般追肥效果较差，可适当进行叶面喷肥，加以补充，特别是双子叶作物叶面吸肥能力较强，后期喷施肥料效果更好。作物的一次追肥数量，要根据土壤的保肥能力确定，一般沙土地保肥能力差，应采用少施勤施的原则，一次亩追施标准氮肥（硫酸铵）不宜超过 15 千克；两合土保肥能力中等，每次亩追施标准氮肥不宜超过 30 千克；黏土地保肥能力强，每次亩追施标准氮肥不宜超过 40 千克。

3. 根据土壤、气候和生产条件，采用合理的施肥方法　肥料施入土壤后，大部分会被植物吸收利用或被胶体吸附保存起来，但是还有一部分会随水渗透流失或形成气体挥发，所以要采用合理的施肥方法。因此，一般要求基肥应深施，结合耕地边耕边施肥，把肥料翻入土中；种肥应底施，把肥料条施于种子下面或种子一旁下侧，与种子隔离；追肥应条施或穴施，不要撒施，应施在作物一侧或两侧的土层中，然后覆土。硝态氮肥一般不被胶体吸附，容易流失，提倡灌水或大雨后穴施在土壤中。铵态和酰铵态氮肥，在沙土地的雨季也提倡大雨后穴施，施后随即盖土，一般不在雨前或灌水前撒施。

（七）应用叶面肥喷肥技术

叶面喷肥是实现立体间套种植的重要措施之一，一方面立体间套种植多种多收，生产水平较高，作物对养分需要量较多；另一方面，作物生长初期与后期根部吸收能力较弱，单一由根系吸收养分已不能完全满足生产的需要。叶面喷肥作为强化作物营养和防治某些缺素症的一种施肥措施，能及时补充营养，可较大幅度地提高作物产量，改善农产品品质，是一项肥料利用率高、用量少而经济有效的施肥技术措施。

实践证明，肥料水溶液在叶片上停留的时间越长，越有利于提高利用率。因此，在中午烈日下和刮风天喷施效果较差，以无风阴天和晴天 9 时前或 16 时后进行为宜。由于不同作物对某种营养元素的需要量不同，不同土壤中多种营养元素含量也有差异，所以不同作物在不同地区叶面施用肥料效果也差别很大。

随着高效间套种植产量效益的提高，一种作物同时缺少几种养分的现象将普遍发生，今后的发展方向将是多种肥料混合喷施，可先预备一种肥料溶液，然后按用量加入其他肥料，而不能先配置好几种肥液再混合喷施。在加入多种肥料时应考虑各种肥料的化学性质，在一般情况下起反应或拮抗作用的肥料应注意分别喷施。如磷、锌有拮抗作用，不宜混施。

叶面喷肥在农业生产中虽有独到之功，增产潜力很大，但叶面喷肥不能完全替代作物根部土壤施肥，因为根部比叶面有更大更完善的吸收系统。因此必须在土壤施肥的基础上，配合叶面喷肥，才能充分发挥叶面喷肥的增效、增产、增质作用。

（八）综合防治病虫害

农作物高效间套种植，在单位面积上增加了作物类型，延长了土壤负载期，减少了土壤耕作次数，也是高水肥、高技术、高投入、高复种指数的融合；从形式上融粮、棉、油、果、菜各种作物于一体，利用了它们的时间差和空间差以及作物种类特性差异，组成了多作物多层次的动态复合体，作物的异质性导致了病虫害的多样性；食物的连续性，加重了杂食性病虫危害，同时，由于土壤常年负载较重，作物的元素缺乏症也比较普遍，作物抗逆能力降低，也导致病虫害的发生。为此，对立体间套种植病虫害的防治，在坚持"预防为主，综合防治"的基础上，应针对不同作物、不同时期、不同病虫种类采用"统防统治"的方法，利用较少的投资，控制有效生物的影响，并保护作物及其产品不受污染和侵害，维护生态环境。

1. 地下害虫的综合防治　农作物高效间套种植延长了土壤负载期，增加了土壤负载量，从而为地下害虫提供了稳定的食物来源，同时也延长了其活动期，形成了更有利其发生的条件，主要地下害虫有金针虫、蝼蛄、蛴螬等，主要取食作物的幼苗、幼根及根茎甚至刚播下的种子，对高效间套农作物苗齐、苗匀造成较大威胁。

对地下害虫的防治，在策略上应坚持"统一防治"与"重点防治"相结合的方法。对于发生较重的地块，在摸清虫源虫量的基础上，应采取药剂处理。在蛴螬、金针虫发生严重地区，应以拌肥、闷种为主；蝼蛄发生严重地区，以毒饵为主。

2. 苗期病虫害的防治　高效间套种植往往由于各作物生育时期的不一致，而导致某种作物苗期病虫害的发生偏重。如由于施肥浇水，往往引起苗期病害的加重发生，棉花立枯病、玉米等作物的苗期蓟马危害等均有趋重的现象。

苗期病虫害的防治原则是做好种子处理防病虫，配合适期化学防治把病虫危害消灭在初发阶段。

3. 成株期病虫害防治　成株期病虫害的防治，应根据不同病虫害的发生特点，综合考虑农药对产品的污染，特别要保证瓜果菜类的可食性。减少农药残毒应首先在加强病虫预测的基础上，确定适宜用药时间和用药量，以农业和生物防治为根本，配合化学防治以达到控制病虫害的目的，方法上采用普遍防治与局部防治相结合，搞好病虫间的"兼顾"，进行"统防统治"，从而达到一药多防的目的。

总之，农作物高效间套种植病虫害的防治应在重施有机肥和平衡施肥的基础上，积极选用抗病虫的品种，从株型上和生育时期上严格管理，以达到抗虫和抗病的效果。管理上，加强苗期管理，采取一切措施保证苗全、苗齐、苗壮，并注重微量元素的喷施，解决作物的营养元素缺乏问题，从而达到抗病抗虫、减少化学农药施用量的目的。中后期，防治中心应以重点性、重发性病虫害防治为主线，采取人工的、机械的、生物的、化学的方法去控制病虫害的发生。

第五节 高效间套种植模式的不断完善与发展

高效间套种植与一般的农业技术相比，涉及的因素很多，技术上比较复杂，有其特殊之处。随着我国农业生产的发展，尤其是在建设现代化农业的过程中，应当正确地认识和运用这项技术。在实际运用过程中，要因地制宜，充分利用当地自然资源，并结合各个地区不同特点不断地进行完善，真正实现高产高效。

（一）因地制宜，充分利用自然资源

因地制宜是农业生产的一项基本原则，高效间套种植模式在具体运用过程中，也必须遵循这一原则。首先，各种种植模式，都是由不同种植模式构成的复合群体，既利用有利的种间生物学关系，充分利用自然资源提高生产效率的可能性，同时也往往包含着不利于增产的因素，并且不同的种植模式又各有其特点，各有自身的适应范围和需要的条件。所以，在具体运用过程中，必须结合当地实际，深入细致地研究其特点，获得理想的效果。其次，高效间套种植模式的应用，必须强调与当地土壤肥力与水肥条件相适应，只有这样才能充分发挥间套种植的优势，充分利用光能和提高生产潜力。其三，在选择高产高效间套种植模式时，要综合考虑当地的农业生产条件、土壤肥力水平、劳动力的素质和数量以及产业优势，从而充分利用自然资源。

（二）不断创新发展和完善高效间套种植技术

任何事物都处于不断发展变化之中，高效间套种植模式也同样要在实践中进一步创新发展和完善。在创新发展和完善的过程中，要重点考虑四个方面的问题：第一，加强理论研究。深入研究高效间套种植作物种间和种内的相互关系，全面研究地上部和地下部的边际效应；在重视对光能利用效应研究的同时，加强对间套种植在不同条件下对土壤肥力要求和影响的研究。第二，把高效间套种植与精耕细作和现代农业科学技术有机结合起来。第三，正确处理高效间套种植与农业机械化的关系。农业机械化是现代农业的重要内容，高效间套种植模式的发展必须与农业机械化相适应，在提高土地产出率的同时提高劳动生产率。第四，及时总结农民群众的实践经验。在现代农业的发展中，农民的科技意识不断增强，在种植实践中创造了许多新的高效间套种植模式，成为高效间套种植技术不断发展的重要源泉。农业科技工作者，要及时总结农民群众的实践经验并加以科学的改进和提高。

第二章　农作物高效栽培技术要点

第一节　粮食作物高效栽培技术要点

粮食生产是农业生产最基本的功能，漫长的农业发展历史中主要内容也是粮食生产。增加农产品的有效供给，确保国家粮食安全和主要农产品自给自足，是一项长期而艰巨的任务，必须坚定不移地把发展粮食生产放在首位，确保粮食安全。同时，应顺应形势发展要求，满足人民群众的多样化要求，不断拓展农业的多功能作用，拓宽农业发展领域和农民收入来源。"国以民为本，民以食为天"，粮食生产在农业生产中永远是第一位的，必须优先安排。在现阶段只有在粮食生产安全的前提下，才能发展其他生产，发挥农业多功能作用，人民才能有幸福感。

一、小麦

小麦是主要粮食作物，要优先保证小麦生产，满足人们生活的需要，才能考虑发展其他作物。随着人们生活水平的提高，种植优质专用小麦品种将是今后一个时期的发展方向。

小麦品质特性是由品种特性、生态因素和种植技术等因素共同决定的，如果环境不同、栽培技术应用不当，同一地块生产出来的小麦品质差异也较大。

（一）小麦品质与环境条件及栽培措施的关系

1. 自然因素对小麦品质的影响　气候和土壤是影响小麦品质

较为重要的自然因素。气候因素主要是指小麦生育期间的气温、降水量、日照等；土壤因素则主要指土壤类型、土壤质地、土壤养分、供肥能力等。

（1）气候对小麦品质的影响。据研究，小麦籽粒蛋白质含量受籽粒灌浆期间降水量、温度条件以及灌溉和养分供应的影响。在植株生长期，尤其是在籽粒灌浆期，温度和湿度对籽粒品质的形成作用颇大，这时出现高温和水分不足等逆境会促使籽粒中形成大量优质蛋白质。河南省小麦品质生态及品质区划研究课题组研究结果表明，不同气候区的蛋白质的氨基酸含量有较大差别。温暖湿润区的蛋白质和氨基酸含量明显低于半湿润区和半干旱区。随湿润程度的增加，必需氨基酸占蛋白质含量的百分比呈逐渐降低的趋势，而非必需氨基酸占蛋白质含量的百分比则呈逐渐增加的趋势。此外，研究还表明，小麦籽粒蛋白质含量与冬前降水量和开花期降水量均呈负相关关系，而小麦籽粒蛋白质含量随冬前降水增加呈下降趋势的原因有两个：一是降水（或灌水）过多使土壤养分尤其是速效养分淋失过多，造成土壤供 N 能力下降；二是冬前水分过多，会造成分蘖成穗多，后期如养分供应不足，会影响小麦籽粒品质。

光照对小麦籽粒蛋白质含量的影响主要是通过影响光合产物（碳水化合物）而影响小麦蛋白质含量的。小麦生育后期，光照条件好，则籽粒产量高，而蛋白质含量反而降低。

（2）土壤条件对小麦品质的影响。关于土壤对小麦品质的影响国内外均有报导。"河南省小麦品质生态及区划研究"课题组对不同土壤类型条件下小麦蛋白质含量及必需氨基酸含量、非必需氨基酸含量的比较表明，水稻土和黄棕壤土种植的小麦蛋白质含量较低，褐土和娄土的较高，必需氨基酸占蛋白质含量的百分比以褐土最高、娄土最低。一般地块随土壤质地由沙变黏，小麦籽粒蛋白质含量由 10.4% 上升至 14.91%，但如果质地进一步变黏，蛋白质含量又有所下降。在进行优质强筋小麦生产时，宜选择沙性适中的土壤或偏黏的土壤。小麦蛋白质含量以中壤质的立黄土最高，重壤质的砂姜黑土次之，以沙壤质潮土最低。

小麦蛋白质含量随土壤速效 N 含量增加而增加。当速效 N 含量在 100 毫克/千克以下时，蛋白质含量随速效 N 增加的幅度较大，超过 100 毫克/千克以后，这种效应明显变小。

同样，小麦蛋白质含量随土壤有机质含量增高而增加。特别是当土壤有机质在 1.3% 以下时，这种趋势非常明显；有机质超过 1.5% 以后，蛋白质含量的增加就趋于缓慢。

另外，成熟前 15～25 天内的土壤温度和日最高气温也直接影响小麦籽粒蛋白质的含量。日气温在 32 ℃ 以下，小麦蛋白质含量与温度呈正相关，当日最高气温超过 32 ℃ 时，则表现出负相关关系，而土壤温度从 8 ℃ 增至 20 ℃，平均每增加 1 ℃ 蛋白质含量增加 0.4% 之多。

总之，小麦籽粒蛋白质含量与土壤质地、土壤速效 N 含量、土壤有机质呈正相关，与冬前和开花期降水量、土壤速效 P 含量呈负相关，与气温和土温呈抛物线关系。

2. 栽培措施对小麦品质的影响　栽培措施对小麦品质的影响因素主要包括茬口、播期、密度、施肥种类、施肥期、施肥量、灌水次数以及防病虫措施等。

（1）茬口对小麦品质的影响。茬口对小麦品质的影响主要是以提高或减弱肥力为基础的。研究认为，良好的茬口有增进产量和改进品质的作用，其作用效果顺序是休闲＞豌豆＞油菜＞小麦，这种结果可持续两年。

（2）播期对小麦品质的影响。不同播期对小麦籽粒蛋白质影响的研究结果表明，随播期的推迟，小麦籽粒粗蛋白（干基%）、出粉率、沉淀值、湿面筋、吸水率、稳定时间、赖氨酸（干基%）含量增加，对形成时间无影响，而淀粉（干基%）和弱化度则下降。说明晚播可明显改善小麦品质性状。因此，要做到优质、高产并重，播期以适播期的下限为宜。

（3）营养元素对小麦品质的影响。N 素是影响小麦籽粒品质最活跃的因素。许多学者研究表明，在一定范围内，随施 N 量增加，小麦籽粒蛋白质含量也增加。

施 P 对 N 代谢和籽粒蛋白质没有本质上的不利影响，但由于施 P 使产量提高加快，造成籽粒中 N 被稀释，从而可能降低蛋白质含量，但籽粒蛋白质产量有所提高。研究指出，在低 N 水平下，增加 P 肥，赖氨酸含量下降；中 N 水平时，增加 P 肥，赖氨酸含量增加。

K 素对小麦品质的影响是通过改善 N 代谢而发挥作用的。其生理作用主要是增加氨基酸向籽粒运输的速度及氨基酸转化为蛋白质的速率，前者作用更大。土壤 K 在 100 毫克/千克以内，K 含量与籽粒产量呈正相关；土壤 K 在 350 毫克/千克以内，K 含量与蛋白质含量呈正相关。后期施 K 对于粒重几乎没有影响，但肯定提高了籽粒蛋白质含量和沉淀值。施 K 可以提高赖氨酸、亮氨酸、蛋氨酸和色氨酸含量。

（4）施肥时期对小麦品质的影响。施 N 时期对小麦籽粒蛋白质含量的影响比对籽粒产量的影响更大。研究指出，不同生育时期施 N 对蛋白质含量的调节效应表现为等量施肥随施 N 时期（返青、起身、拔节、孕穗、抽穗）推迟，蛋白质含量呈增加趋势，麦谷蛋白/醇溶液蛋白比值也有所增加。其中，以孕穗期施 N 为最高，追 N 期再后延，比值又下降。因此，实施"N 肥后移"施肥技术，对提高蛋白质含量，调节蛋白质组分的重量与比例，改善小麦籽粒的营养品质与加工品质具有重要意义。

总而言之，要想改善小麦籽粒品质，施肥一般在拔节-孕穗期为最好。

（5）氮肥基、追比例对小麦品质的影响。研究表明，在保持总 N 量不变的情况下，N 肥全部基施难以满足中后期小麦植株对 N 素高强度的吸收、运转和分配的需要，不仅影响籽粒产量，而且还会导致醇溶蛋白和麦谷蛋白含量的降低。在不同基追比例中，清蛋白、球蛋白变化不大。醇溶蛋白以 7∶3 和 5∶5 处理较高，且与对照处理（全部底施）差异显著。麦谷蛋白含量以 3∶7 处理最高，其次是 7∶3，两处理与对照差异均达显著水平。麦谷蛋白/醇溶蛋白的比值以 3∶7 为最高。由此可见，增加后期追 N 比例，可提高醇溶蛋白和麦谷蛋白的含量。一般以（7∶3）～（5∶5）基追比例较适宜。

（6）灌水对小麦品质的影响。多数研究认为，后期灌水可增加籽粒产量和蛋白质产量，但蛋白质相对含量下降。尤其值得指出的是，强筋小麦在灌浆后期不要浇麦黄水，因为此时小麦根系处于衰亡期，浇水可导致根系早衰，不仅影响籽粒品质，而且影响产量。后期不浇水籽粒黑胚率最低。为了达到高产、优质的目的，一般浇水应在拔节期至孕穗期比较合适。

（7）收获期对小麦籽粒品质的影响。无论小麦籽粒产量或蛋白质含量均以籽粒蜡熟期收获较好。此时，籽粒蛋白质含量最高，干物质最重。若推迟收获期，籽粒重量减轻，蛋白质含量也下降。因此，小麦收获适期应选择在籽粒蜡熟末期为好。

（8）收获技术对小麦品质的影响。小麦脱粒收获时的撞击，易使麦粒受到机械损伤，从而造成籽粒品质下降，而要降低这种撞击作用，则一般需要籽粒在30%以上的水分为好。因此，采用轴流式普通型康拜因在籽粒水分30%以上时（蜡熟末期）进行收获比较适宜。

（9）病虫害对小麦品质的影响。一般说来，病虫危害小麦后，会使籽粒皱缩，植株倒伏，产量、千粒重降低，形态（外观）品质和加工品质劣化。研究认为在小麦扬花期喷洒1次杀菌剂，对小麦千粒重有提高作用，对品质影响不大。在小麦抽穗期、扬花期、灌浆期喷洒3次杀菌剂，千粒重提高明显，一般提高3克左右，但蛋白质和湿面筋含量相对降低，面团稳定时间下降。

（二）优质强筋小麦栽培技术

1. 选好茬口 优质强筋小麦要求有良好的茬口，一般以油菜、大豆茬口为好。

2. 确定土质 优质强筋小麦喜壤质偏黏的土壤。在褐土、砂姜黑土地块适宜种植。在风沙土和沙质土区域内，最好不要盲目发展优质强筋小麦。

3. 选用地块 选用土壤有机质含量在1.0%以上，土壤速效氮

视频1
优质强筋小麦
栽培技术要点

含量在 80 毫克/千克、速效磷含量在 20 毫克/千克、速效钾含量在 100 毫克/千克以上的田块进行种植。

4. 施足底肥 发展优质强筋小麦，应该遵循的施肥原则是，稳 N 固 P 配 K 增粗补微。一般而言，中高肥地块，基肥与追肥比例为 7∶3，高肥地块，基肥与追肥比例为 5∶5。每亩施纯氮 12～16 千克，五氧化二磷 5 千克。具体说来，在推广秸秆还田，增加土壤有机质的基础上，每亩应底施有机肥 3 000～5 000 千克，碳酸氢铵 80 千克或尿素 30 千克，过磷酸钙 50～60 千克或磷酸二铵 20 千克，硫酸钾 12～18 千克，硫酸锌 1～1.5 千克。尽量实行分层施肥：N 肥 K 肥锌肥掩底，磷肥撒垡头（磷肥与钾肥不能混施）。

5. 选用优质强筋品种 目前河南省中早茬高肥水地块应选用郑麦 366、新麦 26 等，中肥水地块应选用藁 9415、万丰 269 等；旱肥地：洛麦 22、西农 189 等；旱薄地：洛旱 15、中麦 36 等。有条件的情况下，尽量对种子进行包衣处理。

6. 精细播种 因播期偏晚、播量偏大时利于蛋白质积累，不利于产量形成。因此，为兼顾优质、高产，一般播期以适播期下限，播量以适播量上限为宜。具体说来，半冬性品种在 10 月 10 日左右播种，播量控制在 7.5 千克左右；半春性品种在 10 月 18 日前后播种，播量控制在 10 千克上下。在此基础上，足墒下种，力争做到一播全苗。

7. 控制关键时期灌水 研究表明，冬前降水量多或土壤含水量较高会抑制小麦蛋白质的形成。因此，如果冬前土壤不是太旱，一般不浇越冬水，但也要视具体情况而定。如果土壤含水量太低，也应适当浇越冬水，以保证麦苗安全越冬；浇过越冬水后，在返青期和起身期一般不再浇水；拔节期至孕穗期是小麦需肥水高峰期，对提高小麦蛋白质含量具有重要作用，所以此期应配合施肥浇水一次；生育后期小麦根系处于衰亡期，生命活动减弱，浇水容易导致根系窒息而早衰，既降低产量又影响品质，导致籽粒光泽度和角质率降低，"黑胚"增多。所以，在后期最好不浇麦黄水。研究表明，一般在土壤持水量 50％以上时，后期控水基本上不影响产量，而对确保强筋小麦的品质却十分重要。

8. 前氮后移　根据研究结果基追同施比只施基肥品质好，N肥后移比前期施肥品质好。因此，要改过去在返青期或起身期追肥的非优举措；在拔节至孕穗期重施追肥。一般视肥力状况每亩施 10～15 千克尿素，并立即浇水。此期是小麦一生需肥水最多的时期，也是对肥水最敏感时期。此期施肥浇水，不仅可以提高产量，而且可以增加蛋白质含量，同时还可促使第一节间增粗从而提高植株的抗倒伏能力。此后，在扬花期叶面喷施 N 肥，可满足后期蛋白质合成的需要。

9. 搞好化学调控　对于植株较高的优质强筋小麦品种，应注意在拔节期（3 月上中旬）喷施壮丰安，以便缩短节间、降低重心、壮秆促穗防倒伏。扬花后 5～10 天，叶面喷施 BN 丰优素和磷酸二氢钾，或者在开花期和灌浆期两次叶面喷洒尿素溶液，每次每亩用 1 千克尿素兑水 50 千克，以改善籽粒商品外观，增加产量，提高品质。

10. 坚持去杂保纯　杂麦的混入会明显降低强筋小麦的加工品质，所以不论作种子还是作商品粮都一定要把好田间去杂关，确保种子的纯度达到一级种子水平（99％）以上，商品粮的纯度达到95％以上，要做到这一点，以乡镇或以县为单位进行规模化种植，建立种子和优质强筋小麦生产基地是十分必要的。

11. 及时防治病虫　拔节前（2 月下旬 3 月初）据田间发病状况，及时喷洒禾果利或粉锈宁或井冈霉素防治纹枯病；4 月中下旬用粉锈宁防治白粉病、锈病、叶枯病，用吡虫啉防治蚜虫；扬花期（4 月下旬）用多菌灵防治赤霉病；灌浆期用烯唑醇或多菌灵防治黑胚病。

12. 适期收获　强筋小麦在穗子或穗下节黄熟期即可收割。收割过晚，会因断头落粒造成产量损失，对粒重粒色及内在品质也有不良影响。蜡熟末期用联合收割机进行及时收获。收获后注意分品种单收、单打、单入仓。

（三）优质中筋小麦高产栽培技术

1. 播种技术

（1）施足底肥。小麦是需肥量较多的作物，施足底肥对小麦丰产十分重要。一般高产田块土壤耕层肥力应达到下列指标：有机质 1.2%、全氮 0.09%、水解氮 70 毫克/千克、速效磷 25 毫克/千克、速效钾 90 毫克/千克、速效硫 16 毫克/千克以上。在上述地力条件下，考虑土壤养分余缺平衡施肥，可亩施优质有机肥 2 000～3 000 千克、硫酸铵 30 千克、过磷酸钙 50 千克左右，有条件的还可亩施硫酸钾 15 千克。水利条件好的中等肥力田块也应参考高产田块要求施足底肥。

视频 2
优质中筋小麦
栽培技术要点

（2）精细整地，足墒下种。播前要施足底肥，深耕细耙，达到上虚下实，墒足无坷垃。足墒下种是确保苗全苗壮的重要增产措施，是达到丰产的基础。北方地区大多年份麦播时墒情不足，应浇足底墒水，不要抢墒播种。还应逐年加深耕层，一般深耕 25～30 厘米。

（3）选用优质良种，适期精量播种。根据市场要求优先选用适宜当地的中筋优质专用品种，一个好的优良品种应具有单株生产力高、抗倒伏、抗病、抗逆性、株型紧凑、光合作用强、经济系数高、不早衰的特性，这是优质高产的基础。一般半冬性品种 10 月上中旬播种，春性品种 10 月中下旬播种，亩播量 6～10 千克，机播耧播，根据品种和播期适当调整，使适期精量播种分蘖成穗率高的中穗型品种，每亩基本苗达到 10 万～12 万株；分蘖成穗率低的大穗型品种，每亩基本苗达到 13 万～18 万株。间套种植留空行的适量减少。

（4）种子处理。根据小麦吸浆虫、地下害虫发生程度进行药剂拌种或土壤处理。随着生产水平的不断提高，一方面作物对一些微量元素需求量增加；另一方面一些化肥的大量施用与某些微量元素拮抗作用增强，土壤中某些微量元素有效态降低，呈缺乏状态。据试验，增施微量元素肥料增产效果显著。小麦对锌、锰微量元素比较敏感，采用以锌、锰为主的多元复合微肥拌种增产效果较好，一般亩用量 50 克左右。

2. 冬管技术　浇好冬水。播种后至封冻前，若无充足降水，要坚持浇好冬水，既能保温又能踏实土壤，特别是对一些沙性土壤或秸秆直接还田的地块，常因土壤疏松悬空死苗或因秸秆腐化和苗争水引起干旱，所以，浇好冬水十分重要。不仅有利于保苗越冬，还有利于冬春保持较好墒情，以推迟春季第一次肥水，增加小麦籽粒的氮素积累，为春季管理争取主动。一般在立冬至小雪期间浇好冬水，待墒情适宜时及时划锄，以破锄板结，疏松土壤，除草保墒。浇水量不宜过大。

3. 春管技术

（1）及时中耕。早春以中耕为主，消灭杂草，破除板结，增温保墒，促苗早发。

（2）及时追肥浇水。中强筋小麦品种拔节后两级分化明显时，采取肥水齐攻，一般亩追施 20～25 千克硝酸铵，或 15～20 千克尿素。

（3）化学除草。早春选用 20%锐超麦水分散粉剂或 5%双氟唑草酮悬浮剂，兑水喷雾，防治麦田双子叶杂草。

（4）预防倒伏。于 3 月中旬小麦拔节前选用 15%多效唑，兑水喷雾，促进小麦健壮生长，降低株高，预防倒伏。特别是对一些高秆品种效果更好。

4. 中后期管理技术

（1）适时浇水与控水。根据土壤墒情适时浇好孕穗水或扬花水。拔节孕穗期是小麦需水临界期，此时土壤含水量，壤土在 18%以下时应及时浇水，有利于减少小花退化，增加穗粒数，并保证土壤深层蓄水，供后期吸收利用。种植中强筋小麦专用品种的田块，在开花后应注意适当控制土壤含水量不要过高，在浇好孕穗水或扬花水的基础上一般不再灌水，尤其要避免麦黄水。

（2）因地制宜搞好"一喷三防"和叶面喷肥。小麦生长后期，由于根系老化、吸收功能减弱且土壤中营养元素减少，往往有些地块表现某种缺肥症状,根据情况叶面喷洒一些营养元素能增强植株的抗逆能力和抵御灾害能力,提高粒重。对于强筋型品种麦田应喷洒 1%～2% 的尿素溶液;对贪青晚熟或缺磷钾田块喷洒磷酸二氢钾溶液,每次每亩用量 150 克左右,兑水 50 千克;一般田块,可喷洒小麦多元复合肥,每亩用量 100 克左右,兑水 50 千克。

小麦生长后期青枯病、干热风、病虫害发生频繁,应及时喷洒激素、营养物质和农药进行防治,为小麦丰收提供保证。据研究,在小麦中后期喷洒激素类物质有助于提高植株的整体活性,增加新陈代谢,提高植株的抗逆能力,有效抵御干热风的侵袭和青枯病的危害。目前适用的激素类物质有黄腐酸(FA)、亚硫酸氢钠等。黄腐酸在孕穗期和灌浆初期各喷施一次效果最好,亚硫酸氢钠一般在小麦齐穗期和扬花期喷施一次。亚硫酸氢钠极易被空气氧化失效,应随配随用,用后剩余的密封好。

(3)防治病害。小麦中后期常有白粉病、锈病危害。一般在 4 月中旬,当白粉病田间病株发病率达 15%、病叶率达 5% 时,条锈病田间病叶率达 5% 时进行防治,可兼治小麦纹枯病、叶枯病。

(4)防治虫害。小麦后期常有穗蚜危害。一般在 5 月上旬百穗有虫 500 头时进行防治。可选用 10% 吡虫啉或 50% 抗蚜威可湿性粉剂。春季一些地块常有红蜘蛛的危害,一般在 1 米行长 600 头时,可用 1.8% 齐螨素乳油喷雾防治。

5. 适时收获　小麦适宜收获期是在蜡熟中期,此期籽粒饱满,营养品质和加工品质最优,用手指掐麦粒,可以出现痕迹,且叶片全部变黄,籽粒含水量在 20% 左右。

二、玉米

玉米是主要秋粮作物,产量高,且营养丰富,用途广泛。它不仅是食品和化工工业的原料,还是"饲料之王",对畜牧业的发展有很大促进作用。

(一)普通玉米栽培技术要点

1. 选用紧凑型优良品种　紧凑型品种具有光能利用率高、同

化率高、吸肥能力强、生活力强、灌浆速度快、经
济系数高等优点，在生理上具备了增产优势。根据
品种对比试验，紧凑型品种比平展型品种亩增产
15％左右。因此应根据当地情况选用比较适宜的紧
凑型品种。另外，在播种以前，要做好晒种和微肥
拌种工作。

视频3
夏玉米栽培
技术要点

2. 适时播种，合理密植　夏玉米适时套种能增加生育期积温，
使玉米灌浆在较适宜的温度下进行，有利于增粒增重，增产增收。
一般麦垄套种时间适时掌握在麦收前 6～8 天，和其他作物套种时
期根据情况适时掌握。黄淮海农区夏玉米最迟要在 6 月上旬播种完
毕。种植密度根据地力、品种、产量水平、套种方式而定。一般单
一种植玉米密度可掌握在每亩 4 000～4 500 株，种植方式为等行距
83 厘米，株距 18～20 厘米；或宽窄行种植，宽行 95 厘米，窄行
65 厘米，株距 20 厘米左右。单株留苗。

3. 科学管理，巧用肥水　玉米具有生育期短、生长快、需肥
迅速、耐肥水等特点，所以必须根据其需要及时追肥，才能达到提
高肥效、增加产量的目的。

（1）苗期管理。为使玉米苗期达到"苗齐、苗匀、苗壮"的目
的，苗期管理要突出一个"早"字。麦套玉米在麦收后，要早灭
茬、早治虫、早定苗，争主动，促壮苗早发。

（2）中期管理。玉米苗期生长较缓慢，吸收养分数量较少，拔
节后生长迅速，养分吸收量猛增，抽雄至灌浆期达到高峰。中期是
玉米营养生长与生殖生长并进阶段，是决定玉米穗大粒多的关键时
期。根据玉米生长发育特点，生产上应按叶龄指数追肥法进行追
肥，即在播种后 25～30 天、可见叶 9～10 片时，一般亩追施碳酸
氢铵 50 千克，过磷酸钙 35～40 千克，高产田块还可追施 10 千克
硫酸钾。播种后 45 天，展开叶 12～13 片，可见叶 17～18 片时，
亩追施碳酸氢铵 30 千克。在中期根据土壤墒情重点浇好抽雄水。

（3）后期管理。玉米生长后期，以生殖生长为主，是决定籽粒
饱满程度的重要时期，要以防止早衰为目的。对出现脱肥的地块，

可用 2% 的尿素＋磷酸二氢钾 150 克兑水 50 千克进行叶面喷施。此期应浇好灌浆水，并酌情在收获前浇一次水，为下茬套种作物造墒。

4. 适时晚收　玉米果穗苞叶变黄，籽粒变硬，果穗中部籽粒乳腺消失，籽粒尖端出现黑色层，含水量降到 33% 以下时，为收获标准。目前生产中实际收获期偏早，应按成熟标准适时晚收。

（二）优质专用玉米高产栽培技术要点

1. 高油玉米高产栽培　高油玉米是指玉米籽粒含油量超过普通玉米 1 倍以上的玉米类型。它是人工培育的玉米类型，含油量在 8%～10% 之间，目前正在进行遗传改良的高油玉米品种，含油量可达 20%。种植高油玉米应抓好以下几项关键措施。

（1）适时播种。适时播种是延长生育期、实现高产的关键措施之一。华北地区一般在土壤表层 5～10 厘米地温稳定在 10～12 ℃时播种为宜，东北地区则在土壤表层 5～10 厘米地温稳定在 8～10 ℃时开始播种，黄淮海地区夏播玉米要力争早播，并达到一播全苗。

（2）合理密植。高油玉米植株一般比较高大，适宜种植密度比目前竖叶型普通玉米要稀，但比平展叶型普通玉米要密，一般中等高秆品种适宜种植密度每亩 4 500～5 000 株，高秆品种适宜种植密度每亩 4 000～4 500 株。

（3）水肥管理。水肥管理原则与普通玉米基本相同，施肥方法可遵循"一底二追"的原则，加强肥水管理，氮、磷、钾和微肥合理配合施用。

（4）降秆防倒。高油玉米植株偏高，一般高达 2.5～2.8 米，采用防倒技术也是种植高油玉米成败的关键技术措施之一。可使用玉米健壮素，促使株高降低 30～50 厘米，能显著地增强抗倒能力，有效防止倒伏。

（5）适时收获。在果穗苞叶发黄后 10 天左右，一般含水量在 20%～30% 时，即可采收果穗。采收后最好整个果穗晾晒，直至水分降至 13% 以下再行脱粒，以减少籽粒破损。

2. 甜玉米高产栽培 甜玉米是甜质型玉米的简称，因其籽粒在乳熟期含糖量高而得名。它与普通玉米的本质区别在于胚乳携带有与含糖量有关的隐性突变基因。根据所携带的控制基因，可分为不同的遗传类型，目前生产上应用的有普通甜玉米、超甜玉米、脆甜玉米和加强甜玉米四种遗传类型。普通甜玉米受单隐性甜-1基因（$Su1$）控制，在籽粒乳熟期其含糖量可达8%～16%，是普通玉米的2～2.5倍，其中蔗糖含量约占2/3，还原糖约占1/3；超甜玉米受单隐性基因凹陷-2（$Sh2$）控制，在授粉后20～25天，籽粒含糖量可达到20%～24%，比普通甜玉米含糖量高1倍，其中糖分以蔗糖为主，水溶性多糖仅占5%；脆甜玉米受脆弱-2（$Bt2$）基因控制，其甜度与超甜玉米相当；加强甜玉米是在某个特定甜质基因型的基础上又引入一些胚乳突变基因培育而成的新型甜玉米，受双隐性基因（$Su1Se$）控制，兼具普通甜玉米和超甜玉米的优点。甜玉米的用途和食用方法类似于蔬菜和水果的性质，蒸煮后可直接食用，所以又被称为"蔬菜玉米"和"水果玉米"。种植甜玉米应抓好以下几项关键措施。

（1）隔离种植避免异种类型玉米串粉。甜玉米必须与其他甜玉米隔离种植，一般可采取以下三种隔离措施。①自然异障隔离。靠山头、树木、园林、村庄等自然环境屏障起到隔离作用，阻挡外来花粉传入。②空间隔离。一般在400～500米空间之内应无其他玉米品种种植。③时间隔离。利用调节播种期错开花期进行隔离，开花期至少错开20天以上。

（2）应用育苗移栽技术。由于甜玉米糖分转化成淀粉的速度比普通玉米慢，种子成熟后一般淀粉含量只有18%～20%，表现为凹陷干瘪状态，种子顶土能力弱，出苗率低，生产上常应用育苗移栽技术。采用育苗移栽不仅能提高发芽率和成苗率，从而节约种子和保证种植密度，而且还是早熟高产品种栽培的关键技术环节。育苗时间以当地终霜期前25～30天为宜。一般采用较松软的基质育苗（多采用由草炭、蛭石、有机肥按6∶3∶1的比例配制的基质）。播种深度一般不超过0.5厘米，每穴点播1粒种子，将播种完的苗盘移到温度 25～28 ℃、相对湿度 80% 的条件下催芽，催芽前要浇透水，当出苗率达到 60%～70% 后，将苗盘移到日光温室内进行培养，苗期日光温室培养对温度要求较为严格，一般白天应控制在 21～26 ℃，夜间不低于 10～12 ℃。如果白天室内温度超过 33 ℃应注意及时放风降温防止徒长，夜间注意保温防冷害。在春季终霜期过后 5～10 厘米地温达 18～20 ℃时，进行移栽。

（3）合理密植。甜玉米适宜于规模种植，一般方形种植有利于传粉和保证品质。种植密度可根据土壤肥力程度和品种本身的特性来确定，应掌握"株型紧凑早熟矮小的品种宜密，株型高大晚熟的品种宜稀，水肥条件好的地块宜密，瘠薄地块宜稀"的原则，一般亩种植密度在 3 300～3 500 株。

（4）加强田间管理。甜玉米生育期短且分蘖性强结穗率高，所以对肥水供应强度要求较高，种植时要重视施足底肥，适当追肥，这样才能保证穗大，并增加双穗率和保证品质。对于分蘖性强的品种，为保证主茎果穗有充足的养分、促进早熟，一般要将分蘖去除，不留痕迹，而且要进行多次。甜玉米品种多数还具有多穗性的特点，植株第一果穗作鲜食或加工，第二、第三果穗不易成穗，可在吐丝前采摘，用来制作玉米笋罐头或速冻玉米笋。

缓苗后，植株进入拔节期，此时可进行追肥，一般亩施尿素 7.5 千克，以利于根深秆壮。

在抽雄前 7 天左右即穗期，应加强肥水管理，重施攻苞肥，亩施尿素 12.5 千克，以促进雌花生长和雌穗小花分化，增加穗粒数，此时还要注意采取措施控制营养生长，促进生殖生长。

进入结实期，玉米由营养生长与生殖生长并重转入生殖生长，此期管理的关键是及时进行人工辅助授粉、防止干旱并及时灌水。

（5）适时采收。适时采收是甜玉米优质高产的关键。采收过早，籽粒水分含量太高，水溶性和其他营养物质积累尚少，风味不佳，适口性差，产量也低；采收过晚，种皮硬化，糖分下降，籽粒脱水严重，品质下降。一般早熟品种采收期在授粉后 18～24 天，中晚熟品种采收期可适当推迟 2～3 天。

3. 糯玉米高产栽培　糯玉米是玉米属的一个亚种，起源于中国西南地区，是玉米第九条染色体上基因（wx）发生突变而形成的。籽粒呈硬粒型或半马齿型，成熟籽粒干燥后胚乳呈角质不透明、无光泽的蜡质状，因此又称蜡质玉米。根据籽粒颜色糯玉米又可分为黄粒种和白粒种两种类型。糯玉米籽粒中的淀粉完全是支链淀粉，而普通玉米的支链淀粉含量为 72%，其余 28% 为直链淀粉。糯玉米的消化率可达 85%，从营养学的角度讲，糯玉米是一种营养价值较高的玉米，其高产栽培应抓好以下几项关键措施。

（1）避免异种类型玉米串粉。要求方法同甜玉米。

（2）适期播种，合理密植。糯玉米春播时间应以地表温度稳定通过 12 ℃为宜，育苗移栽或地膜覆盖可适当提早 15 天左右。若以出售鲜穗为目的可分期播种，注意早播和晚播拉长销售期，以提高种植效益。一般糯玉米种植密度为每亩 3 300～3 500 株。

（3）加强田间管理。和甜玉米一样，糯玉米生长期短，特别是授粉至收获只有 20 多天时间，要想高产优质肥水条件是关键，种植时要施足底肥，适时追肥浇水，才能保证穗大粒多。对分蘖性强的品种，为保证主茎果穗有充足的养分并促进早熟，可将分蘖去除。为提高果穗的结实率，必要时可进行人工辅助授粉。

（4）适时采收。糯玉米必须适时收获，才能保证其固有品质。食用青嫩果穗，一般以授粉后 25 天左右采收为宜，采收过早不黏不甜，采收过迟风味差。用于制罐头不宜过分成熟，否则籽粒变得僵硬，但也不宜过嫩，太嫩则产量降低。做整粒糯玉米罐头，应在蜡熟期采收。

4. 优质蛋白玉米高产栽培　优质蛋白玉米又称赖氨酸玉米或高营养玉米，指籽粒中蛋白质（主要是赖氨酸）含量较高的特殊玉米类型。因其营养成分高，且吸收率高被誉为是饲料之王的王中之王，种好优质蛋白玉米应抓好以下几项关键措施。

（1）搞好隔离。由于目前生产上推广的优质蛋白玉米品种均是奥帕克-2隐性突变基因控制的，与普通玉米串粉后，当代所结籽粒中赖氨酸、色氨酸就有所下降，因此，种植赖氨酸优质蛋白玉米的地块，尤其是制种田应与普通玉米搞好隔离。

（2）抓好一播全苗。一般优质蛋白玉米胚较大，含油量较多，因而呼吸作用强，对氧的需要量大，优质蛋白玉米播种时若土壤水分过多、土壤板结或播种过深，都会影响氧气的供应而不利于发芽出苗，加之优质蛋白玉米大多数籽粒松软，播种后若遇低温多湿，易导致种子霉烂而不出苗。因此，为了保证一播全苗，播种时应掌握好三点：一是温度。春播以地温稳定在 12℃以上时，即黄淮海地区以清明节前后为宜，夏播越早越好，可采取套种。二是墒情。以土壤含水量为标准，一般以黏土 21％～24％、壤土 16％～21％、沙土 13％～16％为宜。三是播种深度。以 3 厘米左右为宜，播后盖严。

（3）加强田间管理。优质蛋白玉米出苗后要注意早管。具体措施应抓好四个方面：一是早追肥。拔节期可亩追尿素 15 千克、硫酸钾 10 千克、硫酸锌 1.5 千克，到大喇叭口期再亩追尿素 30 千克，追肥宜结合降雨或灌溉进行。二是要早中耕。春播的苗期中耕 2 次以上，夏播的苗后要及时中耕灭茬、疏松土壤、促根下扎。三是早间苗。做到 3 叶间苗、5 叶定苗。四是及早防治病虫害，确保幼苗健壮生长。

（4）增施粒肥。由于优质蛋白玉米在灌浆时有提前终止醇溶性蛋白质积累的特点，随着醇溶性蛋白质的提前终止，茎秆运往籽粒的蔗糖也将大大减少，千粒重降低。因此，在开花初期可增施粒肥，以最大限度地满足籽粒灌浆对养分的需要，一般以亩追尿素 5～7 千克为宜。

（5）降秆防倒。由于优质蛋白玉米植株高大，遇大风天气易倒伏，采用化控措施是保证高产的重要措施之一。

（6）及时收获。优质蛋白玉米成熟时含水量高于普通玉米，成熟时要注意及时收获、晾晒，以防霉变。

三、谷子

谷子抗旱性强，耐贫瘠，适应性广，生育期短，是很好的防灾备荒作物。在其米粒中脂肪含量较高，并含有多种维生素，所含营养易于被消化吸收。谷子浑身是宝，谷草是大个牲畜的良好饲草，谷糠是畜禽的良好饲料。

（一）坚持轮作倒茬种植制度

农谚道："重茬谷，守着哭"。谷子不能重茬，重茬易导致病虫害严重发生。谷子根系发达，吸肥能力强，连作会使其根系密集的土层缺乏所需养分，导致营养不良，使产量下降。

（二）选用早熟良种，确保播种质量，充分利用生长季节

夏谷子生长期短，增产潜力大，在保证霜前能成熟的前提下，选用丰产性好、抗逆性强的早熟良种。夏谷播种季节，温度高，蒸发量大，播种要注意提前造墒抗旱，不误农时季节。在播种时要严格掌握播种质量，保证一播全苗。首先在播种前进行种子处理，变温浸种，将种子放入 55～57 ℃的温水中，浸泡 10 分钟后，再在凉水中冲洗 3 分钟捞出晾干备用，这样可防治谷子线虫病，并能漂出秕粒；也可采取药剂拌种的形式处理种子，这样既可防治谷子线虫病也可防治地下害虫。其二要控制播种量，一般选用经过处理的种子亩播量 0.5～0.6 千克，为保证播种均匀，可掺入 0.5 千克煮熟的死谷种混合播种，这样不仅苗匀、苗壮，间苗还省工。播种后要严密覆土镇压。

（三）抓早管，增施肥，促高产

夏谷生育期短，生长发育快，因此一切管理都必须从"早"字上着手。要及早中耕保墒，促根蹲苗，结合中耕间苗，一般苗高 4～5 厘米时间苗，亩留苗 5 万株左右。在 6 月底 7 月初，拔节期可亩追施尿素 15 千克左右，有条件的可追施速效农家肥。到孕穗期看苗情，如需要可追施一些氮肥。在齐穗后，注意进行叶面喷肥，可提高粒重。一般亩喷施磷酸二氢钾 100～150 克。注意拔节、孕穗、抽穗、灌浆期结合降水情况，科学运筹肥水。夏谷生长在高温高湿条件下，植株地上部分生长较快，根系发育弱，容易发生倒

伏，应结合中耕进行培土防倒伏。

（四）适时收获

适时收获是保证谷子丰收的重要环节，收割过早，粒重低使产量下降，收获过晚，容易落粒造成损失。如果收获季节阴雨连绵，还可能发生霉子、穗发芽、返青等现象，以致丰产不能丰收。谷子收获的适宜时期是颖壳变黄、谷穗断青、籽粒变硬时。谷子有后熟作用，收割后不必立即切穗脱粒，可在场上堆积几天，再行切穗脱粒，这样可增加粒重。

四、甘薯

甘薯是高产稳产粮食作物之一，具有适应性广、抗逆性强、耐旱、耐贫瘠、病虫害较少的特点。营养价值较高，对调剂人民膳食结构有重要作用。

视频4　甘薯育苗技术要点　　　视频5　甘薯种植栽培技术要点

（一）选用脱毒良种，壮秧扦插

目前甘薯栽培品种很多，可根据栽培季节和栽培目的进行选择。但甘薯在长期的营养繁殖过程中，极易感染积累病毒、细菌和类病毒，导致产量和品质急剧下降。病毒还会随着薯块或薯苗在甘薯体内不断增殖积累，病害逐年加重，对生产造成严重危害。利用茎尖分生组织培养脱毒甘薯秧苗已经成为防病治病，提高产量和品质的首选方法。经过脱毒的甘薯一般萌芽好，比一般甘薯出苗早1～2天，脱毒薯苗栽后成活快，封垄早，营养生长旺盛，结薯早，膨大快，薯块整齐而集中，商品薯率高，一般可增产30％左右。

春薯育苗可选择日光温室育苗，夏薯可采用阳畦育苗。一般选用长23厘米，有5～7个大叶，百株鲜重0.8～1千克的壮秧进行扦插。这样的壮秧成活率高，发育快，根原基大，长出的根粗壮，容易形成块根，结薯后，薯块膨大快，产量高，比弱秧苗增产20％左右。一般春薯每亩大田按40～50千克种秧备苗，夏薯每亩按30～40千克种秧备苗，才能保证用苗量。

（二）坚持起垄栽培

甘薯起垄栽培，不但能加厚和疏松耕作层，而且容易排水，吸热散热快，昼夜温差大，有利于块根的形成和膨大。尤其夏甘薯在肥力高的低洼田块多雨年份起垄栽培，增产效果更为显著。一般66厘米垄距栽1行甘薯，120厘米垄距的栽2行甘薯。

（三）适时早栽，合理密植

在适宜的条件下，栽秧越早，生长期越长，结薯早，结薯多，块根膨大时间长，产量高，品质好，所以应根据情况适时早栽。麦套春薯在4月扦插；夏薯在5月下旬足墒扦插。采用秧苗平直浅插的方法较好，能够满足甘薯根部好气喜温的要求，因而结薯多，产量高。合理密植是提高产量的中心环节，一般单一种植亩密度在4 000株左右，行距60～66厘米，株距25～27厘米。与其他作物套种，根据情况而定。

栽好甘薯的标准是：一次栽齐，全部成活。栽插时间的早晚，对产量的影响很大，因为甘薯无明显的成熟期，在田间生长时间越长，产量越高。据试验栽插期在4月28日至5月10日之间对产量影响不大；5月10日至16日，每晚栽一天，平均每亩减产21.3千克，5月16日至22日，每晚栽一天，平均每亩减产32.6千克。夏薯晚栽，减产幅度更大，一般在6月底以后就不宜栽甘薯了；遇到特殊情况也应在7月15日前结束栽植。

（四）合理施肥，及时浇水，中耕除草

甘薯生长期长、产量高、需肥量大，对氮、磷、钾三要素的吸收趋势是前中期吸收迅速，后期缓慢，一般中等生产水平每生产1 000千克鲜薯约需吸收氮4～5千克、五氧化二磷3～4千克、氧化钾7～8千克；高产水平下，每生产1 000千克鲜薯约需吸收氮5千克、五氧化二磷5千克、氧化钾10千克。但当土壤中水解氮含量达到70毫克/千克以上时，会引起植株旺长，薯块产量反而会下

降；速效磷含量在 30 毫克/千克以上、速效钾含量在 150 毫克/千克以上时，施磷钾的效果也会显著降低，在施肥时应注意。生产上施肥可掌握如下原则：高肥力地块要控制氮肥施用量或不施氮肥，栽插成活后可少量追施催苗肥，磷、钾、微肥因缺补施，提倡叶面喷肥。一般田块可亩施氮 8～10 千克、五氧化二磷 5 千克、氧化钾 6～8 千克；磷、钾肥底施或穴施，氮肥在团棵期追施。另外，中后期还应叶面喷施多元素复合微肥 2～3 次。

甘薯是耐旱作物，但决不是不需要水，为了保证一次栽插成活，必须在墒足时栽插，如果墒情不足要浇窝水，根据情况要浇好缓苗水、团棵水、甩蔓水和回秧水，特别是处暑前后注意及时浇水，防止茎叶早衰。

在甘薯封垄前，一般要中耕除草 2～3 次，通过中耕保持表土疏松无杂草。杂草对甘薯生长危害很大，它不但与甘薯争夺水分和氧分，也影响田间通风透光，而且还是一些病虫寄主和繁殖的场所。中耕除草应掌握锄小、锄净的原则，在多雨季节应把锄掉的杂草收集起来带到田外，以免二次成活再危害。有条件的地方采用化学除草方法省工见效快，灭草效果好。

（五）搞好秧蔓管理

甘薯生长期间，科学进行薯蔓管理，防止徒长，是提高甘薯产量的一项有效措施。一般春薯栽后 60～110 天，夏薯栽后 40～70 天，正处于高温多雨季节，土壤中肥料分解快，水分供应充足，有利于茎叶生长，高产田块容易形成徒长，这一阶段协调好地上和地下部生长的关系、力促块根继续膨大是田间管理的重点。应克服翻蔓的不良习惯，坚持提蔓不翻秧，若茎叶有徒长趋势，可采取掐尖、扣毛根、剪老叶等措施，也可用矮壮素等化学调节剂进行化学调控。

（六）适时收获、贮藏

甘薯的块根是无性营养体，没有明显的成熟标准和收获期，但是收获的早晚，对块根的产量、留种、贮藏、加工利用等都有密切关系。适宜的收获期一般在 15 ℃左右，块根停止膨大，在地温降到 12 ℃以前收获完毕，晾晒贮藏。

五、马铃薯

马铃薯又名土豆、洋芋、山药蛋、荷兰豆等，为一年生草本植物，原产于南美洲和秘鲁及智利的高山地区。马铃薯具有高产、早熟、用途广泛的特点，又是粮菜兼用型作物，在其块茎中含有大量的淀粉和较多的蛋白质、无机盐、维生素，既是人们日常生活中的重要食品原料，也是多种家畜、家禽的优良饲料，还是数十种工业产品的基本原料。另外，其茎叶还是后茬作物的优质底肥，相当于紫云英的肥效，是谷类作物的良好前茬和间套复种的优良作物。

（一）春马铃薯栽培技术要点

1. 选种和种薯处理

（1）选种。选用适宜春播的脱毒优良品种薯块作种薯。薯块要具备该品种特性，皮色鲜艳、表皮光滑、无龟裂、无病虫害。

（2）切块。催芽前1～2天，将种薯纵切成20～25克的三角形小块，每块带1～2个芽眼，一般每千克种薯能切50～60块。切块时要将刀用3%碳酸水浸泡5～10分钟消毒。也可选用50克左右的无病健康的小整薯直播，由于幼龄的小整薯生活力强，有顶端优势，并且养分集中减少了切口传染病害的机会，所以有明显的增产效果。

（3）催芽。在播种前25～30天，一般在元月下旬把种薯置于温暖黑暗的条件下，持续7～10天促芽萌发，维持温度15～18℃，空气相对湿度60%～70%，待萌发后给予充足的光照，维持温度12～15℃和相对湿度70%～80%，经15～20天绿化处理后，可形成长0.5～1.5厘米的绿色粗壮苗，同时也促进了根的形成及叶、匍匐茎的分化，播种后比未催芽的早出土15～20天。

（4）激素处理。秋薯春播或春薯秋播，为打破休眠促进发芽，可把切块的种薯放在0.5%～2%的赤霉素溶液中浸5～10分钟；整薯可用5%～10%赤霉素溶液浸泡1～2小时，捞出后播种。催过芽的种薯若中下部芽很小，也可用0.1%～0.2%的低浓度赤霉素溶液浸种10分钟。

2. 育苗 早熟栽培可采用阳畦育苗，将切块后的种薯与湿沙土隔层排列于苗床上，一般可排 3～4 层，保持 10～15 ℃的温度，20 天后芽长 5～10 厘米，待发出幼根时即可栽植。用整薯育苗时，使苗高 10～20 厘米时，掰下带根的幼苗栽植，种薯可用来培养第二批秧苗或直接栽种于大田。

3. 整地与播种

（1）施足底肥。马铃薯不宜连作，也不宜与其他茄科蔬菜轮作。一般在秋作物收获后应深翻冻垡，开春化冻后亩施优质有机肥 3 000 千克以上，氮磷钾三元复合肥 25～30 千克，并立即耕耙，也可把基肥的一部分或全部开播种沟集中使用，以充分发挥肥效。

（2）适期播种。春马铃薯应在断霜前 20～25 天、气温稳定在 5～7 ℃、10 厘米土温达 7～8 ℃时播种，黄淮海农区在 2 月底至 3 月初。播种有垄上播、垄下播和平播后起垄等播种方式。平播后起垄栽培，方法是按行距开沟，沟深 10～12 厘米，等距离放入种薯、播后盖上约 6～8 厘米厚的土粪，然后镇压，播后形成浅沟，保持深播浅盖，此种植方式，可减轻春旱威胁，增加结薯部位和结薯数，利于提高地温，及早出苗。近年来采用的垄上播地膜覆盖栽培，也可使幼苗提前出土，增产效果显著。

（3）合理密植。适宜的种植密度应根据品种特性、地力及栽培制度而定。应掌握一穴单株宜密，一穴多株宜稀；早熟品种宜密，晚熟品种宜稀的原则。宽窄行种植一般宽行 80 厘米，窄行 40 厘米，株距 20～25 厘米，亩栽植 4 000～4 500 株。

4. 田间管理

（1）出苗前管理。此期管理重点是提高地温，促早出苗，应采取多次中耕松土、灭草措施，尤其是阴天后要及时中耕；出苗前若土壤干旱应及时灌水并随即中耕。

（2）幼苗期管理。此期管理的重点是促扎根发棵，应采取早中耕、深锄沟底、浅锄沟帮、浅覆土措施，苗高 6～10 厘米时应及时查苗补苗，幼苗 7～8 片叶时对个别弱小苗结合灌水偏施一些速效氮肥，以促苗齐苗壮，为结薯奠定基础。地膜覆盖栽培的出苗后应及时破膜压孔。

（3）发棵期管理。此期管理的重点是壮棵促根，促控结合，即要促幼苗健壮生长，又要防止茎叶徒长，并及时中耕除草，逐渐加厚培土层，结合浇水亩施尿素 5～10 千克，根据地力、苗情还可适当追施一些磷钾肥。

（4）结薯期管理。此期管理的重点是控制地上部生长，延长结薯盛期，缩短结薯后期，促进块茎迅速膨大。现蕾时应摘除花蕾浇一次大水，进行 7～8 天蹲苗，促生长中心向块茎转变。有疯长苗头时每亩可用 15％多效唑可湿性粉剂 15 克，兑水 45～50 千克，均匀喷于叶面，以控制茎叶生长。蹲苗结束后结合中耕，进行开深沟高培土，以利结薯。此时已进入块茎膨大盛期，为需肥需水临界期，需加大浇水量，经常保持地面湿润，可于始花、盛花、终花、谢花期连续浇水 3～4 次，结合浇水追肥 2～3 次，以磷钾为主，配合氮肥，每亩每次可追氮磷钾复合肥 10～20 千克。结薯后期注意排涝和防止叶片早衰，可于采收前 30 天用 0.5％～1％的磷钾二氢钾溶液进行叶面追肥，每隔 7～10 天一次，连喷 2～3 次。

5. 收获　马铃薯可在植株大部分叶由绿转黄，达到枯萎，块茎停止膨大的生理成熟期采收，也可根据需要在商品需要时采收。一般生理成熟期在 6 月中下旬。收获时要避开高温雨季，选晴天进行采收，采收时应避免薯块损伤和日光暴晒，以免感病，影响贮运。

（二）秋马铃薯栽培技术要点

马铃薯秋作的结薯期正处于冷凉的秋季，秋薯退化较轻或不退化，常作春薯的留种栽培，但秋薯栽培前期高温多雨或干旱，易烂薯造成缺苗；后期低温霜冻，生育期不足，影响产量，因此，管理上必须掌握以下几个环节。

1. 选用适宜品种　宜选用早熟、丰产、抗退化、休眠期短而易于打破休眠的品种。

2. 种薯处理　秋马铃薯以小整薯播种为好，播后不易烂种，大块种薯应进行纵向切块。为打破休眠，可应用激素处理种薯，一般整薯用 2～10 毫克/千克赤霉素浸种 1 小时，薯块用 0.5～1 毫克/千克赤霉素浸种 10～20 分钟，捞出晾干后催芽，常用湿沙土积层催芽，催芽期要维持 30 ℃ 以下温度，保持透气和湿润，经 6～8天，芽长达 3 厘米左右时把薯块从沙土中起出，在散射光下进行1～2 天绿化锻炼后即可播种。

3. 适期播种 秋马铃薯播期应适当延后，以初霜前 60 天出苗为宜，一般在 8 月上、中旬立秋前后。

4. 密植种植 秋马铃薯植株小，结薯早，宜密植，种植密度要比春薯增加 1/3，一般 80 厘米一带，40～50 厘米起垄，在垄上种植 2 行，株距 21～24 厘米，亩种植 7 000～8 000 株。播种时采取浅播起大垄的方式，最后培成三角形的大垄。

5. 肥水齐攻，以促到底 秋季日照短，冷凉气候适合薯块的生长，也不易发生徒长，管理上要抓住时机，肥水齐攻，一促到底，促进植株尽快生长，争取及早进入结薯期，整个生长期结合浇水追肥 3～4 次，以速效性氮、磷、钾复合肥料为主，后期注意进行叶面喷肥工作。

6. 及时培土 生长前期要及早培土，以利降低地温、排水和防旱，促进块茎肥大，后期还可保护块茎防寒。

7. 延迟收获 在不受冻害的情况下，秋马铃薯应尽可能适期晚收，以促进块茎养分积累，茎叶枯死后，选晴天上午收获，收后在田间晾晒几小时，即可运入室内摊晾数天，堆好准备贮藏。

六、绿豆

绿豆属豆科豇豆属作物，原产于亚洲东南部，在中国已有 2 000 多年的栽培历史。绿豆适应性广，抗逆性强、耐旱、耐瘠、耐荫蔽，生育期较短，适播期较长，并有固氮养地能力，是禾谷类作物棉花、薯类等间作套种的适宜作物和良好前茬。其主产品用途广泛，营养丰富，深加工食品在国际市场上备受青睐；副产物秧蔓和角壳又是良好的饲料，所以说，绿豆在农业种植结构调整和高产、优质、高效生态农业循环中具有十分重要的作用。

视频 6
绿豆栽培
技术要点

（一）选用良种

绿豆对环境条件的要求较为严格，不同地区要求有相适应的品种种植才能获得高产。另外，单作和间作也应根据情况选择不同的品种。所以种植绿豆一般要选用当地的高产、抗病品种。

（二）整地与施肥

绿豆对前茬要求不严，但忌连作。绿豆出苗对土壤疏松度要求比较严格，表层土壤过实将影响出苗，生产上一定要克服粗放的种植方法，为保证苗齐苗壮，播种前应整好地，使土壤平整疏松，春播绿豆可在年前进行早秋深耕，耕深 15～25 厘米；夏播绿豆应在前茬作物收获后及时清茬整地耕作。耕作时施足基肥，可亩施沼渣和沼液 2 000～3 000 千克，在施足有机肥的基础上，春播绿豆在播种时、夏播绿豆在整地时，可稍量配施化肥作基肥，一般可亩施磷酸二铵 10 千克左右。绿豆生育期短，在施足底肥的前提下，一般可不追施肥料，但要应用叶面喷肥技术进行补施，生产成本低、效果好。根据绿豆生长情况，全生育期可喷肥 2～3 次，一般第一次喷肥在现蕾期，第二次喷肥在荚果期，第三次喷肥在第一批荚果采摘后，喷肥可亩用 1∶1 的腐熟沼液 40～50 千克，或 1 千克尿素加0.2 千克磷酸二氢钾兑水 40～50 千克，在晴天上午 10 点前或下午3 点后进行。

（三）播种

由于绿豆的生育期因品种各异，生育期长短不一，加上地理位置和种植方式不同（间、混、套种等），播种期应根据情况而定。春播一般应掌握地温稳定通过 12 ℃以后；夏播抢时；秋播根据当地初霜期前推该品种生育期天数以上日期播种。

在种植时应掌握早熟品种和直立型品种应密植，半蔓生品种应稀植，分枝多的蔓生品种应更稀一些的种植原则。播量要因地制宜，一般条播为每亩 1.5～2 千克，撒播为每亩 4～4.5 千克，间作套种应根据绿豆实际种植面积而定。一般行距 40～50 厘米，株距 10～20 厘米，早熟品种每亩留苗 8 000～15 000 株，半蔓生型品种每亩 7 000～12 000 株，晚熟蔓生品种每亩 6 000～10 000 株。播深 3～4 厘米为宜。

（四）科学管理

1. 镇压 对播种时墒情较差，坷垃较多，土壤沙性较大的地块，要及时镇压以减少土壤空隙，增加表层水分，促进种子早出苗、出全苗、根系生长良好。

2. 间苗定苗 为使幼苗分布均匀，个体发育良好，应在第一复叶展开后间苗，在第二复叶展开后定苗。按规定的宽度要求去弱苗、病苗、小苗、杂苗，留壮苗、大苗，实行单株留苗。

3. 灌水与排涝 绿豆耐旱主要表现在苗期，三叶期以后需水量逐渐增加，现蕾期为绿豆需水临界期，花荚期达到需水高峰期。在有条件的地区可在开花前浇一水，以促单株荚数；结荚期再浇一水，以促籽粒饱满。绿豆不耐涝，怕水淹，如苗期水分过多，会使根病复发，引起烂根死苗或发生徒长导致后期倒伏。后期遇涝，根系生长不良，出现早衰，花荚脱落，产量下降，地表积水 2～3 天会导致整株死亡。

4. 中耕除草 绿豆多在温暖、多雨的夏季播种，生长初期易生杂草，播后遇雨易造成地面板结，影响幼苗生长。一般在开花封垄前应中耕 2～3 次，即第一片复叶展开后结合间苗进行第一次浅中耕，第二片复叶展开后开始定苗并进行第二次中耕，到分枝期结合培土进行第三次中耕。

5. 适当培土 绿豆根系不发达，且枝叶茂盛，尤其是到了花荚期，荚果都集中在植株顶部，头重脚轻，易发生倒伏，影响产量和品质，可在三叶期或封垄前在行间开沟培土，不仅可以护根防倒，还便于排水防涝。

（五）收获与贮藏

1. 收获 绿豆有分期开花、成熟和第一批荚果采摘后继续开花的习性，一些农家品种又有炸荚落粒的现象，应适时收摘。一般植株上有 60%～70% 的荚成熟后开始采摘，以后每隔 6～8 天收摘一次效果最好。

2. 贮藏 收下的绿豆应及时晾晒、脱粒、清选。绿豆象是绿豆主要仓库害虫，必须熏蒸后再入库。

第二节　棉油经济作物高效栽培技术要点

棉油作物是我国的主要经济作物，既是"工业原料作物"，也是"精品生活作物"，还是发展区域农业经济的重要作物，经济价值和商品率都较高，在国民经济中占有重要地位。改革开放以来，我国棉油生产获得了长足发展，棉花、油菜、花生、芝麻作物栽培技术水平、产量水平不断提高，棉油生产已成为许多产区发展经济、致富农民的支柱产业。当前，随着我国农业产业结构的深入调整，市场经济的国际化新形势对棉油生产提出了更高的要求，发展优质产品，提高机械化生产水平、区域布局、模式化栽培，提高单产，增加综合生产效益，成为今后棉油作物生产发展的方向和目标。

一、棉花

棉花是关系国计民生的战略物资，国防建设、人民生活都离不开它。棉花也是一种可大规模种植的经济作物，对棉农家庭致富起着重要作用。

（一）常规棉栽培技术要点

1. 根据播期选择品种　棉花种植方式不同，其播期也不同，要根据播期选用合适品种。中原地区一般 4 月 20 日前后直播的选用春棉品种，在 4 月底 5 月初直播的选用半春性品种，在 5 月中下旬播种的选用夏棉品种。

2. 合理密植，一播全苗　根据品种、地力和种植方式来确定密度。一般单一种植春棉品种，每亩密度掌握在 3 500 株左右，行距 1 米，株距 19 厘米；半春性品种一般亩密度掌握在 4 500 株左右，行距 1 米，株距 15 厘米；夏棉品种，在肥水条件好的地块亩密度掌握在 6 500 株左右，一般地力的地块掌握在 7 500 株左右，干旱瘠薄的低产地块掌握在 8 000～10 000 株左右。

一播全苗是增产丰收的基础，生产上为了达到一播全苗，首先要选用质量较高的种子；其次播种前必须要进行必要的种子处理，如选种、晒种，以提高发芽率和发芽势，同时为防止棉花苗期病害，还要进行药剂拌种；其三要注意播种质量，足墒足量播种，一般播种深度掌握在 4 厘米左右。另外，春棉应注意施足底肥，一般亩施有机肥 3 000 千克以上，磷酸二铵 20 千克左右。

3. 加强田间管理

（1）苗期管理。苗期管理的目标是壮苗早发。春棉要及时中耕保墒，增温，在两片真叶出现时，及时间定苗，遇旱酌情浇小水。夏棉重点抓好"三早""两及时"，即：早浇水、早施肥、早间定苗，及时中耕灭茬和防治虫害。特别是麦收后的一水一肥，是夏棉苗期管理的关键，也是夏棉早发的基础。一般在 2 片真叶时亩施 5 千克尿素，施肥后浇水。苗期注意防治棉蚜、棉蓟马、盲椿蟓和红蜘蛛，注意保棉尖（尤其是棉头）不受虫害。

（2）蕾期管理。蕾期管理的目标是发棵稳长。蕾期是营养生长和生殖生长并进的时期，但以营养生长为主，促控要结合。在现蕾后应稳施巧施蕾肥，一般亩施尿素 5～7 千克，根据墒情苗情巧浇蕾水，加强中耕培土，及时防虫治病。

（3）花铃期管理。花铃期管理目标是前期防疯长，后期防早衰，争三桃，夺高产。花铃期是管理的关键时期，生产上以肥水管理为主，结合整枝中耕防治虫害。花铃期是需肥量最大的时期，应注意重施花铃肥，一般在盛花期每亩追施 15 千克的尿素，并结合墒情浇水。一般在 8 月 10 日以后不再追施肥料，否则易贪青晚熟或发生二次生长，可采用叶面喷肥以补充养分，也可根据情况喷施一些单质或复合型微肥。另外，还应坚持浇后或雨后中耕培土。

适时打顶是棉花优质高产不可缺少的一项配套技术。首先可以打破主茎顶端生长优势，使养分集中供应蕾、花、铃，抑制营养生长，促进生殖生长；其次可以减少后期无效花蕾，充分利用生长季节，增加铃重，增加衣分，促早熟；再次可控制株高，改善高密度情况下植株个体之间争夺生存空间的矛盾，改善通风透光条件，减少蕾铃脱落。一般掌握"时到不等枝，枝够不等时"的原则。一般年份适宜时期在 7 月 20 日前后，春棉可推迟到 7 月底。另外，还应根据情况在密度大的田块进行剪空枝和打边心工作。

（4）吐絮期的管理。吐絮期的管理目标是促早熟，防早衰，充分利用吐絮至下霜前的有利时机，防止烂桃，同时促大桃、夺高产。

（二）杂交棉的特点及栽培技术要点

借鉴玉米选育自交系配制杂交种的理论，经过多代自交纯合，选育出具有超鸡脚叶和无腺体两个遗传标记性状的棉花自交系，利用该自交系作父本与一个表现性状较好的普通抗虫棉品种作母本杂交选育出的杂交一代应用于生产，不但较好地利用了杂交优势，而且还具有较高的抗病抗虫性和适应性。其杂交 F_1 代应用于生产，利用自交系生育进度快、现蕾多、开花多及叶枝发达的特点，可以塑造杂交种大棵早熟株形；利用杂交种的鸡脚叶对充分发挥个体杂种优势进行形态调整，有效控制了营养生长优势，充分发挥了生殖生长的优势，较好地解决了杂交种营养生长过旺、易造成郁蔽、影响结铃和吐絮等问题，结铃性提高。并且鸡脚型叶片通风透光好，植株中部与近地面处的光照强度比常规棉增加 50％以上，因此烂铃和僵瓣花少，也易施药治虫。根据杂交棉品种特性，在栽培管理上应采取以下管理技术。

（1）实行宽行稀植。由于杂交棉株型较大，宜采取宽行稀植的栽培方式，也适宜间套种植栽培，适宜行距 130～160 厘米，株距 25～30 厘米，亩种植密度 1 500～1 800 株。

（2）育苗移栽。由于杂交棉种子价格较高，在栽培上多采用营养钵育苗移栽方式，一般麦套栽培于 4 月 10 日前后育苗，5 月 10 日前后移栽。麦后移栽的可在 4 月底 5 月初育苗，小麦收割后及时移栽。与其他作物套种的，根据移栽时间，提前 30～35 天育苗。

（3）施肥浇水。在移栽前亩施有机肥 3 立方米以上、磷肥 50 千克、钾肥 20 千克，6 月底结合培土稳施蕾肥，一般亩施尿素 10～15 千克，高产地块还可施饼肥 20～30 千克；7 月上旬，初花期重施花铃肥，一般亩施三元复合肥 30 千克；8 月以后，叶面喷肥 2～3 次。由于杂交棉株型大，单株结铃多，应重视中后期施肥。

（4）简化整枝。杂交棉品种营养枝成铃多，是其结铃性强和产量高的重要组成部分，只要肥水条件充足，赘芽也能成铃，所以一般不用整枝打杈。为了塑造理想的株型和群体结构，也可在现蕾后打去弱营养枝，每株保留 2～3 个强营养枝。每个营养枝长出 3～5 个果枝时打顶，主茎长出 18～20 个果枝时（7 月下旬）打去主茎顶心。

（5）及时防治病虫害。前期注意防治红蜘蛛和蚜虫。后期注意防治 3、4 代棉铃虫。

二、大豆

大豆营养丰富，其籽粒中含蛋白质 40% 以上，脂肪 20% 左右，还富含钙、镁、磷、铁等微量元素，可加工食品种类很多，用途广泛，加工经济效益很高，对提高人民生活水平有着十分重要的意义。

（一）选用良种，合理调茬

视频 7
大豆栽培
技术要点

大豆是一个光周期性较强的作物，属短日照植物，在形成花芽时，较长的黑夜和较短的白天，能促进生殖生长，抑制营养生长，所以大豆品种受区域影响很大，应根据当地自然条件和栽培条件选择良种。一般来说，无霜期较长的中上等肥力地块和麦垄套种区，应选用中晚熟品种，中下等肥力地块，应选用中早熟有限结荚习性的品种。另外与其他高秆作物间作还应考虑选用耐阴性强、节间短、结荚密的品种。大豆忌重茬，应合理调节茬口。大豆重茬，生长迟缓，植株矮小，叶色黄绿，易感染病虫害，特别是大豆孢囊线虫发生较重，使荚少粒小，显著减产。

（二）适期播种，合理密植

适期播种、一播全苗，是大豆生产过程中的关键一环，抓住了这一环，才能发挥田间管理的更大作用，夺取大豆丰收。黄淮海农区大豆多夏播，一般生育期 110 天以上的品种应在 5 月下旬麦垄套播，生育期 100～110 天的品种以 6 月上旬播种为宜，生育期 100 天以内的品种以 6 月 15 日以前播种为宜。早播是早发的前提，能使大豆充分利用光能，是丰收的基础。在早播和提高播种质量的同时，还应搞好合理密植工作。单一种植大豆，一般高水肥地块控制在每亩 1 万株，中等地块，密度在 1 万～1.2 万株，行距配置一般为宽行 36 厘米、窄行 24 厘米。播种时要掌握足墒下种，墒情不足时要浇水造墒后再播，播种要深浅一致，一般掌握在 3～5 厘米。

（三）搞好田间管理

俗话说：大豆三分种，七分管，十分收成才保险。种好是基础，管好是关键。搞好田间管理工作，是大豆丰收的关键。

1. 苗期管理　大豆从出苗到开花为苗期，约需 30～40 天。苗期的长短，主要与播期及品种有关，一般播种早，苗期长，播种晚，苗期短；中晚熟品种苗期长，早熟品种苗期短。大豆苗期主要是长根、茎、叶，伴有花芽分化，以营养生长为主，且地下部分生长快，地上部分生长慢，一般地下比地上快 3～6 倍。因此，苗期的主攻目标是培育根系发达，茎秆粗壮、节短，叶片肥厚，叶色浓绿，长相墩实的壮苗。主要管理措施：

（1）查苗补种。大豆出苗后，应立即逐行查苗，凡断垄 30 厘米以上的地方，应立即补种或补栽，30 厘米以下的地方，可在断垄两端留双株，不再补种或补栽。

（2）间苗定苗。在全苗的基础上，实行人工间苗、单株匀留苗，能充分利用光能，合理利用地力，协调地下部和地上部、个体与群体的关系，促进根系生长，增加根瘤数，是一项简便易行的增产措施，一般可增产 15%～20%。

大豆间苗一般是一次性的，时间宜早不宜迟，在齐苗后随即进行。"苗荒胜于草荒"，间苗过晚，幼苗拥挤，互相争光争水争肥，根系生长不良，植株生长瘦弱，就失去了间苗的意义。间苗的方法是按计划种植密度和行距，计算出株距，顺垄拔去疙瘩苗、弱苗、病苗、小苗、异品种苗，留壮苗、好苗，达到苗壮、苗匀、整齐一致的要求。

（3）中耕除草、冲沟培土。大豆在初花期以前，多中耕、勤中耕，不仅可以清除田间杂草，减少土壤养分的无为消耗，也可以切断土壤毛细管，保墒防旱，还可疏松土壤，促进根系发育和植株生长，结合中耕促进大豆不定根的形成，扩大根群，增强根的吸肥、吸水能力，防止早衰。

（4）追肥。大豆分枝期以后，植株生长量加快，体内矿质营养的积累速度约为幼苗期的 5 倍，因此需要养分较多。追肥时期以开花前 5～7 天为宜；追肥量应根据土壤肥力状况和大豆的长势确定，土壤瘠薄，大豆长势差，应多追些氮肥，一般亩追尿素 7.5 千克左右；若大豆生长健壮，叶面积系数较大，土壤碱解氮在 80 毫克/千克以上，不必追施氮肥。施肥方法以顺大豆行间沟施为好，施肥后及时浇水，既防旱又可以尽快发挥肥效、提高肥力。

2. 花荚期管理　大豆从初花到鼓粒为花荚期，约需 20～30 天。此期的营养特点是糖、氮代谢并重，生长特点是营养生长与生殖生长并进，既长根、茎、叶，又开花、结荚，是大豆生长发育最旺盛的时期，干物质积累最多，营养器官与生殖器官之间对光和产物需求竞争激烈，茎叶生长和花荚的形成，都需要大量的养分和水分，是大豆一生中需肥需水量最多的时期，也是田间管理的关键时期，其管理任务是：为大豆开花创造良好的环境条件，协调营养生长与生殖生长的矛盾，使营养生长壮而不旺、不早衰，使花荚大量形成而脱落少。主攻目标是：增花保荚。管理措施如下：

（1）浇水防旱。大豆花荚期是需水较多的时期，农言道："大豆开花，水里摸虾"。此期如果土壤墒情差，水分供应不足，就会造成花荚大量脱落，单株荚数、粒数减少，粒重降低。因此，花荚期遇旱，要及时浇水，以水调肥，保证水肥供应，减少花荚脱落，增加粒数和粒重。要求土壤含水量不低于田间最大持水量的 75％。

（2）科学追肥。大豆花荚期也是需肥较多的时期，养分供应不上，也是造成花荚脱落的一个重要因素。但是养分过多，特别是氮素过量，营养生长与生殖生长失调，营养生长过旺，也可造成花荚大量脱落。因此，一般在底肥或幼苗和分枝期追肥较充足的地块，植株生长稳健，表现不旺不衰，此期可不追速效化肥，只进行叶面喷肥，以快速补充养分供花荚形成之用。如果底肥不足或前期追肥量较少，植株生长较弱，可适当追些速效化肥，但量不要大，盛花期前可亩追施尿素 2～3 千克，并加强叶面喷肥，叶面喷肥以磷、钾、硼、钼等多种营养元素的复合肥为好，长势弱的地块也可加入一些尿素或生长素之类的物质。

3. 鼓粒成熟期的管理 从大豆粒鼓起至完全成熟为鼓粒成熟期，约需 35～40 天。此期的生理特点是以糖代谢为主，营养生长基本停止，生殖生长占主导地位，籽粒和荚壳成为这一时期唯一的养分聚集中心。这一时期的环境条件对大豆的粒数、粒重有很大影响，仍需要大量的水分、养分和充足光照。管理的主要任务是：以水调肥，养根护叶不早衰。主攻目标是：粒多、粒饱。主要管理措施如下：

（1）合理灌水，抗旱防涝相结合。水是光合作用的重要原料，也是矿质营养和光合产物运输的重要媒介。大豆此期仍需要大量的水分，尤其是鼓粒前期，要求土壤含水量要保持在田间持水量的 70％左右。低于此含水量，要及时灌水，不然就会造成秕荚、秕粒增多。在防旱的同时，还要注意大雨后及时排涝，防止大豆田间长期积水。

（2）补施鼓粒肥。在鼓粒前期有脱肥早衰现象的要补施鼓粒肥，补肥仍以叶面喷肥为主。

（四）适时收获

适时收获是大豆实现丰收的最后一个关键措施。收获过早、过晚对大豆产量和品质都有一定影响，收获过早，干物质积累还没有完成，降低粒重或出现青秕粒；收获过晚，易引起炸荚造成损失。当大豆整株叶子发黄脱落，豆棵晃动有啦啦响声时，证明大豆已经成熟，应抢晴天收割晾晒。为保证大豆色泽鲜艳，提高商品价值，一般要晒棵不晒粒，晒干后及时收打入仓。

三、花生

花生是主要的油料作物，是食用油的主要原料。花生仁加工用途广泛，蔓是良好的牲畜饲料。花生自身有一定的固氮能力，决定了其投资少、效益高，是目前能大面积种植的单位面积农业生产效益较好

视频 8
花生栽培
技术要点

的作物之一。

（一）春花生栽培技术要点

1. 深耕改土，精细整地，轮作换茬

（1）花生对土壤的要求。花生耐旱、耐瘠性较强，在低产水平时，对土壤的选择不甚严格，在瘠薄土地上种植产量不高，但花生也是深耕作物，有根瘤共生，并具有果针入土结果的特点，高产花生适宜的土壤条件应该是排水良好、土层深厚肥沃、黏沙土粒比例适中的沙壤或轻壤土。该类土壤因通透性好，并具有一定的保水能力，能较好地保证花生所需要的水、肥、气、热等条件，花生耐盐碱性差，pH 为 8 时不能发芽。花生比较耐酸，但酸性土中钙、磷、钼等元素有效性差，并有高价铝、铁的毒害，不利花生生长。一般认为花生适宜的土壤 pH 为 6.5～7。

（2）改土与整地措施。春花生目前还大多种植在土壤肥力较瘠薄的沙土地上，一些地块冬春季还受风蚀危害，不同程度地影响着花生产量的提高，所以要搞好深耕改土与精细整地工作，为花生高产创造良好的土壤环境条件。

① 增施有机肥。这是一项见效快、成效大的措施，有机肥不但含有多种营养元素，而且还是形成团粒结构的良好胶结剂，其内含的有机胶体，可以把单粒的细沙粒胶结成团粒，从而改变沙土的松散与结构不良的状态。坚持连年施用有机肥，还能调节土壤的酸碱度，使碱性偏大的土壤降低 pH。

② 深耕深翻加厚活土层。深耕深翻后增加了土壤的通透性，能加速土壤风化，促使土壤微生物活动，使土壤中不能溶解的养分分解供作物吸收利用。若年年坚持深耕深翻，并结合有机肥料的施用，耕作层达到生熟土混合，粪土相融，活土层年年增厚，便可改造成既蓄水保肥，又通气透水、抗旱、耐涝的稳产高产田。注意一次不要耕翻太深，可每年加深 3～4 厘米，直至深翻 33.3 厘米。深翻 33.3 厘米以上，花生根系虽有下移现象，但总根量没有增加，故无明显增产效果。

③ 翻淤压沙或翻沙压淤。根据土壤剖面结构情况，沙下有淤

的可以翻淤压沙，若淤土层较薄，注意不要挖透淤土层；淤下有沙的可翻沙压淤，进行土壤改良。

④ 精细整地。精细整地是丰产的基础，也是落实各项增产技术措施的前提。实践经验证明，精细整地对于达到苗全、苗壮，促进早开花、多结果有重要作用。春花生地要及早进行冬耕，耕后晒垡。封冻前要进行冬灌，以增加底墒，防止春旱，保证适时播种。另外，冬灌还可使土壤踏实，促进风化，冻死虫卵及越冬害虫。冬灌一般用犁冲沟，沟间距 1 米左右为宜，使水向两面渗透，水量要大，开春后顶凌耙地，切断毛细管，减少水分蒸发以利保墒。

⑤ 起垄种植。起垄种植是提高花生产量的一项成功经验，对增加百果重和百仁重及出仁率均有显著作用，一般可增产 20% 以上。它能加厚活土层，使结实层疏松，利于果针下扎入土和荚果发育，能充分发挥边行优势。起垄后三面受光，有利于提高地温。据试验，起垄种植的地块土壤温度比平栽种植的增加 1~1.5 ℃，有利于形成壮苗。起垄的方式一般有两种：一是犁扶埂，两犁一垄，高 15 厘米左右，垄距 40 厘米左右，每垄播种 1 行花生，穴距根据品种密度而定，一般 19~20 厘米，每穴两粒；二是起垄双行，垄距 70~80 厘米，大行距 40~50 厘米，小行距 24~30 厘米，然后再根据品种密度确定穴距，一般 19~20 厘米，每穴播两粒。今后应积极推广机械起垄播种，以提高工效。

（3）合理轮作。花生"喜生茬，怕重茬"，轮作倒茬是花生增产的一项关键措施。试验证明，重茬年限越长，减产幅度越大。一般重茬 1 年减产 20% 左右，重茬 2 年减产 30% 左右。花生重茬减产的主要原因有以下 3 个方面：

① 花生根系分泌物自身中毒。其根系分泌的有机酸类，在正常情况下，可以溶解土壤中不能直接吸收的矿质营养，并有利于微生物的活动。但连年重茬，使有机酸类过多积累于土壤中，造成花生自身中毒，根系不发达，植株矮小，分枝少，长势弱，易早衰。

② 花生需氮、磷、钾等多种元素，特别对磷、钾需要量多，连年重茬，花生所需营养元素大量减少，影响正常生长，结果少，

荚果小，产量低。

③ 土壤传播病虫害加重。如花生根结线虫病靠残留在土壤中的线虫传播；叶斑病主要是借菌丝和分生孢子在残留落叶上越冬，翌春侵染危害。重茬花生病虫危害严重，会造成大幅减产。

各地可根据实际情况，合理安排轮作倒茬。主要轮作方式有三：花生—冬小麦—玉米（甘薯或高粱）—冬小麦—花生；油菜—花生—小麦—玉米—油菜—花生；小麦—花生—小麦—棉花—小麦—花生。

2. 施足底肥 根据花生需肥特点和种植土壤特性及产量水平，应掌握有机肥为主，无机肥为辅，有机无机相结合的施肥原则，在增施有机肥的基础上，补施氮肥，增施磷、钾肥和微肥。春花生主要依靠底肥，施用量应占总施用量的 80%～90%，所以要施足底肥，一般中产水平地块，可亩施有机肥 2 000 千克、过磷酸钙 30～40 千克（若能与有机肥混合沤制一段时期更好）、碳酸氢铵 20 千克左右，以上几种肥料可结合起垄或开沟集中条施。高产地块，可亩施有机肥 2 000～3 000 千克、过磷酸钙 40～50 千克、碳酸氢铵 30 千克左右，采用集中与分散相结合的方法施用，即 2/3 在播前耕地时作基肥撒施，另 1/3 在起垄时集中沟施。

3. 选用良种，适时播种，确保全苗

（1）选用良种。良种是增产的内因，选用良种是增产的基础。在品种选用方面应根据市场需要、栽培方式、播期等因素合理选用优良品种类型和品种。

（2）播前晒种，分级粒选。播种前充分暴晒荚果，能打破种子休眠，提高生理活性，增加吸水能力，增强发芽势，提高发芽率。一般在播种前晒果 2～3 天，晒后剥壳，同时选粒大、饱满、大小一致、种皮鲜亮的籽粒作种，不可大小粒混合播种，以免形成大小苗共生，大苗欺小苗，造成减产。据试验，播种一级种仁的比播混合种仁的增产 20% 以上，播种二级种仁的比播混合种仁的增产 10% 以上。

（3）适期播种，提高播种质量。春花生播种期是否适时对产量影响较大。播种过早，影响花芽分化，而且出苗前遇低温阴雨天气，容易烂种；播种过晚，不能充分利用生长期，使有效花量减少，影响荚果发育，降低产量和品质。花生品种类型不同，发芽所需温度有所差别，珍珠豆型小花生要求 5 厘米地温稳定在 15 ℃以上时播种。中原地区一般在谷雨至立夏即 4 月下旬至 5 月上旬为春花生适播期。在此期内要视当年气温、墒情适时播种。播种时要注意合理密植，一般普通直立型大花生春播密度应掌握在 8 000～9 000穴/亩，每穴两粒。可采用挖穴点播、冲沟穴播或机械播种的方式，无论采用哪种播种方式，都要注意保证播种均匀，深浅一致，一般适宜深度为 5 厘米左右，播后根据墒情适当镇压。

4. 田间管理 田间管理的任务是根据花生不同生长发育阶段的特点和要求，采取相应的有效措施，为花生生长创造良好的环境条件，促使其协调一致地生长，从而获得理想的产量。

（1）查苗补种。一般在播后 10～15 天进行，发现缺苗，及时进行催芽补种，力争短期内完成。也可在花生播种时，在地边地头或行间同时播种一些预备苗，在花生出土后，真叶展开之前移苗补种，移苗时要代土移栽，注意少伤根，并在穴里少施些肥、灌些水，促其迅速生长，赶上正常植株。

（2）清棵。清棵就是在花生出苗后把周围的土扒开，促子叶露出地面。清棵增产的原因有以下几点：一是解放了第一对侧枝，使第一对侧枝早发长出，直接受光照射，节间短粗，有利于第二级分枝和基部花芽分化，提早开花，多结饱果，并能促使有效花增多，开花集中。二是能够促进根系下扎，增加耐旱能力。三是能清除护根草，减轻蚜虫危害，保证幼苗正常发育。清棵一般在齐苗后进行，不可过早，也不宜过晚。方法是在齐苗后用小锄浅锄一次，同时扒去半出土的叶子周围的土，让子叶刚露出地面为好。注意不要损伤子叶，不能清得过深，对已全部露出子叶的植株也可不清，在清棵后 15～20 天，结合中耕还应进行封窝，但不要埋苗。

（3）中耕除草培土。花生田中耕能疏松表土，改善表土层的水肥气热状况，促进根系与根瘤的生长发育，并能清除杂草和减轻病虫危害，总的要求是土松无草。一般需中耕3～4次，各地群众有"头遍刮，二遍挖，三遍四遍如绣花"的中耕经验，即第一遍在齐苗后结合清棵进行，需浅中耕，可增温保墒，注意不要压苗。第二遍在清棵后15～20天结合封窝进行，这时第一对侧枝已长出地面，要深锄细锄，行间深，穴间浅，对清棵的植株进行封窝，但不要压枝埋枝。这次中耕也是灭草的关键，注意根除杂草。第三、第四遍在果针入土前或刚入土时，要浅锄细锄，不要伤果针，使土壤细碎疏松，为花生下针结果创造适宜条件。

起垄栽培的花生田还要注意进行培土，适时培土能缩短果针与地面的距离，促果针入土，增加结实率和饱果率，同时还有松土、锄草、防涝减少烂果作用。注意培土早了易埋基部花节，晚了会碰伤果针和出现露头青果，一般在开花后15～20天封垄前的雨后或阴天进行为宜。方法是在锄钩上套个草圈，在行间倒退深锄猛拉，将土壅于花生根茎部，使行间成小沟。培土时应小心细致，防止松动或碰伤已入土的果针。

（4）追肥与根外喷肥。苗期始花期追施少量氮肥促苗，一般亩施硫酸铵5千克左右，开花后花生对养分需要剧增，根据花生果针、幼果有直接吸收磷、钙元素的特点，高产田块或底肥不足田块，在盛花期前可每亩追施硫酸钙30～35千克，以增加结果层的钙素营养。花生叶片吸肥能力较强，盛花期后可叶面喷施2%～3%的过磷酸钙澄清液，或0.2%的磷酸二氢钾液，每亩每次50千克左右，每10天一次，连喷2～3次。同时还要注意喷施多元素复合微肥。

（5）合理灌排。花生是一种需水较多的作物，总的趋势是"两头少、中间多"，根据花生的需水规律，结合天气、墒情、植株生长情况进行适时灌排。如底墒充足，苗期一般不浇水，从开花到结果，需水量最多，占全生育期需水量的50%～60%。此期如遇干旱应及时灌水，要小水细浇，最好应用喷灌。另外，花生还具有"喜涝天，不喜涝地"和"地干不扎针，地湿不鼓粒"的特点，开花下针期正值雨季，如遇雨过多，容易引起茎叶徒长，土壤水分过多通气不良，也影响根系和荚果的正常发育，从而降低产量和品质，因此，还应注意排涝。

（6）合理应用生长调节剂。花生要高产必须增施肥料、增加种植密度，在高产栽培条件下，如遇高温多雨季节，茎叶极易徒长，形成主茎长，侧枝短而细弱，田间郁闭而倒伏，造成减产。所以在高水肥条件下应注意合理应用植物生长调节剂来控制徒长，可避免营养浪费，使养分尽可能地多向果实中转化，从而提高产量。该措施也是花生高产的关键措施之一。防止花生徒长常用的植物生长调节剂有复硝酚钠等，喷施时间相当重要，如喷得过早，不但抑制了营养生长，而且也抑制了生殖生长，使果针入土时间延长，荚果发育缓慢，果壳变厚，出仁率降低，反而影响产量；如喷施过晚，则起不到控旺作用。据试验，适宜的喷施时间是盛花末期，因为此期茎蔓生长比较旺盛，荚果发育也有一定基础，喷施后能起到控上促下的作用。一般在始花后 30～35 天，可亩用 1.4% 的复硝酚钠水剂10 克兑水 15 千克叶面喷施一次；在始花后 40～45 天，再喷施一次，喷施于顶叶，以控制田间过早郁闭，促进光合产物转化，提高结荚率和饱果率。注意调节剂在使用时要严格掌握浓度，干旱年份还可适当降低使用浓度；一次高浓度使用不如分次低浓度使用；在晴朗天气时施用效果较好。

5. 收获与贮藏　花生是无限开花习性，荚果不可能同时成熟，故收获之时荚果有饱有秕。花生收获早晚与产量及品质有直接关系，收获过早，产量低，油分少，品质差；而收获过晚，果轻，落果多，损失大，休眠期短的品种易发芽，且低温下荚果难干燥，入仓后易发霉，另外也影响下茬作物种植。一般花生成熟的标致是地上植株长相衰退，生长停滞，顶端停止生长，上部叶片的感夜运动不灵敏或消失，中下部叶片脱落，茎枝黄绿色，多数荚果充实饱满，珍珠豆型早熟品种的饱果指数达 75% 以上；中间型早中熟大果品种的饱果指数达 65% 以上；普通型中熟品种的饱果指数达 45% 以上。大部分荚果网纹清晰，种皮变薄，种粒饱满呈现原品种颜色。黄淮海农区一般在 9 月中旬收获，一些晚熟品种可适当晚收，但当日平均气温在 12 ℃以下时，植株已停止生长，而且茎枝很快枯衰，应立即收获。

收获花生劳动强度大，用工较多，推行机械收获是目前花生生产上急需解决的问题。根据土壤墒情，质地和田块大小及品种类型等不同，目前有拔收、刨收和犁收等方法。不论采取哪种收获方法，在土壤适耕性良好时进行较好，土壤干燥时易结块，抖土困难，增加落果。

花生收获后如气温较高随即晾晒，有条件的可就地果向上、叶向下晒，摇果有响声时摘果再晒。待荚果含水率在 10％以下，种仁含水率在 9％以下时，选择通风干燥处安全贮藏。

（二）麦套夏花生栽培技术要点

麦垄套种花生，可以充分利用生长季节，提高复种指数，达到粮油双丰收。近些年来，随着生产条件的改善，生产技术水平的提高和人均耕地的减少，麦套种植方式在花生主要产区发展很快，已成为花生主要种植方式。如何提高其产量，应根据麦套花生的特点，抓好以下几项栽培措施：

1. 精选良种 根据麦垄套种的特点，麦垄套种花生应选用早中熟直立型品种，并精选饱满一致的籽粒做种，使之生长势强，为一播全苗打好基础。

2. 适时套播，合理密植 适时套播、合理密植可充分利用地力、肥力、光能资源，协调个体群体发育，达到高产。一般夏播品种每亩穴数以 9 000～10 000 穴为宜。单一种植花生以 40 厘米等行距，17～18 厘米穴距，每穴 2 粒。一般麦垄套种时间应在麦收前15 天左右，麦套花生播种后正是小麦需水较多的时期，此时田间对水分的竞争比较激烈，应注意保证足墒，也可采取先播后浇的方法，争取足墒全苗。

3. 及早中耕，根除草荒 花生属半子叶出土的作物，及早中耕能促进个体发育，促第一、二侧枝早发育，提高饱果率。特别是麦套花生，麦收后土壤散墒较快，易形成板结，不及早中耕，蔓直立上长，影响第一、第二对侧枝发育，所以麦收后应随即突击中耕灭茬、松土保墒、清棵除草。花生后期发生草荒对产量影响较大，且不易清除，所以要注意在前期根除杂草。严重的地块可在杂草三叶前选用适当的除草剂进行化学防治。

4. 增施肥料，配方施肥，后期叶面喷肥　增施肥料是麦套花生增产的基础。施肥原则是在适当补充氮肥的基础上重施磷肥、钙肥及微肥，在中后期还应视情况喷施生长调节剂。一般地块在始花期每亩施用 10～15 千克尿素和 40～50 千克过磷酸钙，高产地块还应增施 10～20 千克硫酸钙。在此基础上，中后期还应叶面喷施微肥和生长调节剂，以防叶片发黄、过早脱落和后期疯长。施用植物生长调节剂可参照春花生栽培技术要点。

5. 合理灌水和培土　根据土壤墒情和花生需水规律，在开花到结荚期注意灌水。麦垄套种花生多为平畦种植，所以在初花期结合追肥中耕适当进行培土起小垄，增产效果较好，但要注意不要埋压花生生长点。

6. 适时收获，安全贮藏　气温降到 12 ℃以下，在植株呈现出衰老现象，顶端停止生长，上部叶片变黄，中下部叶片脱落，地下多数荚果成熟，具有本品种特征时，即可收获。随收随晒，使含水量在 10% 以下，贮藏在干燥通风处，以防霉变。

（三）春花生地膜覆盖栽培技术要点

花生地膜覆盖栽培技术于 1979 年由日本引入我国，它是一项技术性较强和有一定生产条件的综合性技术措施，也是人工改善农田生态环境的综合性措施，适用于亩产 400 千克以上的高产田块栽培。同时地膜花生结荚集中，饱果率高，质量好。

1. 播前准备

（1）整地起埂。选择地势平坦、土层深厚、保水保肥的中等以上肥力地块，且 2～3 年没有种植过花生的沙壤土地块进行地膜覆盖种植，一般要求土层深 50 厘米以上，活土层 20 厘米以上，土壤有机质含量 1.0% 以上，全氮含量高于 0.04%，速效磷 15 毫克/千克以上，速效钾不低于 90 毫克/千克。整地前亩施优质有机肥4 000 千克以上，标准氮肥 20～25 千克，饼肥 40～50 千克，深耕

20 厘米左右把肥翻入底下，另亩施过磷酸钙 40～50 千克撒于堡头，耙入土壤中，如冬耕只施有机肥和饼肥，在早春再浅耕，耕时施磷肥和氮素化肥并及时耙糖保墒，达到土壤细碎，地面平整，无根茬。播种前 5～6 天起埂作畦，畦的方向与风向平行，一般以南北向为好，既光照充分，又能减轻春季风力对覆盖薄膜的掀刮，提高覆盖质量。起埂规格一般为：埂距 90 厘米，埂高 12 厘米，沟宽 30 厘米，埂面 60 厘米。

（2）选用优良品种。选用高产优良品种，是覆膜栽培夺取高产的重要条件之一。覆膜栽培春花生可选用适应性广、抗逆性强、增产潜力大、株型直立、分枝中等、开花结果比较集中、荚果发育速度快、饱果率及出仁率较高的品种。播前带壳晒种 2～3 天，晒后剥壳，分级粒选，剔除秕粒、病虫粒、破损粒、霉变粒，选用籽粒饱满的一级种仁作种。要求种子发芽势强，发芽率大于 95％，种子纯度达到 97％。播前用种子重量 0.3％的 50％多菌灵可湿性粉剂拌种，消毒灭菌。具体方法是先将种子用清水湿润，按比例兑入药粉搅拌，使药粉均匀附着于种子表面。

（3）选用好地膜。选好地膜是花生地膜覆盖栽培的中心环节，地膜质量的好坏又是决定栽培成败的关键。地膜过薄，强度弱，不受风沙吹刮；过厚，果针又难以穿透，且薄膜也不易紧贴在畦面上，更起不到增温、保墒、疏松土壤、抑制杂草的作用。一般可选用以下几种类型的地膜：①膜宽 80～90 厘米、膜厚 0.012～0.015 毫米的高压聚乙烯透明膜。②膜宽 80～90 厘米、膜厚 0.006 毫米的聚乙烯低压膜。③膜宽 80～90 厘米、膜厚 0.008 毫米的线型膜。

2. 适时播种覆膜 播种覆膜是地膜覆盖栽培花生夺取全苗、壮苗、保证群体增产的关键。掌握适宜的播期，提高播种质量，可以充分而有效地利用前期热量资源，增加积温，促进早发，争取更长生育期，增加更多干物质的积累，是发挥薄膜覆盖栽培增产作用的又一个重要环节。

（1）适宜播期的确定。春播地膜花生适宜播期的确定要考虑三个因素：一是当地终霜期；二是覆膜栽培从播种到出苗的天数；三是花生种子发芽需要的最低温度。实践证明，播期过早，地温低，发芽迟缓，易导致烂芽缺苗；播种过晚，又降低了覆膜增温作用，不能更好地发挥地膜覆盖栽培的经济效益。一般年份4月10～20日是中原地区地膜覆盖花生的适播期。但在不同年份、不同地区可根据地温变化灵活掌握。一般在露地土壤5厘米深地温稳定在13℃以上（膜内5厘米地温稳定在15℃以上）时播种。

（2）播种与覆膜。花生播种后随即盖膜是地膜花生应用比较普通的一种方式。也有播种前5～6天盖膜的，待地温升高后，用打孔器打孔播种。不论哪种播种方法，播种时都要按品种种植要求播种，一般中熟大果型品种每亩8 000～10 000穴，早熟中果型品种每亩9 000～11 000穴。每垄种两行花生，宽窄行种植，播种行外侧到垄边缘不少于15厘米，小行距30厘米，大行距60厘米，穴距16.5～18.5厘米，注意掌握等穴距挖穴，穴深3厘米，每穴播两粒，深浅一致，种仁平放，播后覆土镇压。一般亩用一级种12～14千克。

地膜花生覆膜后不易进行中耕除草，因此，播种后对不喷除草剂的地膜覆盖田，在覆膜前应先喷施除草剂，再覆膜。使用除草剂要特别注意施用方法和用量，以免因用量过多而造成死苗减产。

花生地膜覆盖应使用无孔透明薄膜，以采用打孔、点水、下种、盖土四道工序连续作业的播种法比较适宜，要求膜孔孔眼大小及深浅一致（孔眼4.2厘米，深度3.5厘米），均匀等距二粒点种，5～10厘米土壤绝对含水量不能低于15%。盖膜时要轻放，伸平拉紧，使地膜紧贴地面尽量无皱纹，四周封平压牢，每隔3～5米横压一条防风带。先覆膜后播种，播后膜孔周围要用土压严实。

3. 田间管理

花生地膜覆盖栽培的实质，就在于创造一个良好生长环境条件，满足花生高产发育的需要。只有在良好的田间管理措施配合下，才能最大限度地发挥土、肥、水、种、密等各项技术措施的增产作用。所以，播种覆膜后就要及时进行管理工作。

（1）查田护膜。播种盖膜以后，要有专人查田护膜，发现刮风揭膜或膜破损透风，及时用土盖严压牢，确保增温保墒效果。

（2）破膜放苗。先播种或盖膜的，花生幼苗出土后及时在早晨或傍晚用小刀将幼苗顶端地膜划破，使幼苗露出膜外，防止烧苗。先盖膜后播种的，花生播种6～7天以后，幼苗顶土快要出苗时，将膜孔上的土轻轻向四周扒开，助苗出土，防止窝苗。

（3）清棵、补种。将幼苗根际周围浮土扒开，使子叶露出膜外，同时注意用土将膜孔压严。发现缺苗的地方，要及时催芽（也可事先准备少量芽苗），点水补栽，确保全苗。

（4）中耕除草。降雨和浇水后，要及时顺沟浅除、破除板结，防止杂草滋生。膜内发现杂草时，用土压在杂草顶端地膜上面，3～5天后，杂草即窒息枯死。草苗大时用铁丝做成钩状，伸进膜孔内，将杂草除掉。

（5）防旱排涝。当10～20厘米土壤绝对含水量低于10％时，要小水灌沟，严禁大水漫灌。6月上旬到7月下旬正值地膜花生营养和生殖生长旺盛阶段，需水较多，应注意此期防旱灌水。同时，7～8月雨水较多时，注意清好田间沟渠，做好排水除涝工作，防止田间积水造成烂果。

（6）适当根际追肥和叶面喷肥。地膜覆盖容易造成前期生长势弱、中期发育迟缓、后期脱肥早衰现象，应根据苗情适当采取根际打孔追肥，即在始花期后用扎眼器或木棍，在靠近植株5厘米处扎眼5～6厘米深施肥，每亩施入硫酸铵15～20千克或尿素10千克左右和硫酸钙30～35千克，追后用土压严，注意肥料不要掉落在叶片上，防止烧叶。土壤湿润时追施固体肥料，干旱时可追施液体肥料（即按肥与水比1∶1溶解）。7月中旬到8月上旬，花生进入饱果期，叶面喷洒0.3％的磷酸二氢钾或2％～3％的过磷酸钙澄清液1～2次。如果植株生长瘦弱，每亩还可喷洒1％的尿素溶液75千克。另外还应注意喷洒复合型微肥。

（7）控制徒长。花生结果期，植株封行过早，株高超过40厘米，有徒长趋势时，应叶面喷洒植物激素防止徒长。

4. 收获与回收残膜　地膜花生成熟期一般比不覆膜花生可提

早 7～10 天。成熟后花生果柄老化，荚果易脱落。又由于此时地温较高，膜内土壤中病菌、水气可通过果柄入侵荚果，造成霉烂落果，影响产量与品质。因此，正确掌握适时收获，是田间管理工作最后一个重要环节。一般在 8 月下旬和 9 月上旬，当花生植株上部片和茎秆变黄，下部叶片逐渐脱落，大多数荚果网纹清晰，果仁饱满，呈该品种固有光泽，即可收获。收获后及时晾晒，待种子含水量低于 10％时，即可入库贮藏。

（四）夏花生地膜覆盖栽培技术要点

过去地膜覆盖栽培技术只在春花生生产上应用，人们习惯上认为夏花生生育期处在高温季节，覆盖栽培作用不大。然而通过研究，夏花生覆膜栽培增产效果也十分显著。说明夏花生覆膜栽培不仅具有温度效应，更重要的是综合调节了生育环境，因此一些地方迅速推广应用，并总结出一套完善的栽培技术，现介绍如下：

1. 选择良种，搞好"三剂拌种" 选用早熟大中果良种，是挖掘地膜夏花生高产潜力的前提。播种前每 100 千克种子用 25％多菌灵 500 克拌种，有条件的地方可再加上钼酸铵以满足花生对钼肥的需要。根瘤菌拌种可增加花生根瘤菌数。"三剂拌种"有利于花生达到全苗壮苗，防病防虫，打好高产基础。

2. 选好地膜，增产节本 覆膜栽培技术之所以发展较慢，除了缺乏系统研究外，也与当时的普通地膜较厚、用量较大（一般 5 千克/亩）、成本较高（50 元/亩）直接相关。20 世纪 80 年代中期新型超薄地膜上市，它以成本低、增产效果好的优势，推动了覆膜技术的发展。据不同地膜种类试验结果，光解膜在促进夏花生生长、改善经济性状等方面优于超薄膜，但由于其光解程度受厂家生产时的温湿度影响较大，性能稳定性差，因而还有待提高产量品质。目前生产上一般选用厚度 0.004～0.006 毫米超薄膜，亩用量约 2.5 千克，成本在 20 元左右。

3. 配方施肥，一次施足 根据地力情况和花生需肥规律进行配方施肥，一次施足肥料是覆膜夏花生高产的基础。根据试验结果，一般每亩可施有机肥 2 000 千克、过磷酸钙 30 千克、尿素

15～20 千克、氯化钾 10 千克、钙肥 30 千克，施于结果层。麦垄套种夏花生可于春季巧施底肥，有利于小麦、花生双高产。

4. 适期早播，适时覆膜 覆膜夏花生要在"早"字上争季节。麦垄套种夏花生，可于 5 月中旬播种，套种时用竹竿做成 A 形分行器，以减轻田间操作对小麦损伤。在小麦收获后迅速追肥，在灭茬后每亩用 72% 的都尔 100 毫升，兑水 75 千克均匀喷洒，再覆盖地膜，采取边盖膜边打孔破膜，以防高温灼苗。夏直播花生于 6 月 10 日以前播种，一般采用两种播种方法：一是先覆膜后播种，灭茬后整地起垄，一垄双行，垄距 80 厘米，喷施除草剂，先覆盖地膜，再按穴距大小打孔，浇水播种，播后膜孔上放一小堆 5 厘米高的细土，否则易落干缺苗。二是先播种后覆膜，播后喷除草剂，花生齐苗后再盖膜边打孔破膜。第二种方法可以解决在高温少雨季节，因播前覆膜和边种边覆膜引起的烧苗或落干问题，因此在干旱、半干旱地区更有推广价值。据试验，一般条件下，夏花生以播后 4～8 天盖膜效果最好。三种覆盖方式各有优缺点，但都比不覆膜（对照）增产，增产效果在 20% 以上。

5. 合理密植 适宜密度是覆膜夏花生的高产关键。夏播花生选用早熟品种，根据品种特性种植密度宜密，一般高肥力田块亩种植 9 000 穴左右，较低肥力田块亩种植 10 000～11 000 穴。垄上窄行距 40 厘米、穴距 15～20 厘米，每穴播种 2～3 粒。

6. 及时化控，防止徒长，防倒防衰 花生开花后 25～30 天，每亩用 1.4% 复硝酚钠水剂 6 000 倍液 15～20 千克，用背负式喷雾器均匀喷洒，能显著地延缓植株伸长生长，使主茎高度降低，侧枝长度缩短，从而有效地控制旺盛的营养生长，增强植株的抗倒能力，保持较好的群体结构。同时，能增加有效分枝，控制无效果针，促进荚果发育，增加饱果数和果重。据试验调查，喷施处理相比对照，其主茎高度降低 14.5%，侧枝长度缩短 16.6%，单株有效果增加 0.5 个，单株饱果数增加 7.9 个。

7. 中后期叶面喷肥，防治病虫害 由于覆膜花生肥料一次底施，不进行追肥，后期易发生脱肥早衰现象，中后期根据田间苗情，应注意喷施 1%～1.5% 的尿素溶液防止缺氮；喷施 0.3% 的磷酸二氢钾溶液或 2%～3% 的过磷酸钙澄清液防止缺磷；喷施复合微肥溶液防止微量元素缺乏。

8. 适时收获，回收残膜　地膜花生比露栽花生提早 8～10 天成熟，大多数在 7 月中、下旬可收获上市。收获时，要做好地膜的回收处理工作，捡净碎膜，避免引起土壤污染。

四、油菜

视频 9
油菜栽培
技术要点

油菜是主要油料作物之一，我国油菜种植面积和总产量超过世界总产量的四分之一，面积稳定在 700 万～800 万公顷。该作物适应性强，用途广，经济价值高，发展潜力大。菜籽油是良好的食用油，饼粕可作肥料、精饲料和食用蛋白质的原料来源。油菜还是一种开荒作物，它对提高土壤肥力、增加下茬作物的产量有很大作用。各地的实践表明，油菜是油、饲、肥、菜、蜜、花多功能开发最有效，一二三产业融合最好的作物之一，也是美丽乡村建设、发展生态旅游的理想作物，所以说油菜作物在生态农业发展中具有重要作用。

（一）结籽油菜高产栽培技术

1. 合理轮作，精细整地

（1）栽培制度。根据油菜常异花授粉的特点，它本身不宜连作，也不易与十字花科作物轮作，否则病虫害加重，必须实行 2～3 年的轮作倒茬，才能保证优质高产。我国冬油菜区主要栽培制度及轮作方式有以下几种：

① 水稻、油菜两熟。包括中稻—冬油菜两熟和晚稻—冬油菜两熟。

② 双季稻、油菜三熟。油菜播种与晚稻收割有季节矛盾，必须采取育苗移栽，并且在晚稻生长后期要搞好排水，以利油菜整地移栽。晚稻应选用较早熟品种。

③ 一水两旱三熟制。即早稻—秋大豆—冬油菜；早稻—秋绿

肥—冬油菜。

④ 油菜与其他旱生作物一年两熟。有冬油菜—夏玉米—冬小麦—夏玉米；冬油菜—夏棉花（大豆、芝麻、花生、烟叶、甘薯）—冬小麦。这种栽培制度主要在黄淮海平原区。

⑤ 春棉（烟草、旱粮）、油菜两熟制。油菜一般采用育苗移栽。

（2）深耕整地。油菜根系发达，主根长，入土深，分布广，要求土层深厚，疏松肥沃，通气良好。耕翻时间越早越好，措施和同期播种作物大致一样，通过精细整地，使土壤细碎平实，利于油菜种子出苗和幼苗发育；使油菜根系充分向纵深发展，扩大根系对土壤养分的吸收范围，促进植株发育；同时还有利于蓄水保墒，减轻病虫草害。

2. 科学施肥

（1）油菜的需肥规律。油菜吸肥力强，但养分还田多，所吸收的80%以上养分以落叶、落花、残茬和饼粕形式还田。优质油菜在营养生理上又具有对氮、钾需要量大，对磷、硼反应敏感的特点。油菜苗期到蕾薹期是需肥重要时期，蕾薹期到始花期是需肥最高时期，终花以后吸收肥料较少。据测定，油菜每生产100千克籽粒需从土壤中吸收纯氮9～11千克，磷3～3.9千克，钾8.5～10.1千克，其氮磷钾比例为1∶0.35∶0.95。

（2）施肥技术。油菜是需肥较多，耐肥较强的作物。油菜施肥要以"有机与无机相结合，基肥与追肥相结合"为原则，要重施基肥，一般有机肥与磷钾肥全部底施，氮肥基肥比例占60%～70%，追肥占30%～40%。底肥可亩施有机肥2 000千克，碳酸氢铵20～25千克，过磷酸钙25千克，氯化钾10～15千克。生产上要促进冬前发棵稳长，蕾花期追好蕾花肥，巧施花果肥。油菜对硼肥比较敏感，必须施用硼肥。土壤有效硼在0.5毫克/千克以上的适硼区，可每亩底施0.75千克硼砂；含硼0.2毫克/千克以下的严重缺硼区，可每亩底施1千克硼砂。此外每亩用0.05～0.1千克硼砂或0.05～0.07千克硼酸，兑入少量水溶化后，再加入50～60千克水，在中后期喷洒2～3次，增产效果明显。

3. 适期早播，培育壮苗

（1）适播期的确定。冬油菜适期早播，可利用冬前生长期促苗长根、发叶，根茎增粗，积累较多的营养物质，实现壮苗越冬，春季早发稳长，稳产增收。播种晚，冬前生长时间短，叶片少，根量小，所积累干物质少，抗逆性差，越冬死苗严重，春后枝叶数量少，角果及角粒数少。但播种过早，根茎糠老，抗逆性差，也不利于高产。油菜的适播期应在5厘米地温稳定15～20℃时，一般比当地小麦适播期提前15～20天。黄淮区直播在9月下旬，育苗移栽在9月上旬。

（2）合理密植。油菜直播一般采用耧播，也有采用开沟溜籽和开穴点播。直播量一般每亩0.4～0.5千克。常采用宽窄行种植，宽行60～70厘米，窄行30厘米，播深2～3厘米为宜。出苗后及时疏疙瘩苗，1～3叶间苗1～2次，4～5叶定苗，每亩留苗1.1万～1.5万株。

育苗移栽是油菜高产的一项基本措施，也是延长上茬作物收获期的一项措施。一般在10月中下旬移栽，经7天左右的缓苗期，缓苗后冬前再长20～30天，长出4～5片叶，营养体面积可达到移栽前的状态。

苗床与大田面积一般为1：5，苗床每亩留苗8万～10万株。移栽壮苗标准为：苗龄40～50天，绿叶7～8片，苗高26～30厘米，根颈粗0.5厘米以上；长势健壮，根系发达，紧凑墩实，无病虫，无高脚。移栽时做到"三要""三边"和"四栽四不栽"，即行要栽直，根要栽稳，棵要栽正；边起苗，边移栽，边浇定植水；大小苗分栽不混栽，栽新苗不栽隔夜苗，栽直根苗不栽钩根苗，栽紧根苗不栽吊根苗（根不悬空，土要压实）。

4. 灌溉与排水

油菜是需水较多的作物。据测定，油菜全生育期需水量一般在300～500毫米，折合每亩田块需水200～300立方米，多于玉米、甘蔗等作物。油菜种植季节在秋冬春季，一般降雨偏少，土壤干旱，不利于油菜高产，因此要浇足底墒水，灵活灌好苗水，适时灌好冬水与蕾薹水，稳浇开花水，补灌角果水。特别是薹期和花期是需水最多的时期，应注意灌水。南方春雨多的地区应清沟排水，降低水位，防止渍害。

5. 田间管理

（1）秋冬管理。主攻目标：壮而不旺，安全越冬，为来年春季早发奠定基础，越冬前应长出总叶 14～15 片（包括落叶和绿叶），绿叶 8～10 片，叶色深绿不发红，叶缘略带紫，根系发达，根颈粗 1～1.5 厘米，叶面积系数在 2 左右。

（2）春季管理。当气温回升到 3 ℃以上时，及时中耕管理，到抽薹期再中耕一次，同时少培土。返青期后加强肥水管理，可亩追施硝酸铵钙 15 千克左右。后期加强叶面喷肥，可亩喷施 0.3% 的磷酸二氢钾溶液 50 千克＋硼酸 0.05～0.1 千克。同时及时防治病虫害，防治蚜虫可在肥料溶液中每亩加 25% 吡蚜酮可湿性粉剂 20 克或 70% 吡虫啉水分散剂 10 克。

6. 适时收获　油菜为无限花序，角果成熟不一致，应及时收获，以全株和全田 70%～80% 角果呈淡黄色时收获为宜。有"八成黄，十成收；十成黄，两成丢"的说法。

（二）饲料油菜高产栽培技术

1. 饲料油菜的特点

（1）耐低温，生长快，产量高。一般在西北、东北麦收后种植（7 月中旬），到 9～10 月收获，生长 70 多天，一般亩产量 3～5 吨；在南方冬闲田或一般农田秋冬种植（10 月上中旬），4 月初收获，一般亩产量可达 4～5 吨。不同省份、不同海拔地区的种植试验均表明，饲料油菜的产量高于豆科牧草和黑麦草等禾本科牧草。在南方冬闲耕地播种，比豆科牧草产量高 60%～70%，甚至高达 2 倍。

（2）品质与适口性好。饲料油菜具有较高的总能和粗蛋白含量（干基 20% 左右），较低的中性洗涤纤维含量。据有关测定表明，饲料油菜的营养化学类型与豆科饲草同属 N 型，粗蛋白含量高，可与豆科牧草相媲美，且粗纤维含量较低，粗脂肪含量较高；有机物消化能、代谢能以及磷含量也与豆科牧草接近，无氮浸出物和钙含量则在饲料中最高。饲料油菜其枝叶嫩绿，适口性好，是优良的饲料，每天每头牛饲养 3～5 千克，能显著提高肉牛日增重。

（3）饲用方式多样，饲养效果好。饲料油菜苗期具有较高的再生能力，可以采取随割随喂、冰冻贮藏和青贮方式进行利用。近几年，在全国各地进行牛、羊、猪喂养试验，增重效果均十分显著，对肉质也有改善作用。此外，在鸡、鹅的喂养试验中也有明显效果。

（4）增加冬春青饲料。利用北方 7 月底至 8 月初小麦收后到严冬来临前（10～11 月）的秋闲耕地和南方水稻、玉米等收获后（9～10 月）到翌年 4 月的冬闲地种植饲料油菜，在不影响粮食生产的情况下增加了冬春青饲料，能缓解冬春青饲料短缺的问题，南方能在 12 月至翌年 4 月提供优质青饲料，解决冬春青饲料不足的问题。

（5）改变茬口，调整种植业结构。在黄淮地区秋冬播时适当种植些饲料油菜，可改变翌年作物茬口，变夏播为春播，有利于后茬作物的种植，提高种植作物的产量和品种，从而提高产品的市场竞争力与效益，也可增加冬春青饲料，调整种植业结构。

（6）改良土壤，富集养分，生态效益好。油菜耐盐碱，并且根系发达，能把土壤深层养分富集在表层，所以发展饲料油菜具有改良土壤、覆盖冬闲裸露土地、保持水土的功能，生态效益较好。

（7）成本低，效益好，有利于农民增收。饲料油菜亩成本 200～250 元，产值超过 2 000 元。同时，该作物适应性广，操作灵活，能全程机械化作业。

2. 饲料油菜品种及应用 目前傅廷栋院士育成了饲油 1 号、饲油 2 号两个"双低"专用饲料油菜品种。其中饲油 1 号是我国第一个"双低"甘蓝型春性三系杂交高产饲用品种。饲油 2 号（即华油杂 62）具有高产、耐盐碱、品质优良等特点。四川省草原科学院选育的饲油 36 为甘蓝型油菜细胞雄性不育双低优质三系中熟杂交种，具有较高的鲜草、干草生产能力，鲜草和干草产量分别达到 2.3～2.5 吨/亩、0.35～0.39 吨/亩。

3. 饲料油菜栽培技术

（1）种植模式。

① 西北、东北地区麦后复种饲料油菜。一般 7 月中下旬小麦收获后，大部分是"种一季时间有余，种二季时间不足"地区，利用严冬之前两个月的空闲时间复种饲料油菜。

② 西北、东北两季饲料作物种植模式。种植两季油菜模式一般 4 月下旬播种第一茬油菜，7 月上旬收获，亩产鲜草 3 吨以上；7 月中旬播种第二茬油菜，9 月下旬收获，亩产鲜草 2 吨左右。玉米-油菜种植模式，前茬饲料玉米亩产 6～7 吨，后茬饲料油菜亩产 3 吨左右。

③ 长江流域夏作收获后复种饲料油菜种植模式。长江流域水稻、玉米等夏作收获后（10～11 月）到翌年 3～4 月春播前的秋冬闲田，可以种植一季饲料（绿肥）油菜，春季一次收获亩产量可达 5 吨左右，也可在 12 月收获一茬，翌年 4～5 月收获第二茬，两茬收获亩产量超过 6 吨。

④ 长江、黄淮饲料油菜与其他农作物一年两熟或多熟种植模式。如江汉平原等地区，可以采取饲料春玉米-饲料秋玉米-饲料油菜的一年三收种植模式，每亩年产鲜饲料可超过 10 吨。黄淮海地区饲料油菜-春花生（或春甘薯）一年两熟种植模式或饲料油菜-油葵（鲜食玉米）-甘蓝（早熟大白菜）一年三收等模式，可亩产鲜饲料油菜 3～5 吨。

（2）播种量与种植密度。在我国西北和东北地区，由于生长时间短，又以收获营养体为目的，因此必须加大饲料油菜的种植密度，增加播种量能显著提高复种油菜叶面积指数以及群体同化率，获得高产。

（3）播种期和收获期。温度和光照是影响饲料玉米产量和品质的两个重要因素。适时早播是增产提质的必要措施，延长光温时间有利于饲料油菜养分积累、增强适口性、提高青贮品质。据采用华油杂 62 的品种试验表明，麦后不同播期对饲料油菜产量和品质的影响，以 7 月 15 日播种的处理株高、产量、营养元素含量（钾、镁、磷）、热量、粗蛋白、粗脂肪、碳水化合物、粗纤维含量均高于 8 月 10 日播种的油菜。一般初花期粗蛋白、粗脂肪含量最高，花期以后茎秆木质化程度加重，在增加收获难度的同时，粗纤维含量增多，降低了饲喂品质。所以，适时收获也是提高饲料油菜产量和营养价值的关键。尤其是采用随割随喂的地方，可以用分期播种方式来调节收获期，使生物产量和养分最大化。

（4）需肥规律和施肥水平。增施氮肥能增加饲料油菜根、茎、叶、角果等器官的重量，显著提高或改善复种饲料油菜株高、叶面积指数、相对生长率以及群体同化率和生长率。氮肥对饲料油菜株高和干物质积累量影响最大，其次是磷肥，钾肥影响最小。研究表明，饲料油菜氮磷钾养分的吸收积累表现为"慢-快-慢"的变化规律，NPK 处理油菜植株吸收氮磷钾最多，PK 处理植株吸收氮磷钾最少；出苗后 44～51 天是饲料油菜氮磷钾的吸收高峰期，此期间保证氮磷钾肥的供应是获得高产的关键。饲料油菜分 2 次收割时，施肥水平是影响其生物产量主要因素，其原因可能是苗期施足底肥有助于饲料油菜生长，施肥水平较高时第 1 次收获产量也较高；第 1 次收获后及时追施肥料有助于饲料油菜二次生长，进而提高第 2 次收获产量。建议在第 1 次收割后亩追施氮肥（折纯氮）2 千克。

4. 饲料油菜的合理利用　饲料油菜均采用双低油菜品种，不仅基叶粗壮、叶片肥大、无辛辣味，而且营养丰富，是牛、羊等草食家畜良好的饲草，可以采取多种方式进行饲喂。一是可作鲜草饲料或随割随喂。鲜饲以初花期收割为宜（效益最高），抽薹现蕾与初花期收割能兼顾粗蛋白产量和相对饲喂价值。如果收割后直接鲜喂，建议与其他饲料混合后喂养。二是可作为青贮饲料。青贮饲料是指青绿饲料经控制发酵制成的饲料。青贮饲料有"草罐头"的美誉，多汁适口，气味酸香，消化率高，营养丰富，是饲喂牛羊等家畜的上等饲料。青贮饲料存放有四种方式：

（1）青贮塔。青贮塔分全塔式和半塔式两种。一般为圆筒形，直径3～6米，高10～15米，可青贮水分含量40％～80％的青贮料，装填原料时，较干的原料在下面。青贮塔由于取料出口小，深度大，青贮原料自重压实程度大，空气含量少，贮存质量好，但造价高，仅大型牧场采用。

（2）青贮窖。青贮窖分地下式、半地下式和地上式三种，圆形或方形，直径或宽2～3米，深2.5～3.5米。通常用砖和水泥做材料，窖底预留排水口。一般根据地下水位高低、当地习惯及操作方便决定采用哪一种。但窖底必须高出地下水位0.5米以上，以防止水渗入窖。青贮窖结构简单，成本低，易推广。

（3）地表堆贮。选择干燥、利水、平坦、地表坚实并带倾斜的地面，将青贮原料堆放压实后，再用较厚的黑色塑料膜封严，上面覆盖一层杂草之后，再盖上厚20～30厘米的一层泥土，四周挖出排水沟排水。地表堆贮简单易学，成本低，但应注意防止家畜踩破塑料膜而进气、进水造成腐烂。

（4）半地表青贮。选择高燥、利水、带倾斜度的地面，挖60厘米左右的浅坑，坑底及四周要摸平，将塑料膜铺入坑内，再将青贮原料置于塑料膜内，压实后，将塑料膜提起封口，再盖上杂草和泥土，四周开排水沟深30～60厘米。地表青贮的缺点是取料后，与空气接触面大，不及时利用青贮质量会变差，造成损失。

（5）塑料袋青贮。除大型牧场采用青贮圆捆机和圆捆包膜机外，农村普遍推广塑料袋青贮。青贮塑料袋只能用聚乙烯塑料袋，严禁用装化肥和农药的塑料袋，也不能用聚苯乙烯等有毒的塑料袋。青贮原料装袋后，应整齐摆放在地面平坦光洁的地方，或分层存放在棚架上，最上层袋的封口处用重物压上。在常温条件下，青贮1个月左右，低温2个月左右，即青贮完熟，可饲喂家畜，在较好环境条件下，存放一年以上仍保持较好质量。塑料袋青贮优点：投资少，操作简便，贮藏地点灵活，省工，不浪费，节约饲养成本。

五、芝麻

芝麻是我国主要油料作物之一，其产品具有较高的应用价值，且因其生育期较短在作物栽培制度中也具有重要作用。另外，芝麻还是一种优良的蜜源作物，结合养蜂业可增加经济收入。

视频 10
芝麻栽培
技术要点

（一）选地与轮作

根据芝麻特性，栽培芝麻的田块应选择在地势高燥、排水良好、通透性好的沙壤土和轻壤土。另外，因芝麻根系浅，吸收上层养分较多，连作会使土壤表层养分偏枯和病害加重，所以还要实行合理轮作，至少要隔两年轮作一次。

（二）精细整地与防涝

芝麻栽培中土壤耕作非常重要，必须从芝麻种子小的特点出发，努力创造适宜于种子萌发的出土条件，比如精耕细作，使之底墒足、透性好，耕层上虚下实，表土平、细、净等。再有，夏芝麻在整地时气温高，地面蒸发量大，也是雨季来临季节，季节性很强，要抢晴适墒整地，耕后多耙细耙。在秋季易涝地区，还要作好防涝准备，能否及时排涝，是芝麻能否稳产的关键。防涝措施应根据当地具体情况而定，可采用垄作或高畦种植方式等。

（三）科学施肥

芝麻苗期生长缓慢，开花后生长迅速，各器官生长速度在不同生育阶段差异很大，对干物质的积累速度和吸收各种养分量也有很大差异，总体而言，芝麻生育期较短，吸收肥料多而集中，但以初花以后吸收速率和吸收量猛增。另外品种、生产水平和栽培条件不同单位产量吸收的各种养分量也有一定差异，一般分枝型品种比单秆型品种生产单位产量需肥量多。所以，单秆型品种施肥效应较高，有较好的施肥增产特性。综合各地生产经验，一般认为每生产100 千克芝麻籽粒需吸收纯氮9～10 千克，磷2.5 千克，钾10～11

千克；$N : P_2O_5 : K_2O \approx 4 : 1 : 4.4$。其中以初花至终花期吸收量最多，吸收纯氮占 66.2%，磷占 59.1%，钾占 58.4%；终花至成熟对氮的吸收量较少，占 3.6%，但对磷和钾的吸收仍然较多，分别占 20.3% 和 11.6%。根据芝麻吸肥规律，其施肥应掌握如下原则：基肥以有机肥为主，少量配施氮磷肥，有机肥和少量氮磷肥（或饼肥）堆制发酵后施用更好，基肥浅施、集中施用；重视初花期追肥，以氮肥为主，若底施磷钾肥不足或套种芝麻可配施磷钾肥；盛花期后注意叶面喷施磷钾肥。一般在整地时施用有机肥2 000 千克以上，硫酸钾 5～10 千克，过磷酸钙 30 千克左右，尿素5 千克左右。

（四）播种技术

芝麻只有种足（墒、肥、种量足）、种好，实现一播全苗，才有可能达到高产、稳产。

1. 选用良种 根据生产条件选用适宜的、纯度高、粒饱满、发芽率高、无病虫和杂质的种子，在播前做好选种和发芽率试验，发芽率在 90% 以上为安全用种。

2. 适时播种 芝麻发芽最低临界温度为 15 ℃，适宜发芽温度为 18～24 ℃。春芝麻在地下 3～4 厘米地温稳定在 18～20 ℃时即可播种，黄淮海农区一般在 4 月下旬和 5 月上旬。夏芝麻要抢时播种，越早越好，有利于多开花结蒴，提高产量。

3. 提高播种质量 芝麻常用的播种方法有撒播、条播、点播，一般亩用种量 0.4～0.5 千克，播深 2～3 厘米，要足墒下种，播后适当镇压。近年来应用保水剂流体播种技术在旱区推广应用，为一播全苗提供了保证，促进了芝麻生产水平的提高。

（五）合理密植

目前生产上普遍种植密度偏稀，影响产量的提高。适当加大种植密度，能充分利用空间和地力，发挥增产潜力。合理密植不仅需要一定的株数，而且还要配合得当的种植方式。一般条播单秆型品种可采用等行距播种，行距 34 厘米，株距 16～20 厘米，亩种植密度 1 万～1.2 万株；分枝型品种行距 40 厘米左右、株距 18～20 厘米，亩种植密度 8 000～9 000 株。点（穴）播行距 34～40 厘米、穴距 50 厘米左右，每穴 2～3 株即可。

（六）田间管理技术

1. 播后保墒　直播芝麻播种后中耕利于增温保墒，助苗出土；套种芝麻，前茬收获后及时中耕灭茬，破除板结保墒。

2. 间定苗　在出现第一对真叶（拉十字）时间苗；第 2～3 对真叶出现时定苗，去掉弱苗、病苗，留壮苗，留苗要匀，条播不留双苗。

3. 中耕除草与培土　由于芝麻苗期生长缓慢，前期中耕除草在芝麻生产中十分重要，一般在出现第 1 对真叶时结合间苗浅中耕一次，在第 2～3 对真叶和分枝期各中耕一次，另外，雨后必锄。中后期结合中耕可适当培土，但不要伤根。

4. 追肥与叶面喷肥　初花后芝麻需肥量猛增，在蕾花期要做好追肥工作，可亩施尿素 10 千克左右，底肥没有施磷肥的地块，同时可追施过磷酸钙 20 千克左右，硫酸钾 10 千克左右。盛花后可喷施 0.3% 的磷酸二氢钾溶液 1～2 次。

5. 灌水与排涝　足墒播种后，苗期一般不用灌水，现蕾后若干旱可结合施肥灌水一次，开花至结蒴阶段，需要充分供水，但因是雨季，应看天灌水与排涝。

6. 适时打顶　适时打顶可节省养分，提高粒重和产量，春芝麻一般在花序不再继续生长（封顶）时打顶；夏芝麻于初花后 20 天左右打顶，剪去顶端 1～2 厘米长顶尖。

（七）适时收获贮藏

当芝麻植株变成黄色或黄绿色，下部叶片逐渐脱落，中上部蒴果种子达到原有种子色泽，下部有蒴果开裂时，就进入了收获期。一般春芝麻在 8 月下旬、夏芝麻在 9 月上旬、秋芝麻在 9 月下旬成熟。芝麻成熟后应趁早晚收获，避开中午高温阳光强烈阶段，以减少下部裂蒴掉粒的损失。收获时一般每 30 株左右扎一小捆，3～5 捆捆一起在太阳下晒，经 2～3 次脱粒即可归仓。

第三节　大宗蔬菜作物高效栽培技术要点

　　大宗蔬菜生产是我国仅次于粮食生产的大产业，蔬菜生产在我国农业生产中占有重要的地位，它是现代农业的重要组成部分，也是劳动密集型产业。蔬菜产业的不断发展，对保障市场供给、增加农民收入、扩大劳动就业、拓展出口贸易等方面具有显著的积极作用，是实现农民增收、农业增效、农村富裕的重要途径。传统的蔬菜生产同其他农作物生产一样，受外界气候和季节的严格限制。由于多种蔬菜质地柔嫩、含水量大，不耐贮藏，加上人们鲜食的习惯，所以，食用时间受到生产供应的强烈制约，这种制约在冬天寒冷季节的表现更为突出。随着我国经济的迅速发展，人民生活水平的不断提高，城市规模的不断扩大，特别是城市人口的迅速增加，对日常生活必需品——蔬菜的质和量也提出了更高的要求，品种趋于多样化，要求能四季供应，淡季不淡。虽然冬季露地能生产些耐寒蔬菜，但种类单调，难以满足人们对周年不断供应新鲜、多样蔬菜产品的需求，且若遇冬季寒潮或夏秋暴雨、连绵阴雨等灾害性天气，则早春育苗和秋冬蔬菜生产都可能会受到较大的损失，影响蔬菜的供应。因此，借助一定的设施进行蔬菜生产，可促进早熟、丰产和延长供应期，满足消费者一年四季吃上新鲜蔬菜的需求。

　　设施蔬菜也称为反季节蔬菜、保护地蔬菜，是在不适宜蔬菜生长发育的寒冷或炎热的季节，播种改良品种或利用专门的保温防寒或降温防热设备，人为地创造适宜蔬菜生长发育的小气候条件进行生产。其中，温棚蔬菜生产就是其中的一种，它是随着社会发展和技术进步由初级到高级、由简单到复杂逐渐发展起来的，形成了现有的各种各样的温室和大棚，并且达到了温、光、水、肥、气等各种生态因子全部都能调节的现代温室的程度。温棚蔬菜生产是人类征服自然、扩大蔬菜生产、实现周年供应的一种有效途径，是发展高效农业、振兴农村经济的组成部分，是现代农业的标志之一，对调节蔬菜周年均衡供应，满足人们的需要起着重要作用。

一、西瓜

视频 11
早春朝阳洞
西瓜栽培技
术要点

(一)朝阳洞地膜覆盖栽培的优点

1. 朝阳洞地膜覆盖栽培能有效地接受阳光,增加地温,而且畦高土厚,贮热量多,散热慢。

2. 朝阳洞内小气候稳定,有利于幼苗在膜下生长,可以提早播种,早发苗,早坐果,提早上市,增加收益。

3. 朝阳洞地膜覆盖栽培能全根系生长,朝阳洞直播,不需移栽,利于植株的健壮生长。

4. 朝阳洞地膜覆盖栽培不利于杂草生长,省工省时。

5. 朝阳洞地膜覆盖栽培是从膜下渗透浇水,土壤疏松不板结,透气性好,适合西瓜根系的好气性。

(二)茬口安排

西瓜最忌连作,一般应实行 5 年左右轮作。前茬以棉花、玉米、白菜、萝卜等为好。

(三)施足基肥,整地作畦

西瓜基肥以有机肥为主,一般每亩用量 6 立方米以上,配施磷钾肥,每亩施磷酸二铵 20 千克、硫酸钾 15 千克,在耕地时施入。耕地后在 3 月中旬做畦,畦按东西向,畦高 15 厘米,畦底宽 55 厘米,呈向阳坡式,向阳坡面长 35 厘米,背阳坡面长 20 厘米,顶为慢圆形,按西瓜的株距在向阳坡面挖 15 厘米见方、10 厘米深的小坑待播。一般在 3 月下旬选晴好天气将浸好的种子直播于坑内,然后用地膜将高畦全部覆盖压牢。

(四)浸种催芽

浸种前先将种子晾晒 2~3 天,并进行选种。然后用"两开一凉"温水浸种,水凉后继续泡 8 个小时,使种子充分吸水,浸种后将种子搓洗干净,捞出用干净湿润的纱布包好置于 28~30 ℃条件下催芽。也可只浸种不催芽。

（五）播种

为了一播全苗，在播种前每洞浇一碗水，稍后把种子平放在洞内，每洞2粒，然后覆盖2厘米厚的细土。播后随即盖好地膜。

（六）播种后及幼苗期的管理

1. 播种后的检查 播种后要经常检查田间地膜，及时修补好破口并压好。

2. 通风炼苗 播种后5～7天，幼苗破土而出。当幼苗子叶展平破心时视天气好坏进行管理。中午前后，洞内温度超过30℃应进行通风降温，使幼苗根系下扎，严防高温烧苗。方法是用手指或小棍捅破地膜并向四周扩大，通风口约1.5厘米。随着幼苗的生长和天气的转暖，通风口要逐渐加大。幼苗拥挤影响生长，要及早间定苗。

3. 填土封洞 当幼苗长出3～4片真叶，晚霜过后及时封洞。将幼苗露出膜外，向洞内加土并将洞口的膜边用土压实，以防热气从口跑出烧伤幼苗、降低温度。

（七）追肥与浇水

要使西瓜高产，就必须肥水充足且适当，根据西瓜需肥需水规律进行管理。一般苗期地上部生长缓慢，蒸腾量小，底墒充足不需要浇水。当幼苗进入爬蔓期可追施发酵好的饼肥25～30千克，施后浇水。当大部分植株幼瓜已坐稳，追一次肥，一般每亩追施尿素15～20千克，并浇一次水，促进西瓜膨大。坐瓜后20天可视天气浇1～2次水。浇水一般在上午10点以前或下午4点以后，切不可在热天中午浇水。每次浇水都不要埋没茎基部，减少发病。坐瓜20天后进入瓜瓤成熟期，不要再浇水。

（八）整枝压蔓

整枝是为了使秧蔓分布均匀不互相挤压遮盖，充分利用阳光进行光合作用。压蔓可固定地上部分，不被风吹断枝蔓，可多发不定根，扩大吸收面积，同时还可控制营养生长，促进结瓜。常用的整枝方法有单蔓整枝、双蔓整枝和三蔓整枝。单蔓整枝，只留主蔓结瓜，其余侧蔓全部去掉。双蔓整枝，除主蔓外，再选留2～5叶腋间发生的一条健壮侧蔓，其余侧蔓全部去掉。三蔓整枝，除主蔓外，再留两条健壮侧蔓。

压蔓整枝往往同步进行。压蔓有明压和暗压之分。明压适于黏土地和地下水位较高的下湿地。方法是，当秧蔓长有 38 厘米时，将秧蔓摆布均匀，用土块压在两叶之间即可。每隔 35 厘米左右压一次。暗压适合于壤土或沙壤土，方法是，在压蔓部位用瓜铲将土捣碎，顺秧将铲插入土中，左右摇摆，撬开一条缝，将瓜秧压入，压牢。压蔓一般进行三次。在压第二次时，注意不要压坏瓜胎。

(九) 留瓜与选瓜

为了坐好瓜长大瓜，要注意留主蔓上的第二雌花，保护瓜胎并辅助授粉。一般每天上午 6～9 点为西瓜开花授粉的良机，将已开放的雄花摘下去瓣，用花药在雌花的柱头上轻轻涂抹即可。一般一朵雄花可授 2～4 朵雌花。

幼瓜形成时要将地拍平，把瓜垫好。当瓜基本定型时就要及时翻瓜，以免形成白脸瓜。双手轻托瓜柄端，向一定方向转动，每次转动瓜的 1/3，切不可进行 180°的大转动，以防将瓜转掉。

(十) 适时采收

西瓜的商品价值与果实的成熟度、甜度关系极大。生产中要学会正确的判断西瓜的成熟度，才能做到适时采收。一般有以下几种方法：

1. 田间目测法 凡成熟的西瓜，果皮光滑具有光泽，果面花纹清晰，具有本品种的特点，果柄上的刚毛稀疏不显，果蒂处凹陷，果肩稍有隆起，坐瓜节位后的 1～2 个瓜须干枯。

2. 耳听判断法 手拍指弹瓜面，听其声音，发出沉闷音者为熟瓜，发脆音者为生瓜。

3. 计日法 各个品种从雌花开放到果实成熟所需要的天数不同，早熟品种 28 天左右，中熟品种 35 天左右，晚熟品种在 40 天以上。这种方法准确可靠，计日与人工授粉相结合。

(十一) 西瓜嫁接技术

西瓜嫁接可有效提高根系活力，增强吸收能力，显著提高产量，并能有效地防治根系感染各种病虫害，提高抗病能力，增强抗低温能力，提高生产效益。其技术如下：

1. 选择优良砧木品种，适时育苗嫁接　根据栽培目的选择优良品种，一般保护地早熟栽培应选择早熟品种。露地栽培选择高产的中晚熟品种。砧木选择专用杂交砧木或云南黑子南瓜，瓠瓜，葫芦等。根据移栽时期，适时播种育苗。一般温室栽培在元月中下旬育苗，双膜覆盖栽培在2月上中旬育苗，地膜栽培在2月底育苗，露地栽培在3月下旬育苗。

2. 营养土的配制与营养钵的制作　营养土要求疏松透气，保水保肥，富含各种养分，无病虫害等。营养土的配比为：肥田土2/3，腐熟厩肥1/3，每立方土中加过磷酸钙1千克，腐熟鸡粪5～10千克，充分拌匀。然后用40％的乙醛200～300毫升，兑水30千克，均匀喷洒在1 000千克的营养土中，覆盖薄膜熏蒸消毒2～3天。消毒后即可装钵。采用营养钵育苗，可保护根系。一般用规格为8厘米×10厘米的营养钵，适合培育3～4片叶的大苗。

3. 种子处理与播种　种子处理一般采用温汤浸种，即用55 ℃的温水浸种30分钟，边浸边搅拌，自然冷却后再浸种6～8小时，用水量为种子的5～6倍。浸种后将种子洗净捞出，催芽。对厚皮的砧木种子需将种子脐部轻轻嗑开。催芽适宜温度为30 ℃，经过48小时，一般出芽率在90％以上。

播种前将营养钵摆整齐，摆紧，便于保温保湿，保证钵面平整，浇水均匀，出苗一致。播种前浇一次透水，待水渗下后即可播种。每钵1粒种子，种子平放，芽尖向下，盖1～2厘米的细干土，上铺一层地膜，提高地温，保持湿度。温度白天保持在30～35 ℃，夜间18～20 ℃。当种子出苗后，及时降温，白天保持在20～25 ℃，夜间18～20 ℃。

采用插接时，砧木种子出土后，及时播种催好芽的接穗种子，采用靠接法时要求砧木比接穗晚播种3～5天。接穗种子播种于沙床上，苗距以（1～2）厘米×（1～2）厘米为宜。沙床厚度8～10厘米。播种后管理同砧木。

4. 嫁接技术 西瓜嫁接法有插接、靠接、劈接等。一般生产上多使用插接和靠接。嫁接时期要选择砧木和接穗的最适苗龄,接穗以子叶展平为度,砧木以第一真叶长至1～2厘米时为宜。苗龄过大,砧木下胚轴易形成空心,砧穗不易愈合;苗龄过小,砧木下胚轴过细,嫁接时易裂开。嫁接前2～3天需进行低温炼苗。

插接时,用刀片削除砧木生长点,然后用竹签(粗细度与接穗下胚轴相近,断面半圆形,先端渐尖)在砧木芯部斜45度戳深约1厘米的楔形孔,以不划破外表皮为度。再取接穗,在接穗子叶下1.5厘米处用刀片削成约1厘米的楔形面,随即插入砧木孔中,使砧木与接穗切面相吻合,同时使两者子叶呈十字形。

靠接时,砧木真叶露心时去掉生长点(或生长点和一片子叶),在子叶下0.5～1厘米处用刀片以45度角向下斜切一刀,深度为茎粗的1/2,切口长1厘米。接穗在相应部位向上斜切一刀,深度为茎粗的2/3,然后将切口嵌合在砧木的切口上,使两者紧密结合在一起,用嫁接夹固定。嫁接后把砧木接穗同时栽到同一营养钵中,接口距离土面2～3厘米,7～10天后接口愈合,切断接穗根部。

5. 嫁接后的管理 从嫁接到成活一般需要10～12天,在此期间,要做好保温、保湿和遮光等工作。

(1)保温。嫁接后白天温度要保持在26～28℃,夜间24～25℃,随着嫁接苗的逐渐成活,3～4天后逐渐降温,一周后白天温度23～24℃,夜间18～20℃,定植前一周降至13～15℃。

(2)保湿。减少嫁接水分的蒸腾,是提高嫁接成活率的决定因素。嫁接前1～2天要充分浇水,嫁接后苗床上扣小弓棚,使空气湿度达到饱和状态。如湿度过低,可用喷雾器向地面、空间喷雾,但勿向嫁接苗上喷水。

(3)遮光。嫁接后,棚顶用遮盖物覆盖遮光,避免阳光直射。2～3天后,早晚除去遮盖物,使苗子接受散射光,一周后,只在中午前后进行遮光。10天后,恢复到一般苗床管理。

(4)通风换气。嫁接3天后,每天可揭开薄膜两头进行换气1～2次,5天后,嫁接苗新叶开始生长,应逐渐增加通风量,通风口由小到大，换气时间由短到长。10 天后，嫁接苗基本成活，可按一般苗床进行管理。

（十二）无籽西瓜栽培技术要点

无籽西瓜由于食用方便，含糖量高，风味好而备受消费者喜爱。生产面积增长很快，是西瓜生产发展的方向之一。但无籽西瓜很多特性不同普通西瓜，种植时应注意以下几个特点：

1. 无籽西瓜种皮厚，种脐更厚，种胚又不饱满，发芽困难，需破壳来提高发芽率。方法是将种子浸泡 8～10 小时后，洗净，将种子竖立嗑开一个小口即可。

2. 无籽西瓜种子要求的出芽温度和幼苗生长温度比普通西瓜高 3～4 ℃，因此要注意催芽和育苗时的温度管理，否则成苗率低。

3. 无籽西瓜幼苗生长缓慢，多采用温床育苗，而且播种期要比普通西瓜早 3～5 天。

4. 无籽西瓜需肥量比普通西瓜多，因此施肥量要大，尤其是膨瓜肥要大。一般要求亩施有机肥 4～5 立方米，饼肥 50 千克左右，磷肥 50 千克左右，尿素 30 千克，钾肥 20 千克。有机肥和磷肥做基肥，其他肥料做追肥，分 3～4 次施入。

5. 间种普通西瓜作授粉株。一般 4～8 行无籽西瓜间种 1 行普通西瓜。

6. 利用高节位留瓜。一般选用主蔓第三节位或侧蔓第二雌花留瓜。低节位坐瓜果实小，形状不正，果皮厚，种壳多。

无籽西瓜露地栽培适宜选用抗病能力强、优质高产、商品性状好、易坐瓜的品种；保护地栽培适宜选择长势中等，易坐瓜，耐湿性好，抗病优质，外形美观，色泽亮丽的品种。

二、甘蓝

（一）早春甘蓝栽培技术要点

甘蓝是春季蔬菜主要品种之一，它栽培管理容易、产量高、耐贮耐运、填补春淡，经济效益高。

1. 选择适宜品种　中原地区早春甘蓝一般在 4 月底或 5 月初

上市,从 3 月中旬定植到收获仅有 50 天的时间。因此,要选择具有冬性较强、早熟丰产性好的品种。

2. 阳畦育苗 早春甘蓝在元月上中旬育苗,一般采用阳畦育苗。每亩用种 75～100 克,需播种苗床 5～6 平方米。播种后,白天温度掌握在 20～25 ℃,出苗后白天温度降至 18～20 ℃、夜间 6～8 ℃。当长出 3 片真叶时按 8 厘米×8 厘米进行分苗,分苗后的 4～5 天,白天温度掌握在 25 ℃左右,以利于缓苗。缓苗后温度降至 15～20 ℃,夜间不低于 8 ℃,定植前一周,浇水切块,并降温炼苗。壮苗标准是:叶丛紧凑,节间短,具有 5～6 片真叶,大小均匀,外茎较短,根系发达。

3. 适期定植,合理密植 当日平均气温在 6 ℃以上时,即可定植,一般在 3 月中旬,采用地膜覆盖可提早 2～3 天。由于早熟品种株型紧凑,可适当密植。一般地力条件下,亩密度 4 000 株左右。

4. 加强田间管理 定植后,由于早春地温低,除浇好缓苗水外,一般不多浇水,以中耕保墒为主,促进根系发育。开始结球前水量宜小,次数宜少。进入结球期后,为促使叶球迅速增大,浇水量要加大,次数增多。但浇水忌漫灌。结球紧实后,在收获前一周停止浇水,以防叶球开裂。追肥多用速效氮肥,一般在定植后、莲座期、结球前期进行。

5. 防治害虫 早春甘蓝病害很少,主要是以菜青虫为主的害虫。防治上应抓一个"早"字,及时用药,把虫害消灭在三龄以前。

(二)夏甘蓝栽培技术要点

夏甘蓝于春季或初夏播种育苗,夏季或初秋收获,用以调节夏秋蔬菜供应,其生长的中后期正值高温多雨或高温干旱季节,不利于生长结球,叶球易裂开腐烂,且易遭病虫危害。生产上必须掌握以下几点措施:

1. 品种选择 选用耐热、耐涝、早熟、丰产的优良品种。

2. 适期分批播种,培育优质壮苗 为调节淡季供应,在适宜季节内要分批播种。从3月中旬到5月下旬均可，前期采用阳畦或风障育苗，后期采用遮阴育苗，促使苗齐、苗壮，苗龄30～35天，幼苗达3～5片叶时定植。

3. 防旱排涝，合理密植 选地势较高、空旷通风、排灌方便的地块种植。行株距50厘米×35厘米，亩栽苗3 500～4 000株。定植最好选阴天或晴天下午进行，并及时浇缓苗水。

4. 巧用肥水，确保丰收 夏甘蓝生长期内不用蹲苗，肥水早促，一促到底。分别于缓苗后、莲座期、结球初期和中期进行3～4次追肥，以速效氮肥为主。经常保持地面湿润，并注意雨后及时排水，使植株健壮生长。同时注意软腐病、黑腐病、菜青虫和蚜虫的及时防治。为防高温裂球腐烂，要及时采收。

（三）秋甘蓝栽培技术要点

秋甘蓝多于夏秋播种，年内收获，产品可贮藏供应春淡季，其栽培季节的气候最适宜甘蓝的生育要求，易获得优质高产。

1. 品种选择 选用抗寒、结球紧实、耐贮、生长期长的中晚熟品种如京丰1号、秋丰、晚丰等。

2. 适期播种，培育壮苗 由于各地气候和选用品种不同，播期有很大差别。一般按品种生长期限长短，以当地收获期为准向前推算适宜的播期，中原地区选用中晚熟品种，多于6～7月播种育苗。

秋甘蓝播种期正值高温多雨的夏季，要选择地势高燥、排水良好的地块，可采用秸秆覆盖遮阴，防高温和雨水冲刷，以利齐苗，亩用种量75～100克。幼苗3～4片叶时进行移栽，苗龄40～45天，幼苗6～8片叶时定植。

3. 合理密植，保证全苗 栽植密度因品种而异，中早熟品种行株距50厘米×35厘米，亩栽苗3 500～4 000株。晚熟品种行株距60厘米×45厘米，亩栽苗2 000～2 500株。起苗尽量多带土少伤根，选阴天或晴天傍晚定植，适当浅栽，早浇缓苗水，以利缓苗。若发现缺苗，应及时补栽，保证全苗。

4. 精细管理，优质高产 定植后气温尚高，不利植株生长，随气温下降，植株生长加快，要求肥水供应充足。莲座后期适度蹲苗，促使叶球分化。结球期需肥水量大，以速效氮肥为主，适当配合磷钾肥，以利叶球充实。追肥适期一般在缓苗后、莲座期、结球前期和中期，结球期保持地面湿润，收获前 7～10 天停止浇水。

（四）越冬甘蓝栽培技术要点

1. 选用专用品种 越冬甘蓝对品种选择性较强，必须选用耐寒性极强的品种才能种植成功。

2. 严格掌握播种期，适时育苗定植 越冬甘蓝播期过早，冬前植株大，春季容易抽薹减产；播种过晚，冬前植株小，冬季容易冻死，造成缺苗减产。各地应根据当地气候条件确定适宜播期，在黄河下游流域大株越冬翌年 2～3 月采收上市的，一般在 8 月下旬至 9 月初播种育苗，10 月 1 日前定植；小株越冬翌年 4～5 月采收上市的，一般在 10 月 1～15 日播种育苗，11 月中下旬定植。后一种栽培方式若在 2 月初覆盖地膜，也可提早到 3 月上市。

3. 合理密植 一般单一种植 50 厘米等行距，株距 35 厘米左右，亩种植 3 500～4 000 株。与其他作物间套作，根据情况而定。

4. 田间管理 定植前精细整地，施足基肥；选大小一致的苗定植在一起；定植后随即灌水，利于返苗；封冻前遇旱及时灌水，防止冻害；早春及早加强肥水管理，争取早发早长。

5. 适时收获 越冬甘蓝收获过早叶球小，产量低；收获过晚叶球易开裂抽薹降低品质。应根据市场行情及时收获上市。

三、大白菜

（一）反季节大白菜栽培技术要点

随着人民生活水平的提高，反季节大白菜市场空间越来越大，加上生产季节短，种植经济效益较高，近年来发展很快。反季节大白菜在中原地区一般有两个栽培季节：即春播大白菜和夏播抗热早熟大白菜，其栽培技术要点如下：

1. 春播大白菜栽培技术 春季气温由冷到热，日照由短到长，月均温度 10～22 ℃ 的时间很短，适宜白菜生殖生长，但易未熟抽薹。因此必须采取针对措施，防止未熟抽薹，促进结球。

（1）选用适宜品种。春季栽培要选用早熟、对低温感应迟钝而花芽分化缓慢的品种，如小杂56、天津青麻叶或进口品种春大王、春大强、四季王等。

视频 12
早春大白菜
栽培技术要点

（2）适期播种，适温育苗。为避免大白菜在2～12 ℃温度内完成春化过程，尽量把幼苗安排在12 ℃以上的季节。黄河流域一般在3月10～15日播种育苗。生产上可采用温室或阳畦育苗，保持苗期温度在15 ℃以上，苗龄30～35天。

（3）及时定植，密植高产。在温度稳定通过8～10 ℃时，大白菜可定植于露地，黄河流域一般在4月5～15日为定植适期。春播大白菜个体小，生长快，叶球小，生长期内又要拔除一些抽薹植株，因此必须密植栽培才能高产。一般栽培行株距为33厘米×33厘米，每亩保证苗数6 000株左右。

（4）以促为主，肥水齐攻。春播白菜栽培中，要促进营养生长、抑制未熟抽薹，不进行蹲苗。以速效氮肥作基肥和追肥，结合生长阶段追肥2～3次。前期尽量少浇水、浇小水，以免降低地温，中后期要保持土壤湿润，重点掌握用肥水促进营养生长，抑制生殖生长，使之在未抽薹之前形成坚实的叶球。

（5）及时防治病虫害。注意及时防治霜霉病和软腐病，并注意及时防治蚜虫、小地老虎和菜青虫等害虫。

2. 夏播抗热早熟大白菜栽培技术要点 夏播抗热早熟大白菜是在夏末播种、中秋收获的一茬大白菜。其特点是生育期短，包心早，上心快，填补淡季，经济效益高。但由于其生长前期处于高温高湿的夏末秋初的季节，病虫害较为严重，因此栽培要点是以促为主，防治病虫。

（1）选择抗病耐热早熟的品种。根据栽培季节和栽培目的，应选择抗热耐病生育期50～60天的大白菜品种。

（2）重施基肥，精耕细作。可亩施优质有机肥3 000～4 000千克，高垄栽培，一般垄高 10～20 厘米，垄宽 60～65 厘米。

（3）适期播种，合理密植。夏播抗热早熟大白菜适宜播期为 7 月中下旬。直播或育苗移栽。育苗移栽苗龄不超过 20 天，应带土坨定植。种植密度每亩 2 600～4 000 株。

（4）科学管理。夏播抗热早熟大白菜生育期短，管理原则上以促为主。在定苗后轻施一次提苗肥，亩施尿素 7～10 千克，包心前期亩施沼液 800～1 000 千克或尿素 20～25 千克，包心中期亩施硫酸铵 25 千克。不蹲苗，一促到底。出苗后小水勤浇，防止高温病害。莲座期加大浇水量，促进莲座叶的迅速形成，是获得高产的关键。

（5）以防为主，防病治虫。夏播抗热早熟大白菜主要的病害是软腐病和霜霉病。在病害防治上应以防为主。从出苗开始，每 7～10 天喷一次杀菌剂，发现软腐病株及时拔除，病穴用生石灰处理灭菌。虫害主要是以菜青虫、小菜蛾和蚜虫为主。在防治上应抓一个"早"字，及时用药，把虫害消灭在三龄以前。收获前 10 天停止用药。

（6）收获。夏播抗热早熟大白菜可根据市场行情，于 10 月上旬陆续上市。一般亩产 3 000～4 000 千克。

（二）秋季大白菜栽培技术要点

秋冬季大白菜栽培是大白菜栽培的主要茬次，于初冬收获，贮藏供冬春食用，素有"一季栽培，半年供应"的说法。秋冬季大白菜栽培应针对不同的天气状况，采取有效措施，全面提高管理水平，控制或减轻病害发生，实现连年稳产、高产。

1. 整地 种大白菜地要深耕 20～27 厘米，然后把土地敲碎整平，做成 1.3～1.7 米宽的平畦或间距 56～60 厘米窄畦、高畦。

2. 重施基肥 大白菜生长期长，生长量大，需要大量肥效长而且能加强土壤保肥力的农家肥料。北方有"亩产万斤菜，亩施万斤肥"之说。在重施基肥的基础上，将氮磷钾搭配好。一般每亩施过磷酸钙 25～30 千克、草木灰 100 千克。基肥施入后，结合耕耙使基肥与土壤混合均匀。

3. 播种 采用高畦（垄）栽培。采用高畦灌溉方便，排水便利，行间通风透光好，能减轻大白菜霜毒病和软腐病的发生。高畦的距离为 56～60 厘米，畦高 30～40 厘米。大白菜的株距，一般早熟品种为 33 厘米，晚熟品种为 50 厘米。

采用育苗移栽方式，既可以更合理地安排茬口，又能延长大白菜前作的收获期，又不延误大白菜的生长。同时，集中育苗也便于苗期管理，合理安排劳动力，还可节约用种量。移栽最好选择阴天或晴天傍晚进行。为了提高成活率，最好采用小苗带土移栽，栽后浇上定根水。不过另一方面，育苗移栽比较费工，栽苗后又需要有缓苗期，这就耽误了植株的生长，而且移栽时根部容易受伤，会导致苗期软腐病的发生。

4. 田间管理

（1）中耕、培土、除草。结合间苗进行中耕 3 次，分别在第二次间苗后、定苗后和莲座中期进行。中耕按照"头锄浅、二锄深、三锄不伤根"的原则进行。高垄栽培的还要遵循"深榜沟、浅榜背"的原则，结合中耕进行除草培土。培土就是将锄松的沟土培于垄侧和垄面，以利于保护根系，并使沟路畅通，便于排灌。

（2）追肥。大白菜定植成活后，就可开始追肥。每隔 3～4 天追 1 次 15％的腐熟人粪尿，每亩用量 500 千克。看天气和土壤干湿情况，将人粪尿兑水施用，大白菜进入莲座期应增加追肥浓度，通常每隔 5～7 天，追一次 30％的腐熟人粪尿，每亩用量 1 000 千克。开始包心后，重施追肥并增施钾肥是增产的必要措施。每亩可施 50％的腐熟人粪 2 000 千克，并开沟追施草木灰 100 千克，或硫酸钾 10～15 千克。这次施肥叫"灌心肥"。植株封行后，一般不再追肥。如果基肥不足，可在行间酌情施尿素。

（3）中耕培土。为了便于追肥，前期要松土，除草 2～3 次。特别是久雨转晴之后，应及时中耕松土，促进根系生长。

（4）灌溉。大白菜播种后采取"三水齐苗，五水定棵，小水勤浇"的方法，以降低地温，促进根系发育。大白菜苗期应轻浇勤泼保湿润；莲座期间断性浇灌，见干见湿，适当炼苗；结球时对水分要求较高，土壤干燥时可采用沟灌。灌水时应在傍晚或夜间地温降低后进行。要缓慢灌入，切忌满畦。水渗入土壤后，应及时排出余水。做到沟内不积水，畦面不见水，根系不缺水。一般来说，从莲座期结束后至结球中期，保持土壤湿润是争取大白菜丰产的关键之一。

（5）束叶和覆盖。大白菜的包心结球是它生长发育的必然规律，不需要束叶。但晚熟品种如遇严寒，为了促进结球良好，延迟采收供应，小雪后把外叶扶起来，用稻草绑好，并在上面盖上一层稻草式农用薄膜，能保护心叶免受冻害，还具有软化作用。

5. 病虫害防治　大白菜主要病害有病毒病、霜霉病、白斑病、软腐病。苗期浇降温水防治病毒病；用70%代森锰锌防治霜霉病；用25%多菌灵或70%代森锰锌防治白斑病，用25%酸式络氨铜或1.8%辛菌胺醋酸盐兑水溶液灌根防治软腐病。

大白菜主要害虫有黄曲条跳甲、蚜虫、菜青虫、甘蓝夜盗虫、地蛆等。在幼苗出土时，及时打药防治跳甲虫危害，用除虫精粉或90%敌百虫100倍液。幼苗期注意防治蚜虫，用1%的甲维盐乳油防治。在大白菜生育期，还应注意防治菜青虫和甘蓝夜盗虫，在3龄前可用BT乳剂、敌杀死、速灭杀丁等。8月下旬至9月初用敌百虫稀释液灌根1～2次灭蛆。收获前要注意天气回暖，蚜虫易发生，一旦发生要快速消灭。

秋大白菜生长时间长，可分别在幼苗期和结球期叶面喷洒0.01%芸薹素481，可以显著增产。

四、番茄

（一）培育壮苗

麦套番茄一般育苗时间为4月15日至4月底。育苗要点如下：

1. 苗床的选择和规格　苗床一定要选在背风、向阳、靠近水源、地势平整、排灌方便、土壤肥沃、前茬非茄科作物、无病的地块。苗床的大小根据种植面积的多少而定，一般定植一亩大田需用苗床15平方米左右。具体操作方法：按长10米、宽1.5米造床，将苗床内的土下挖20米，土沿边缘培成宽20厘米、高10厘米的土埂踩实。床内壁要陡直，床底铲平，放入过筛的营养土。营养土配制比例 1：2：5，即 1 份腐熟鸡粪、2 份草粪、5 份无病土，掺入占营养土 2%的硫酸钾。

2. 搭建拱棚　采用长宽适宜的竹片搭建拱棚，拱高 50～80 厘米，用 0.08 毫米的农膜盖于床面。

3. 品种选择　要选择抗病、耐高温、耐贮运、无限生长型的品种。

4. 种子处理　种子播种前要进行精选和浸种催芽。

（1）精选。种子浸种前必须精选、晾晒，剔除腐烂、破损、畸形种子。

（2）浸种催芽。首先种子要用 55 ℃的温水烫种 10 分钟，烫种过程中要不断搅动以补充氧气。然后降温浸种 4～5 小时，捞出催芽。将浸种后的种子用净布包好，放在 25～30 ℃的环境中催芽 48～72 小时，待 80%的种子露白即可播种。

5. 播种　播种前两天，将苗床浇一次透水。待水渗下后，用细土将床面和裂缝衬平，然后将催芽后的种子掺适量的细沙均匀撒播于床面，最后覆盖 1 厘米厚的细营养土。为防治地下害虫，在覆土结束后，可撒 5～6 千克的毒饵。播种完毕后，盖膜。

（二）苗期管理

1. 温度管理　播种到齐苗，白天适宜温度为 25～30 ℃，夜间 15～18 ℃。齐苗后白天适宜温度为 20～25 ℃，夜间 10～15 ℃。温度高于 30 ℃时应及时放风降温。

2. 适时定植　出苗 35 天左右，即定植时间应在 5 月中下旬，定植前每亩施尿素 10～15 千克，过磷酸钙 20～25 千克，锌肥 1.5～2 千克，干鸡粪 200～300 千克和优质农家肥 1 000～1 500 千克，将粪撒入预留行浅翻起垄，垄成龟背形。定植时要选择苗高 20～25 厘米，茎粗 0.4～0.6 厘米，节间短，叶片大且浓绿，无病斑，根系发达的壮苗。按行距 40 厘米、株距 24 厘米、麦菜间距 20 厘米定植，亩栽 4 300 株左右。定植后随时浇水，5～7 天浇缓苗水。

（三）田间管理

1. 早期管理 麦套番茄早期管理要点是："五早"管理，即"早灭茬、早培土、早追肥浇水、早搭架、早治虫"。这是麦套番茄优质、高产的关键，几年来的生产实践证明早管理就是产量，早管理就是品质。

（1）早灭茬。麦收后要尽快早灭茬，可破除土壤板结，疏松土壤，有利于麦茬腐烂，促进微生物活动，给番茄生长创造一个良好的土壤条件。

（2）早培土。培土可以加厚熟土层，固定植株，增加上层根系，扩大根系吸收肥水面积。一般秧苗30厘米左右时及时培土，对植株生长十分有利。

（3）早浇水追肥。提高土壤含水量，促进植株生长。当第一穗果开始膨大，第二穗果开始坐果时，施第一次肥。这次追肥以速效肥为主，在番茄一侧冲沟，亩施优质农家肥2 000～3 000千克，尿素5～8千克。

（4）早搭架。早搭架有利于果实提早成熟，果实清洁，病虫害轻，也便于田间管理与采摘，培土后即可搭架。方法：将直径1厘米、高2米的竹竿插入每棵番茄根部，搭架时按人字形搭架。

（5）早防病治虫。麦收后要及时防治蚜虫、棉铃虫、红蜘蛛等害虫，防止病毒病的蔓延确保形成壮苗。

2. 果期管理 8月上中旬，番茄进入盛果期。盛果期是番茄生长周期中的需肥水盛期，这期间营养生长与生殖生长同时并进，但是以生殖生长为主。此阶段管理要点是：追好盛果肥，浇好盛果水。要求亩施尿素15千克，磷酸二铵25千克，硫酸钾10千克，促使果实膨大。一般情况下7～10天浇水一次，追一次肥，盛果期以后，保持地面见干见湿，后期肥水不足时，应勤浇勤追，也可结合打药进行叶面追肥。

（1）化控整枝。

① 化控。生长前期亩用缩节安2～3克，中期5～7克，后期7～10克，兑水25千克叶面喷洒即可。也可用矮丰灵每亩1 000

克，穴施于番茄株间，将株高控制在 1.5 米以内。

② 整枝打杈。实行单干整枝。优点是单株结果较少，而果个较大，可以密植。如果主茎顶部受害，可用第一穗果实下边的一个侧枝代替主茎生长。

（2）保花、保果。6～8 月，受高温高湿影响，植株容易发生徒长引起落花落果，因此要用番茄灵等植物生长激素抹花来调节养分的流向，促使果实发育。抹花在花朵展开时进行，将激素抹在花柄处，抑制花柄产生离层，从而起到保花保果的作用。但应注意，一朵花只能抹一次。涂抹时间一般在上午 9～10 点，下午 4～6 点（以防由于露水、高温改变药液的浓度而降低药效或引起畸形果）。

（3）协调营养生长与生殖生长。协调营养生长与生殖生长是一个有机的整体，它们之间既相互制约，又相互促进。协调二者之间的矛盾，要以肥水管理为中心，促控结合，合理运筹肥水，加强田间管理。

（4）打顶。当植株达到 1.5 米高，有 6～8 穗果时，要及时打掉顶尖，抑制茎高生长，促使养分集中到果实中。打顶原则：穗到不等时，时到不等穗。大致时间在 9 月 15 日左右，即霜降前 40 天，否则，上部果多而小，既浪费养分，又影响下部果实膨大。打顶时要在上部花序上留 2～3 片叶处摘心。留叶的目的是防止日烧果、裂果，引起果实品质下降。

3. 后期管理

（1）根外追肥。进入结果后期，由于麦套番茄植株吸肥、吸水功能老化，追肥效果不明显，所以可以采用根外追肥。根外追肥可用 0.2%～0.3%磷酸二氢钾或尿素溶液进行叶面喷施。

（2）适时采收。果实成熟大体分四个时期，在成熟过程中，淀粉和果酸的含量逐渐减少，糖的含量不断增加，不溶性果胶转化为可溶性果胶，风味品质不断提高。根据需要灵活掌握采摘日期。

① 青熟期。果实充分长大，果实由绿变白，种子发育基本完成，经过一段时间，即可着色。如果需要长途运输，可此时收获，运输期间不易破损。

② 转色期。果实顶部着色，约占果实的 1/4，采收后 1～2 天可全部着色。销售较近地区可在此期收获，品质较好。

③ 成熟期。果实已呈现特有色泽、风味，营养价值最高，适宜生食，不宜贮藏运输。

④ 完熟期。果肉已变软，含糖量最高，只能做番茄酱使用。

为提早上市，在青熟至转色期用 40％的乙烯利稀释成 400～800 倍水溶液（500～1 000 毫克/升），用软毛刷（粗毛笔）把溶液涂抹在果实上或用小喷雾器喷洒均可；或用 40％乙烯利 200 倍（2 000毫克/升）溶液蘸 1 分钟，放在 25～27 ℃处堆放 4～5 层，4～6 天着色。

五、花椰菜

花椰菜又名菜花，是甘蓝的一个变种，是一种含粗纤维少、易消化、营养丰富、风味鲜美的蔬菜。花椰菜对外界环境条件要求比较严格，适应性也较弱，生育适温范围较窄，中原地区一年可种植两茬，生产中应根据生产季节选择适宜品种，适期种植并加强田间管理，才能获得较高的生产效益。

（一）越冬花椰菜栽培技术要点

1. 品种选择　选择越冬性强的耐寒品种。

2. 培育壮苗

（1）适期播种。黄淮流域一般在 7 月下旬至 8 月上旬播种。

（2）播种技术。育苗期正值高温多雨季节，为了克服播种后高温干旱出苗难和易死苗的问题，播种后要采用一级育苗不分苗的方法。采用营养钵育苗效果较好，每钵育苗一株。营养土块一般在事先准备好的苗床上浇一次透水，第二天再浇水一次，等水渗完后按 7～8 厘米见方在苗床上划方格，然后每个格播种 2～3 粒，使种子均匀分布在格子中间，不可丢籽过多，以便间苗、定苗和防止苗子相互拥挤造成徒长。播种后盖 0.5 厘米的过筛细土并及时扎弓棚覆盖遮阳网，防雨防暴晒，出苗后，再覆盖一层细土，阴天要除去遮阳网，但要注意防暴雨。

（3）苗床管理。

① 及时间定苗和查苗补栽。出苗后 7～10 天，子叶展平真叶露心时要及时间定苗，每格留苗一株。对个别格内没出苗的可结合定苗进行补栽。其方法为：浇透取苗水，用力将苗轻轻提出，也可用竹签取苗，然后立即在缺苗处挖穴浇水，坐水栽苗。

② 防止病虫害。育苗期正值高温多雨季节，极易感染猝倒病、立枯病、病毒病、霜霉病、炭疽病、黑腐病等病害。为防止感病死苗，齐苗后要立即用 6％的寡糖·链蛋白可湿性粉剂 15 克＋50 毫升聚谷氨酸溶液，兑水 15 千克进行叶片喷雾，每 7～10 天一次，连喷 2～3 次。虫害主要是菜青虫、小菜蛾、蚜虫等。一般用 10％菊·马乳油 1 500 倍液喷雾防治。

③ 防旱防涝。出苗后，苗床内要求土壤见干见湿。原则是见干不开裂，见湿不见水。

3. 定植　定植前要精细整地，重施有机肥，配施磷钾肥，少施氮肥，防徒长。选日历苗龄 40～45 天左右，生理苗龄真叶 4～6 片的无虫无病苗定植，剔除过大及过细苗。定植时间一般在 9 月上中旬，株行距为 60 厘米×55 厘米，亩栽植 2 000 株左右。定植时应保持土坨完整，尽量减少根系损伤。一般选择在傍晚进行，定植后浇足定植水。

4. 田间管理

（1）定植后至越冬期管理。

① 中耕蹲苗。缓苗后中耕 2～3 次，促进根系下扎，控制地上部生长，但蹲苗时间不宜过长。一般以 20 天左右为宜。若蹲苗不好，前期生长过旺，冬前显花而减产；蹲苗过头，植株弱小，不但抗寒性差，而且还可导致春季有薹无花。

② 水肥管理。9 月下旬以后，天气变凉，此时水肥管理要满足菜花生长的需要，以促进根茎叶的正常生长，一般要视底肥用量和菜苗长势追肥 1～2 次，追肥种类要氮磷钾配合施用。数量以尿素 7～8 千克，磷酸二氢钾 5 千克即可。到 10 月底至 11 月初植株叶片达到 18～22 片较为理想。此时，若没有达到此生理指标，要

在 12 月初设立风障，或覆盖塑料薄膜。若苗龄过大，应及时控水控肥，以增强植株抗寒能力、避免早花现象。

③ 越冬管理。主要是浇好封冻水，严防干冻。如果遇特别寒冷天气，要进行防冻覆盖。

（2）后期管理。

① 早春管理。翌春 2 月下旬土壤解冻后，要及早浇水，并结合追肥，以促进营养体的生长和花球的形成。追肥一般以氮肥为主，配施硼肥。施肥量一般掌握在每亩 30 千克尿素，1～1.5 千克硼肥，浇水时要注意少浇、匀浇，以免降低地温，或畦内积水造成沤根。原则以土壤干不露白，湿不积水为宜。生育后期叶面喷施多元素营养肥 2～3 次，增产效果显著。

② 重施花球膨大肥，并做到勤浇水。一般用肉眼看到花球显露时，要重施一次肥，可亩施 30 千克尿素。现蕾后，应摘下花球下端老叶，遮盖球部，以防日晒花球变黄，影响品质。如在 2 月实施小弓棚覆盖，可提早在 3 月上市。

5. 适时采收，确保优质　越冬花椰菜花球生长速度快，适采期短，要掌握时机，按花球成熟早晚及时分批采收。

（二）耐热花椰菜栽培技术要点

耐热花椰菜生育期短、长势强、花球洁白、细嫩、紧实、高产稳定，且上市正值秋淡季，茬口好，生产效益高。

1. 品种选择　选用耐热性强，生育期短的品种。

2. 适期育苗　中原地区一般选择在 6 月中下旬育苗。选地势平坦，能排能灌，且离大田较近处建床。苗床上铺 10 厘米厚营养土，进行土方育苗或将营养土装入 9 厘米×9 厘米营养钵中育苗。为防止此阶段高温、暴雨伤苗，苗床最好用遮阳网覆盖。出苗后，用杀菌杀虫剂防治病虫害。三叶期间苗。苗龄 20～25 天，真叶 3 片左右时进行定植。

3. 施足肥料，合理密植　花椰菜喜肥沃土壤，定植前要施足底肥，可亩施优质农家肥 5 立方米以上，三元复合肥 25 千克以上。100 厘米一带，起高 20 厘米、顶宽 50 厘米的垄，在垄两侧按 40

厘米株距对角栽苗，亩定植 3 300 株。

4. 大田管理 耐热花椰菜生长势强，生育期短。要想获得高产，就必须做到：种子下地，管理上马，水肥齐功，只促不控，严防病害，巧治害虫。

（1）及时浇水。定植后连浇两次大水，促进缓苗生长，以后掌握地表见干见湿，促进根系下扎。遇旱即浇，遇涝即排。第 9 片叶出现后，要保持地表湿润，从此时开始，结合浇水，每 10 天亩施尿素 5 千克；花球出现时，一次亩施尿素 20 千克，并进行叶面喷肥两次。

（2）病虫草防治。及时防病治虫，清除杂草。

（3）花球露心时，采摘中下部老叶覆盖花球，以免烈日灼伤，影响品质和商品性。到 9 月，花球充分长成型，边缘花球略有松动，但尚未散开，连同 5～6 片小叶及时割下出售。

六、薄皮甜瓜

甜瓜在我国栽培历史悠久，品种资源十分丰富，特别是薄皮甜瓜起源于我国东南部，适应性强，分布很广，具有较强的耐旱能力，膨大期需肥水较多。近年来，栽培效益较好。

（一）品种选择

薄皮甜瓜品种较多，且各地命名不一，应根据当地市场需求、栽培条件及栽培目的来选择品种。

（二）直播与育苗

甜瓜对环境条件的要求与西瓜大致相同，播种期参考西瓜。甜瓜根系分布较浅，生长较快，易于木栓化，适于直播或采取保护根系措施育苗移栽。甜瓜一般采取平畦栽培，130～170 厘米一带，双行定植，窄行 40 厘米，宽行 90～130 厘米株距 30～60 厘米，或起垄单行定植，行距 70 厘米，株距 45～50 厘米，亩种植 2 000 株左右。若温室早熟栽培可再密些。每亩需播种量 150～200 克，播种前浸种催芽，坐水播种，每穴播种 2～3 粒。干籽播种每穴 5～6 粒，粒与粒相距 2 厘米，覆土 1～2 厘米。也可播种时挖穴浇水，上覆6～10厘米高的土堆，待发芽后除去。

甜瓜早熟栽培可提前育苗，采用8厘米×8厘米的营养钵育苗，苗龄30～35天，地温稳定在15℃时即可定植。

（三）田间管理

1. 间苗和定苗　直播后7～10天出土，待子叶展开，真叶显露时进行第一次间苗，每穴留壮苗2～3株，2～3片真叶时，每穴留2株定苗。

2. 浇水和追肥　甜瓜是一种喜水又怕涝的植物，应根据气候、土壤及不同生育期生长状况等条件进行合理的浇水。苗期以控为主，加强中耕，松土保墒，进行适当蹲苗，需要浇水时，开沟浇暗水或洒水淋浇，水量宜小。伸蔓后期至坐果前，需水量较多，干旱时应及时浇水，以保花保果，但浇水不能过多，否则容易引起茎蔓徒长而化瓜。坐果后需水量较大，需保证充足的水分供应。一般应掌握地面微干就浇。果实快要成熟时控制浇水，增进果实成熟，提高品质。

甜瓜的追肥要注意氮磷钾的配合。原则是：轻追苗肥，重追结瓜肥。苗期有时只对生长弱的幼苗追肥，每亩施硫酸铵7.5～10千克，过磷酸钙15千克，在株间开7～10厘米的小穴施入覆土。营养生长期适当追施磷钾肥，一般在坐果后，挖沟在行间亩追施饼肥50～75千克，也可掺入硫酸钾10千克，生长期叶面喷施营养液2～3次，效果更好。

3. 摘心整枝　甜瓜的整枝原则是：主蔓结瓜早的品种，可不用整枝；主蔓开花迟而侧蔓结瓜早的品种，多利用侧蔓结瓜，应将主蔓及早摘心；主侧蔓结瓜均迟，利用孙蔓结瓜的品种则对主蔓侧蔓均摘心，促发孙蔓结瓜。其整枝方式应根据品种的特性及栽培目的而定。

（1）双蔓整枝。用于子蔓结瓜的品种。在主蔓4～5片真叶时打顶摘心，选留上部2条健壮子蔓，垂直拉向瓜沟两侧，其余子蔓疏除。随着子蔓和孙蔓的生长，保留有瓜孙蔓，疏除无瓜孙蔓，并在孙蔓上只留1个瓜，留2～3片叶摘心。也可采用幼苗2片真叶时掐尖，促使2片真叶的叶腋抽生子蔓。选好2条子蔓引向瓜沟两侧，不再摘心去杈，任其结果。

（2）多蔓整枝。用于孙蔓结瓜的品种。主蔓4～6片叶时摘心，从长出的5～6条子蔓中选留上部较好的3～4条子蔓，分别引向瓜沟的不同方向，并留有瓜孙蔓，除去无瓜枝杈，若孙蔓化瓜，可对其摘心，促使曾孙蔓结瓜。

（3）单蔓整枝。主要用于主蔓结果的品种。在主蔓5～6片叶时摘心或不摘心，放任结果，在主蔓基部可坐果3～5个，以后子蔓可陆续结果。

（四）采收

甜瓜采收要求有足够的成熟度。采收过早过晚均影响甜瓜的品质。其采收标准可通过计算坐果天数或根据果实形态特性来鉴定。从雌花开放到果实成熟，一般早熟品种30天左右，中熟品种35天左右，晚熟品种40天，阳光充足高温的条件下可提早2～3天。成熟瓜多呈现该品种的特性，果面有光泽，花纹清晰，底色较黄，有香味，瓜柄附近的绒毛脱落，瓜顶近脐部开始变软。手指敲弹，发出空洞的浊音。

七、冬瓜

冬瓜是夏秋主要蔬菜之一，它适应性强，产量高，耐贮运，生产成本低，生产效益好。

（一）栽培季节

冬瓜耐热，喜高温，因此需要把它的生育期安排在高温季节，入秋前后收获，定植和播种时间以地温稳定在15℃以上为宜。

（二）播种与育苗

露地冬瓜栽培季节多直播，但采用保护地育苗移栽则有利于培育壮苗，促早熟增产。中原地区一般直播在4月下旬，阳畦育苗在3月上中旬播种，播种量每亩需0.4～0.5千克。苗龄一般40～50天，具有3叶1心时定植为宜。由于冬瓜种子发芽慢，且发芽势低，可采用高温烫种（75～100℃），然后浸泡一昼夜。最适宜的催芽温度为 25～30 ℃，3～4 天可萌发。

（三）定植

栽培冬瓜的地块以地势平坦，排灌方便为好。应及早深耕，充分暴晒，整平耙细，避免雨季田间积水引起沤根或病害的发生。冬瓜生长期长，施足底肥有利于发挥增产潜力，一般结合整地，亩施有机肥 5 立方米以上，并掺入过磷酸钙 20～25 千克。冬瓜的栽培密度因品种、栽培模式及整枝方式而不同，一般冬瓜采取单蔓整枝或双蔓整枝，行株距为 200 厘米×40 厘米，亩密度 800 株，每株留一个瓜；支架栽培行株距为 80 厘米×（50～60）厘米，亩种植 1 300～2 000 株；小型冬瓜亩密度 5 000 株。

（四）田间管理

1. 灌溉与中耕 为促使根系尽快生长，定植后应立即浇 1～2 次水，紧接着进行中耕松土，提温保墒。缓苗后轻浇一次缓苗水，继续深耕细耙，适度控水蹲苗，促使根系长深长旺，使苗子壮而不徒长。待叶色变深，茸毛及叶片变硬时即可结束蹲苗。一般情况下，蹲苗 2～3 周。

蹲苗结束后及时浇催秧水，促使茎蔓伸长和叶面积扩展。但浇水量仍不可过多，否则易造成植株疯长，营养体细弱，这一水之后，直到坐瓜和定瓜前不再浇水，以免生长过旺而化瓜，促使生长中心向生殖生长转移。

待定瓜和坐瓜后，果实达 0.5～1 千克时，浇催瓜水，之后进入果实迅速膨大期，需水量增加，浇水次数和水量以使地表经常保持微湿的状态为准，不可湿度过大，同时雨后注意排水，以免烂果和发病。收获前一周要停止浇水，以利贮藏。

2. 追肥 冬瓜结果数少，收获期集中，因此追肥也宜适当集中，一般追肥 2～3 次。第一次结合浇催秧水施用，以有机肥为主，可在畦一侧开沟追施腐熟的优质圈肥，每亩 2 000 千克，混入过磷酸钙 30 千克，硫酸铵 10 千克。定瓜和坐瓜后追施催果肥 1～2 次，以速效肥为主，可亩施尿素 15～20 千克，并叶面喷施磷肥，喷 2～3 次，促使果实肥大充实。

3. 整枝、盘条、压蔓 冬瓜的生长势强，主蔓每节都能发生侧蔓，而冬瓜以主蔓结瓜为主，为培育健壮主蔓，必须进行整枝、压蔓等。

冬瓜一般采取单蔓整枝，大冬瓜也可适当留侧蔓，以增加叶面积。当植株抽蔓后，可将瓜蔓自右向左旋转半圈至一圈，然后用土压一道，埋住 1～2 节茎蔓，不要损伤叶片。通过盘条、压蔓可促进瓜蔓节间生长不定根，以扩大吸收面积，并可防止大风吹断瓜蔓，另外，还可调整植株长势，长势旺的盘圈大些，反之小些或不盘。尽量使瓜蔓在田间分布均匀，龙头一致，便于管理。每株冬瓜秧，应间隔 4～5 片叶压蔓一次，共压 3～4 次，最后使茎蔓延伸到爬蔓畦南侧，以充分利用阳光，增加营养面积，压蔓的同时要结合摘除侧蔓、卷须及多余的雌雄花，以减少营养消耗。大冬瓜坐瓜后，在瓜前留下 7～10 片叶打顶，小冬瓜在最后一瓜前留 5～6 片叶打顶。

4. 支架、绑蔓 冬瓜采用支架栽培，有利于提高光能利用率，增加密度，提高产量，但生产中采用的较少。冬瓜一般在抽蔓后开始扎架，可以扎三角架或四角架。大冬瓜架要高些，中间可绑横杆。因为大冬瓜一般在 20 节左右开始着生第一雌花，结果部位相当靠上，所以上架前应进行一次盘条和压蔓，使龙头接近架的基部，以缩短植株的高度。蔓伸长后及时绑蔓，可每 3 节绑一道，共绑 3～4 次。绑蔓时注意将蔓沿杆盘曲后绑，松紧要适度。

5. 选瓜、留瓜、保瓜 大冬瓜一般每株留 1 个瓜，为保证植株结果并长大果要预留 2～3 个，待瓜发育至 1 千克左右时选择瓜形好、个体大、节位最好是第二或第三个瓜留下，其余摘除。一般不留第一或第四个之后的瓜。早中熟品种可留第一和第二个，每株一般留 2～4 个。为促使果实正常发育，定瓜后要进行翻瓜、垫瓜。炎热季节容易日烧，还要遮阴防晒。

（五）适时采收

冬瓜由开花到成熟约需要 35～45 天，小冬瓜采收标准不严格，嫩瓜达食用成熟期可随时上市，大冬瓜多在生理成熟期采收，直接或贮藏后上市。冬瓜生理成熟的特征是：果皮上茸毛消失，果皮变硬而厚，粉皮类型果实布满白粉，颜色由青绿色变成黄绿色，青皮类型皮色暗绿。采收时要留果柄，并防止碰撞和挤压，以利贮藏。

八、菜豆

菜豆，又名四季豆、四季梅、芸豆、莲豆、刀豆等。原产美洲，在我国栽培普遍，是河南省豆类蔬菜的主栽品种。其生长期短、栽培容易，供应期长，对缓解蔬菜淡季具有重要作用。

（一）优良品种

1. 矮生品种　矮生品种又称地芸豆。植株矮生直立。花芽封顶，分枝性强，每个侧枝顶芽形成一个花序。株高 50 厘米左右。生长期短，全生育期 75～90 天，果荚成熟集中，亩产 1 500 千克左右，产量低，品质稍差。

2. 蔓生品种　蔓生品种也叫架豆。顶芽为叶芽，主蔓高 200～300 厘米。初生节间短，4～6 节开始伸长。叶腋间伸出花序或枝，陆续结果。生长期长，全生育期 90～130 天，成熟晚，采收期长，亩产一般 2 000～2 500 千克，产量高，品质好。

（二）栽培季节和茬口安排

菜豆既不耐寒也不抗热，栽培上最好把开花结果期安排在月均温 18～25 ℃的月份里。河南省主要是春、秋两季栽培。春茬 4 月直播，6～7 月收获。秋茬 8 月直播，9～10 月收获。春茬地膜覆盖或育苗移栽的菜豆播期可适当提前，矮生菜豆也可进行夏秋栽培。

菜豆不宜连作，最好实行 3 年以上轮作，春菜豆的前茬多为秋菜或越冬菜，秋菜豆的前茬多为春菜，西瓜、小麦、玉米等茬口也是很好的前茬。菜豆还可与多种蔬菜、西瓜及粮食作物在适宜的季节里实行多种形式的间作套种。如矮生菜豆与西瓜间作，蔓生菜豆与玉米套作等。

（三）春菜豆栽培技术

1. 整地作畦　菜豆宜选土层深厚，排水良好的沙壤土或壤土栽培。地势低洼，排水不良的地块易造成落花落荚。因子叶肥大，出土困难，必须精细整地。秋菜或越冬菜收获后深翻冻垡，及时耕耙，并施入充足的有机肥作基肥。亩产 4 000 千克菜豆需氮磷钾纯量分别为 30 千克、7.5 千克和 17.5 千克，一般亩施腐熟农家肥 4 000～5 000 千克、过磷酸钙 30～50 千克、尿素 10～15 千克、草木灰 100 千克，也可施氮磷钾复合肥 40～50 千克。

菜豆栽培以高垄为主，也可用平畦。高垄栽培按 100～120 厘米起垄，垄高 15～18 厘米，采用宽窄行种植，每垄种 2 行，同时高垄有利于地膜覆盖栽培。

2. 播种育苗 春菜豆通常直播，亦可育苗移栽或育小芽移栽。

（1）种子处理。选粒大饱满、无病虫危害、具有其品种特性的种子，播前晒种 1～3 天，促全苗壮苗。播前用代森锌 500 倍液浸种 30 分钟，可防止炭疽病的发生；用 0.01%～0.03% 的钼酸铵浸种 30 分钟，可提早成熟增加产量。菜豆多干籽直播，但早春气温低，用温汤浸种 4 小时后播种能提早出苗 2～3 天。

（2）播种期。适期早播对菜豆早熟丰产有重要意义。播种过早、气温低出苗慢，甚至不出苗引起烂种；播种过晚，虽出苗快，但影响早熟，产量降低；菜豆适宜的播期为当地终霜期前 10 天左右，以保证出苗后不受冻害。河南省菜豆适宜的播期为 4 月上中旬，地膜覆盖栽培可于 3 月底至 4 月初播种，育苗移栽可于 3 月中旬播种于阳畦，4 月中旬定植于露地，育小芽栽植的应在栽植前 10 天播种。

（3）播种方法。露地直播，一般采用穴播，每穴播 3～4 粒，播种深度以 3～5 厘米为宜，播种过浅不易保墒，过深易烂种。播后用细碎土覆平。播后遇阴雨，要及时浅松土，遇霜冻应及时在穴上封土堆，防寒保温，霜冻过后及时平堆。地膜覆盖栽培多先播种后盖膜，以防短时的低温和霜冻，此法应注意及时放苗。也可先盖膜，后播种，但要防止幼苗受冻。育小芽栽植的，一般浸种催芽后播于锯末或谷糠里，待 3～5 天细芽长出子叶后开沟引小水，把幼芽贴于沟坡上，覆土封沟。一般亩播种量 6～7 千克。

育苗移栽一般用纸筒、营养块和塑料袋育苗，以保护根系不受损伤。播种时采用点播，每穴 3～4 粒，播后覆土 3 厘米厚，幼苗相距 8～10 厘米。播后保持 20～25 ℃温度，出土后降至 20 ℃，定植前进行 5～7 天低温炼苗，并与定植前 7～10 天切沱、囤苗，促发新生根，以利定植后缓苗，苗龄 20 天，待幼苗基生叶展开，开始出现三出复叶时，选无风的晴天定植。

3. 种植密度　春菜豆生育前期温度低，主蔓生长缓慢，有利于侧枝发育，应适当稀植。生产上多采用大行距，小株距，宽窄行栽培的方式。蔓生种宽行 65～80 厘米，窄行 35～45 厘米，穴距 20～26 厘米，每穴留 2 株，亩保苗 1 万～1.2 万株。矮生种应适当密植，一般行距 33～40 厘米。穴距 16 厘米，每穴留 2～3 株，亩保苗 2 万～2.5 万株。

4. 田间管理

（1）查苗补苗和间定苗。苗齐后，应及时查苗补苗和间定苗，缺苗严重的地段应及时补种，缺苗不严重的地段应间苗进行补栽，也可在播种的同时于宽行内播种一些后备苗以供补栽用。齐苗后到第一片复叶出现前为定苗适期。剔除病、虫、弱、杂及子叶不完整的苗，每穴保留 2 株壮苗。

（2）水肥管理。水肥管理上应掌握"幼苗期小，抽蔓期稳，结荚期重"的原则，前期以壮根壮秧为主，后期以促花促果为主。

播种或定植时，根据具体情况轻浇播种水或定植水，直播齐苗或定植 4～5 天后再轻浇一次齐苗水或缓苗水。以后控制浇水，及时中耕 1～2 次，提高地温，促进根系生长，开始抽蔓时结合搭架，轻浇一次抽蔓水，并亩施尿素 10 千克左右，以促使茎蔓生长，迅速扩大地上部营养面积，为结果奠定基础。以后控水控肥，中耕蹲苗，第一花序开花期，少浇水，掌握"浇荚不浇花，干花湿荚"的管理原则，直到第一花序果荚开始伸长，大部分植株果荚坐稳浇一次大水，称"开头水"。

坐荚后，植株不易徒长，嫩荚开始迅速伸长，是需肥水的高峰期，应保证充足的肥水供应，每 3～5 天浇水一次，经常保持地面湿润，炎热季节应早晚浇水，暴雨过后应及时"井水浇园"，地膜覆盖的可适当减小浇水次数。结合浇水，整个结荚期追肥 2～3 次，每次亩追尿素 15 千克、硝酸磷肥 15～20 千克、硫酸钾 10～15 千克，或氮磷钾复合肥 15～20 千克，或人粪尿 1 500～2 000 千克。并注意人粪尿与化肥的交替使用。

结荚中后期为防菜豆脱肥早衰（尤其地膜覆盖栽培），可喷洒 1% 的尿素和磷酸二氢钾混合液，隔 5～7 天喷 1 次，连喷 2～3 次。

（3）插架与打顶。当植株长到 4～6 片复叶时结合浇抽蔓水及时插架。生产上多用"人"字架，架必须插牢，架高 200 厘米以上，以使茎蔓架杆攀缘向上生长。当植株生长点长到架顶时，应及时打头，以防郁蔽，并促使叶腋间潜伏芽萌发，延长采荚期。

（4）防止落花落荚。菜豆的花芽数很多，但只有 20%～30% 能开花，而开花的花朵中只有 20%～35% 能结荚。结荚数仅占花芽数的 4%～10.5%，从整个生育期分析其原因可知：初期由于生长中心转移，植株未完全适应造成营养不良而落花；中期因大量花芽分化、花蕾形成造成不同部位器官对养分竞争而落花落果；后期进入产量高峰期，大量养分进入果荚使体内营养水平变差，加之高温干旱或多雨，造成植株被迫落花落荚。生产上可针对不同原因采取综合防止措施：①适时播种，使开花结荚期处于适宜环境；②合理密植，及时搭架，改善光照条件；③科学灌水施肥，掌握"开花前少，开花后多，结荚期重"的肥水管理原则；④及时采收，调节体内养分的合理分配；⑤适时选用生长调节剂，如用 5～25 毫克/千克的萘乙酸溶液喷花，用 5～25 毫克/千克的赤霉素溶液喷茎叶顶端；⑥及时防治病虫害。

（5）采收。开花后 15～20 天为采收嫩荚的适期，过早嫩荚小，产量低，过晚荚老，商品价值低。采收的标准是，嫩荚由细变粗，色由绿变白绿，豆粒略显，荚大而嫩。一般前期和后期每 2～4 天采收 1 次，结果盛期每 1～2 天采收 1 次，采摘时应单荚采收，不要把整个花序的果荚全摘完，并注意勿碰掉小嫩荚。

（四）秋菜豆栽培要点

秋菜豆是在夏末或早秋播种，霜前结束生长，与春菜豆的气候条件正相反，如何克服苗期高温和后期低温障碍是栽培的关键。

1. 选用耐热、抗病、中熟性品种 如芸丰62-3、九粒白等。

2. 适期播种 蔓生种的适宜播期是按当地初霜期向前推100天左右。河南省一般在7月底至8月中旬，最晚不能晚于8月25日，矮生种可适当晚播。

3. 合理密植 秋菜豆苗期生长快，以主蔓结荚为主，侧蔓发育不良，应适当密植，一般行距为55厘米，穴距20厘米，每穴2株，亩保苗12 000株以上。

4. 保苗全苗壮 秋茬播种时气温较高，要趁墒播种，秋季多干籽直播，播种宜稍深，播后遇雨要及时松土通气，以防烂种。高温时要覆草降温，以保全苗。苗期以小水勤浇，降温保湿，并结合浇水尽早施肥，以促幼苗健壮生长。

5. 肥水齐促 进入结荚期，要加强肥水管理，确保结荚期对养分的需求，促使早熟丰产。

（五）留种

因菜豆杂交率极低，留种田无需隔离，可在田间进行株选，选具品种特性，无病虫，结荚率高的植株作种株，选植株中部果荚留种。一般开花后30～35天可采收种荚。亩采种量1 500～2 000千克。

九、莴笋

莴笋即茎用莴苣，原产地中海沿岸，喜凉爽气候，适应性强，一年可进行两茬栽培，产品均在淡季上市，是调节市场供应的主要蔬菜之一。

（一）主要优良品种

莴笋根据叶形不同分尖叶莴笋和圆叶莴笋；根据叶色不同分绿叶莴笋和紫叶莴笋。有很多地方优良品种。

1. 圆叶罗汉笋 河南许昌农家品种。植株叶簇大，节间短，叶片大、绿色、多皱、卵圆勺形，顶叶披针形，叶先端圆形；茎似棒状、白绿色，长20厘米，横径4～6厘米，中下部粗，两端细，单个重约0.5千克，亩产1 000～1 500千克。适于越冬或秋季栽培。

2. 尖叶罗汉笋　河南许昌农家品种。叶披针形，叶簇较大，节间短，叶片大、绿色、皱缩，茎白绿色，单个重 0.5 千克左右，亩产 1 000～1 500 千克。适于越冬或秋季栽培。

3. 尖叶笋　河南信阳已栽培多年。株高 28.5 厘米，开展度 47.9 厘米。尖叶，叶面稍皱。肉质茎呈圆锥形，皮色及肉色均为绿白色，横径 5.9 厘米，茎长 25 厘米，单个重 0.35～0.4 千克，中熟，耐寒性强，亩产 1 250 千克。适于越冬栽培。

4. 圆叶笋　河南信阳已栽培多年。株高 20.8 厘米，株幅 48.5 厘米，叶绿色、皱缩。肉质茎圆锥形，皮白绿色，肉浅绿色。单株重 0.3～0.4 千克。晚熟，抽薹迟，脆嫩，亩产 1 250 千克。

5. 紫叶莴笋　叶片披针形，绿紫色，先端尖，叶面皱。皮淡绿色，生长整齐，成熟一致。肉质脆，香味浓，清脆甜嫩爽口，削皮后不易变色。株高 65～85 厘米，单株重 0.75～2 千克。秋季露地栽培亩产量 2 200～3 300 千克，大棚栽培亩产量 5 000～5 900 千克。茎叶生长适宜温度 7～26 ℃。

（二）栽培季节

莴笋喜冷凉，不耐高温，不耐霜冻，多数品种在长日照条件下有利于花芽分化，因此应把嫩茎生长期安排在气候凉爽、日照较短的季节。因此莴笋一般一年可进行两茬栽培，即越冬莴笋（春莴笋）和秋莴笋栽培。

（三）越冬莴笋栽培技术

1. 播种和育苗

（1）播种期。越冬莴笋应在春季尽可能提早上市，以弥补春淡，提高效益。故播期应安排好，以冬前停止生长时达到 6～7 片真叶为好，既能保证安全越冬，又利于次年春天肉质茎肥大时处于适宜条件下，上市早，产量高，河南省一般在 9 月下旬秋分前后播种。

（2）育苗。因播种期温度较适宜，可不进行种子处理。苗床要求疏松、肥沃，每亩用种量约 50 克，需苗床面积 6～8 平方米。可采用湿播，覆土要薄。播后保持畦面湿润，以利出苗，苗期适当控制浇水，使叶肥厚而平展、苗壮，增强抗低温能力，利于安全越冬。2 片真叶时及时间苗，保持 4～5 厘米的苗距，长到 4～5 片真叶时即可定植。

2. 定植

（1）整地施肥。越冬莴笋一般在 11 月上旬立冬前后定植，前作多用早秋茬或晚夏茬，收后及时整地。土块多易造成越冬期死苗，因此要求深耕细耙，精细整地。莴笋根浅，生长期长，营养不足易徒长，要施足有机肥。多采用平畦栽培，行株距 20～30 厘米见方。

（2）定植方法。定植前 1～2 天在苗床浇水，以便起苗。选择叶片肥厚、平展的壮苗定植，淘汰茎基部已膨大的苗，以防早期抽薹。淘汰细长瘦弱的苗，避免死苗。起苗时留 6～7 厘米主根，有利于发新根，栽植时根系舒展，宜稍深，栽后用土压紧，使根与土壤密接，防止苗受冻。

3. 田间管理

（1）越冬期间的管理。莴笋移栽后易发生大量侧根，容易成活。定植后不需太大的土壤湿度，宜趁墒栽苗，墒情不好时可轻浇水。缓苗后结合浇水追施少量速效性氮肥，以促进叶龄的增加和叶面积的扩大。之后控制浇水，加强中耕蹲苗，促进根系迅速扩大，防止徒长，增强植株抗寒性，利于越冬，并为次春嫩茎膨大打好基础。地冻之前结合中耕用土囤根，或覆盖马粪、圈肥等防寒。

（2）返青期的管理。次春随着温度的升高，植株开始生长，此时管理中心就是要通过肥水管理，采取由促控结合到大促的措施，调整好叶部生长与茎部肥大的关系。

返青后叶部生长占优势，浇返青水时施一次粪稀，以保墒、提温。使叶面积扩大充实，积累更多营养物质。之后少浇水多中耕，当植株长出一个叶环即"团棵"时，追施一次速效性氮肥。继续控水，中耕蹲苗，以防止徒长引起未熟抽薹。待莲座叶（盘子叶）充分肥大，心叶与莲座叶平齐时，茎部开始肥大，应结束蹲苗，由"控"转"促"，及时浇水并追施速效性氮肥和钾肥。随着茎部肥大加速，需水肥量增加，地面稍干就浇，浇水要均匀，结合浇水再追一次速效性氮肥。

在莴笋的管理中，群众的经验是："莴笋有三窜，旱了窜，涝了窜，饿了窜"，意思是如果管理不当，过旱、过湿或缺肥，茎抽生早而快，嫩茎细长，甚至早期抽薹，会大大降低食用价值和经济产量。因此必须了解莴笋叶片生长与嫩茎肥大生长之间的关系，根据气候、土壤及植株本身生长状况灵活运用浇水、施肥和中耕等技术措施。

（四）秋莴笋栽培技术

河南省栽植秋莴笋宜在 8 月上、中旬播种育苗，其育苗期正值高温季节，种子不易发芽，苗易徒长，同时高温长日照易促使花芽分化，引起早期抽薹。因此秋莴笋栽培关键技术是培育壮苗和防止未熟抽薹。

1. 品种选择　秋莴笋应选择对日照不敏感且耐高温的尖叶晚熟品种。

2. 种子处理与催芽　秋季育苗要先晒种，然后将种子用纱布包扎好，浸于清水中 4～5 小时，让种子吸足水分，再晾干。将晾干后的种子放在冰箱保鲜层进行冷处理，一般 48 小时后种子即露白，当 1/3 的种子露白时即可播种。

播前进行苗床消毒。一般上午播种，适当稀播，每 50 平方米播种子 50 克。播后用扫帚在畦面上扫一下，使种子与泥土混合，然后用草席或遮阳网覆盖，若播种时土地过干，可在覆盖物上浇水，以尽量不使畦面板结为好。一般翌日傍晚即出苗，随即揭去覆盖物，改成小拱棚覆盖，以利于幼苗生长。晴天上午 9 点至下午 4 点盖上覆盖物，其余时间揭开，阴天不盖，中到大雨全天覆盖。待幼苗真叶长出后进行间苗，三叶一心时及时分苗。分苗前一天在苗床内浇水，次日带土起苗。

3. 定植与管理　当苗龄 25 天左右、具 4～5 片真叶时，选下午或阴天定植，栽后立即浇一次透水。肥水管理同越冬莴笋返青后的管理。

（五）收获

莴笋主茎顶端与最高叶片的叶尖相平（称"平口"）时为收获适期。此时茎部已充分长大，肉质脆嫩，品质好，过晚易空心，茎皮增厚，品质下降。过早则产量降低。

十、萝卜

萝卜原产于我国，栽培历史悠久，栽培面积大。现在南北各地均有栽培，为城乡普遍欢迎的大众化蔬菜。其产品除含有一般营养成分外，还含有淀粉酶和芥子油，有助消化、增进食欲的功效。生产上可利用不同的类型、品种进行多茬栽培，对食用、加工、贮藏、运输及调节供应有着重要的作用。

（一）品种类型及栽培季节

按生长季节的不同可把萝卜分为秋冬萝卜、春萝卜、夏萝卜和四季萝卜四种类型。

1. 秋冬萝卜　凡是夏末秋初播种，秋末冬初收获的萝卜都属于这一类。这类萝卜品种最多，栽培面积大、产量高、品质好，有适于生食的，也有适于熟食的和加工用的。

2. 春萝卜　这类萝卜耐寒性较强，早熟、抽薹迟。在南方栽培较多，一般在晚秋播种，第二年春收获。在北方则春种春收。

3. 夏萝卜　这类萝卜具有耐热、耐旱和抗病虫害的特性。栽培面积较小，但在解决蔬菜淡季供应中起着重要的作用。

4. 四季萝卜　这类萝卜的肉质根很小，生长期短，只需20～40天时间，几乎随时可以播种，以春季栽培为主，用来供应春末夏初蔬菜淡季的需要。

（二）栽培技术

1. 土壤选择　萝卜的根系发达，入土较深，选择土层深厚疏松、排水良好、比较肥沃的沙土为好。肉质根生长、膨大迅速，形状端正、光洁，色泽美观，品质良好。如果种在雨涝积水、排水不良的洼地或土壤黏重的地方，就会使叶徒长不发根。土壤的酸碱度以中性或者酸性为好，土壤过酸容易使萝卜发生软腐病和根肿病；

土壤碱性过大，长出的萝卜往往味道发苦。

2. 整地、施肥 种植萝卜的地块必须及早深耕多翻，这是萝卜获得丰产的主要技术环节。在播种秋播萝卜之前，要进行夏耕和整地，夏耕可以浅些，但要求土地平整，土壤细碎，没有坷垃，以利于幼苗出土保墒，达到苗齐、苗全、苗壮。

深耕必须与增施基肥结合，才能达到预期的增产效果。萝卜是以基肥为主，追肥为辅。需要施足充分腐熟的有机肥，施肥量则以土质肥瘦、品种生长期长短而定。肥地少施，一般每亩施入腐熟的厩肥 5 000 千克左右。

3. 作畦 萝卜的作畦方式必须根据品种、气候、土质、畜力或机械的施用等而定。一般情况下，春季雨少，四季萝卜一般是平畦栽培。秋季雨多，秋萝卜一般为高畦栽培，以利于通气和排水，减少软腐病等的发生。畦宽 50～60 厘米，畦高 13～17 厘米。

4. 播种

（1）适时播种。萝卜的品种繁多，播种期的选择应按照市场的需要及品种的特性，创造适宜的栽培条件，尽量把播种期安排在适宜生长的季节里，特别是要把肉质根膨大期安排在月平均温度最适宜的季节，以期达到高产优质的目的。四季萝卜耐寒，抗性较强，一般在"立春"至"惊蛰"播种。秋萝卜耐寒抗热力较差，而且生长期较长。一般在立秋前后播种比较合适。

（2）播种方法。萝卜均采用直播法。为了保证播后苗全、苗齐、苗壮，提高产品的产量和质量，播前须注意质量的检查。应选用纯度高，粒大饱满的新种子。播量因品种和播种方法而不同。每亩用种量，大型品种穴播的约需 0.3～0.5 千克，每穴点播 6～7 粒；中型品种条播的需 0.6～1.2 千克；小型品种撒播的需要 1.8～2 千克。播种时要做到稀密适宜，过稀易缺苗，过密徒长，间苗费工。一般行株距的标准：大型品种行距 50～60 厘米，株距 25～40 厘米；中型品种行距 40～50 厘米，株距 15～25 厘米；小型品种间距 10～15 厘米。播种深度约 1.5～2 厘米。

5. 田间管理 "有收无收在于种，收多收少在于管"。萝卜播种出苗后，须适时适度地进行间苗、浇水、追肥、中耕除草、病虫害防治等一系列的管理工作。其目的在于很好地控制地上部与地下部生长的平衡，促使前期根叶并茂，为后期光合产物的积累与生长肥大的肉质根打好基础。

（1）间苗、定苗。幼苗出土后生长迅速，要及时间苗，保证幼苗有一定的营养面积，对获得壮苗有很大的作用。间苗的次数与时间要依气候情况，病虫危害程度及播种量的多少而定。一般应该以"早间苗、分次间苗、晚定苗"为原则，保证苗全、苗壮。早间苗，苗小，拔苗时不致损伤留用苗的须根；晚定苗要比早定苗减轻因病虫危害造成的缺苗。一般是在第一片真叶展开时进行第一次间苗、拔除受病虫损害及细弱的幼苗、病苗、畸形苗，去劣留优；出现2～3片真叶时进行第二次间苗；在破肚时选留一株具有原品种特征的健壮苗，即为定苗，其余拔除。

（2）合理浇水。萝卜需水较多，不耐干旱，如果缺水，肉质根就会生长细弱、皮厚、肉硬，而且辣味大；如果水分供应不匀，肉质根也会生长不整齐，或者裂根。但是，水分太多，又容易使根部发育不良，或者腐烂，所以浇水要根据降雨量多少、空气和土壤的湿度大小、地下水位高低等条件来决定其次数和每次浇水的量，并且要根据它的不同生长发育阶段灵活掌握。

发芽期：播种后要充分灌水，保证地面润湿，才能发芽迅速、出苗整齐；这时如果缺水，或者土面板结，就会出现"芽干"现象，或者种子出芽时"顶锅盖"而不能出土，造成严重缺苗。所以，一般在播种后，立即灌一次水，保证种子能够吸收足够的水分，以利于发芽。

幼苗期：因为苗小根浅，需要的水分不多，所以浇水要小。如果天气炎热，外界温度高，地面蒸发量大，要适当浇水，以免幼苗因缺水而生长停滞和发生病毒病。

叶片生长期：这时根部逐渐肥大，需水渐多，因此要适量浇水，以保证叶部的发育。但也不能浇水过多，否则，会使叶片徒长而互相遮阴，妨碍通风透光；同时营养生长旺盛，也会减少养分的积累。所以，此期采用蹲苗的办法来控制植株地上部分的生长。

肉质根生长盛期：此期植株需要有充分均匀的水、肥，使土壤保持湿润，直到采收前为止。如果此时受旱，会使萝卜的肉质根发育缓慢和外皮变硬，此后遇到降雨或者大量浇水，其内部组织突然膨大，容易裂根而引起腐烂。后期缺水，容易使萝卜空心、味辣、肉硬，降低品质和产量。

（3）分期追肥。施肥要根据萝卜在生长期中对营养元素需要的规律进行。对生长期短的萝卜，若基肥量足，可少追肥。大型种生长期长，须分期追肥，并以肉质根旺盛生长期为重点。菜农的经验是"破心追轻，破肚追重"。一般施用追肥的时间和次数是：第一次追肥在幼苗生出 2 片真叶时进行，每亩施用硫酸铵 12.5～15 千克，或粪稀 1 000 千克左右，随浇水冲施；如果天气热，蚜虫多，不宜施用粪稀。第二次追肥，应该在第一次追肥之后半个月左右进行，每亩顺水追施粪稀 1 000 千克，或硫酸铵 15～20 千克＋草木灰 100～200 千克，或硫酸钾 10 千克；草木灰宜在浇水后撒于田间为好。第三次追肥，可在第二次追肥之后半个月进行，一般每亩施用硫酸铵 12.5～20 千克或粪稀 1 000 千克左右，有条件还可每亩增施过磷酸钙和硫酸钾各 5 千克。

追施人粪尿或化肥，切忌浓度过大，离根部太近，以免烧根。每次追肥之后，都要灌一次清水，以利于植株根部及时吸收养分。施用氮肥要适量，如果施用氮肥太多，容易使味道变苦。

（4）中耕除草。秋萝卜的幼苗期，正是高温多雨季节，杂草生长旺盛，如果不及时除草，就会影响幼苗生长。杂草还是病菌、害虫繁殖寄生的地方，所以在幼苗期应该勤中耕、勤除草，使地面经常保持干净，使土壤经常保持疏松、通气良好，同时也利于保墒。

（5）提高萝卜品质的技术措施。

空心（糖心）：萝卜空心的主要原因是水分失调。在肉质根生长盛期细胞迅速膨大，如果温度过高，湿度过低，则植物呼吸作用及蒸腾作用旺盛。水分消耗过大，细胞便会缺乏营养和水分而处于饥饿状态，细胞间产生间隙，因而产生空心。其他如早期抽薹、开花或延迟收获，或贮藏在高温干燥的场所，也会使萝卜失去大量水分而空心，此空心与品种、播种期、栽培条件等也密切相关，凡肉质根松软、生长快、细胞中糖分含量少的大型品种均易糠心，播种过早、水肥供应不当也容易使萝卜空心。因此，因品种适时播种，适时收获并保证均匀供水，是防止萝卜空心的有效措施。

裂根：造成萝卜裂根的原因，除选择土壤不适当和整地不细之外，植株生长过程中土壤水分不匀也是重要原因之一。例如，在萝卜生长前期，高温干旱而又供水不足，其肉质根的周皮层组织硬化，如到生长中后期温度适宜，水分充足时，则其木质部薄壁细胞再度膨大，而周皮层细胞已不能相应地生长，就会出现裂根现象。或是在肉质根肥大过程中，水分供应不均匀，先干后湿，也会引起肉质根内部细胞膨大的速度超过外层细胞而产生破裂现象，所以，栽培萝卜不要选择黏土地，在萝卜生长前期如遇到干旱要及时浇水，到肉质根迅速膨大时期更要均匀供水，才能避免肉质根的开裂。

杈根（岐根）：其主要原因是由于主根生长点被破坏或主根生长受到阻碍，致使侧根膨大所形成的。在正常的条件下，萝卜侧根的功能是吸收水分和养分。但是，如果土壤耕作层坚硬，或者耕作层太浅，或者耕作层土壤中有石砾阻碍肉质根的生长，或者施用未腐熟的有机肥料并且施得不匀，或者土壤溶液浓度过大，或者将种子播在粪块上而使主根的生长点受到损伤，均会引起肉质根分杈，使侧根变成贮藏根。此外，种子贮藏时间太长，尤其是在高温条件下，萝卜的胚根受到损伤，或者因雨涝、中耕、移栽、病虫危害等原因损伤了主根，也都会产生杈根。因此，要预防萝卜产生杈根，就必须从栽培技术方面根除产生杈根的各种因素。

味辣：萝卜的辣味，是由于肉质根中芥辣油含量增高所引起的。若天气炎热，播种过早，肥水不足，土壤瘠薄，过度干旱及发生病虫害等，使萝卜的肉质根不能充分肥大，辣味就会增加。因此提高栽培技术，为萝卜创造和选择适宜的环境条件，特别是选择适宜土壤，保证肥、水供应，是防止或减少辣味产生的最有效措施。

味苦：萝卜的肉质根中含有苦瓜素，容易产生苦味。瓜素是一种含氮化合物。萝卜肉质根中的苦瓜素的增多，往往是由于施用氮肥过多而磷、钾肥料不足引起的。如果追肥时单用硫酸铵等氮肥，并且用量又过多，萝卜的苦味就会增加，因此预防萝卜味苦，需注意氮、磷、钾肥配合施用。

未熟抽薹：在肉质根尚未膨大前，若遇到了低温长日照的条件，即满足了阶段发育的需要就会发生未熟抽薹现象，导致光合产物不再向肉质根运输贮藏，而转向抽薹、开花，使萝卜失去食用价值。抽薹与否取决于品种特性和外界环境条件的影响。

6. 收获　萝卜的收获期依品种、栽培季节、用途和供应要求而定。一般当田间萝卜肉质根充分膨大，叶色转淡渐变黄绿色时，为收获适期。春播和夏播的都要适时收获，以防抽薹、糠心和老化，秋播的多为中、晚熟品种，需要贮藏或延期供应，可稍迟收获，但须防糠心、防受冻。一定要在霜冻前收获。

十一、胡萝卜

胡萝卜是伞形科胡萝卜属的二年生蔬菜，原产于中亚细亚，在元朝时传入我国。它适应性强，生长健壮，病虫害少，管理省工，且耐贮藏运输，供应期长。在胡萝卜的肥大肉质根中富含胡萝卜素和糖分，营养价值高，其味甜美，除煮食外，也可鲜食、炒食和腌渍，还可制干及罐藏外运销售。另外叶和肉质根也是良好的饲料。

（一）类型与品种

胡萝卜肉质根形状上的变异虽没有萝卜那样大，但肉质根的色泽却是多种多样的，有红、黄、白、橙黄、紫红和黄白等色数种，肉质根红色愈浓的含胡萝卜素愈多，红色胡萝卜比黄色胡萝卜中胡萝卜素的含量多十倍以上，而在白色胡萝卜中则缺乏胡萝卜素。生产上应选择肉质根肥大，外皮肉层、中心皆为红色，且心柱较细、产量高、抗病性强的品种。

（二）栽培季节与适宜播期

由于胡萝卜有营养生长期长，幼苗生长缓慢且耐热，肉质根喜冷凉而又耐寒的特性，所以可比萝卜提早播种和延迟收获。生产上一般分春、秋两季栽培，以秋季为主。秋季生产一般在 7 月播种，11 月上、中旬封冻前收获完毕；为了调节市场供应，胡萝卜也可以进行春播夏收，春播须选用抽薹晚、耐热性强、生长期短的品种，根据胡萝卜种子发芽最低温度要求（4～8 ℃），一般在平均气温 7 ℃时进行春播。

（三）土壤选择与整地作畦

栽培胡萝卜应选择在富含有机质、土层深厚松软、排水良好的沙壤土或壤土上种植，应尽可能不要连作。夏、秋栽培多利用小麦、大蒜、洋葱、春甘蓝等茬地，于前作收获后大犁深翻晒垡备用。胡萝卜苗期长，幼苗生长缓慢，肉质根入土深，吸收根分布也较深；同时种子小、发芽困难。所以除深耕，促使土壤疏松外，表土还要细碎、平整，结合深耕及时施入基肥。胡萝卜的施肥，应掌握基肥为主、追肥为辅的原则，并且必须用充分腐熟的有机肥料，否则岐根增多，影响品质与产量。一般每亩施入 400～500 千克生物有机肥或沼渣 2 500 千克或腐熟粪肥 2 500 千克或厩肥 4 000千克。另外根据情况还可施入 50 千克氮、磷、钾复合速效化肥。

传统胡萝卜栽培通常采用平畦栽培，一般畦宽 1～2 米，畦长可根据土地平整情况和浇水条件灵活掌握，以便于管理为原则。近年来改平畦为小高垄栽培，可以显著提高产量和改善产品品质。整地时，用 40%的毒死蜱乳油 1∶20 拌毒土撒垡头，每亩用量 30～40 千克，或用 10%吡虫啉 1 500 倍液拌炒香的麦麸撒施，诱杀地下害虫（如地老虎、地蛆、蛴螬、根结线虫、蝼蛄等）。

（四）播种

由于胡萝卜种子外皮为革质且厚，含挥发性油，又有刺毛，一般播后表现为吸水和透气性差，胚小长势弱，发芽慢，发芽率低。为了保证胡萝卜出土整齐和苗全，需要采取相应的措施：首先注意种子质量和发芽率，播前先作发芽试验，以确定合理的播种量；其二在播种前搓去种子上的刺毛，以利吸水和匀播；其三采用浸种催芽的方法即在播种前 7～10 天将带刺毛的种子用 40 ℃水泡 2 小时，而后淋去水，放在 20～25 ℃条件下催芽，催芽过程中还要保持适宜的湿度；定期搅拌种子，使温、湿均匀，当大部分种子的胚根露出种皮时即可播种，浸种催芽可以早出苗 4 天左右。

胡萝卜可以采用条播或撒播。条播行距为 16～20 厘米，播种深度在 2 厘米左右，每亩用种量 0.75 千克。撒播时，通常将种子混以 3～4 倍细土，均匀播下，浅锄或覆土后加以镇压。每亩用种量需 2.5 千克。催芽的种子播后若温度条件适宜，经 10 天左右即可出土。

起垄种植单行宽度不低于 65 厘米，秋季直接起垄，单行垄宽 70 厘米，春季种植时如果要扣膜，两边要多留 20 厘米，需先种植后扣棚，双行种植每垄宽 1.3 米左右，将种子用机械编绳机器编成种子带（线盘），用编线精播一体机播种，秋季播种穴距 3 厘米左右，每穴编制 2～3 粒种子。

（五）田间管理

1. 喷除草剂　胡萝卜苗期生长缓慢，从播种至 5～6 叶需要 1 个多月时间，易滋生杂草，除草困难，常形成草荒。因此，在播后及时喷施除草剂进行化学除草是主要高产措施之一，否则在严重的杂草竞争下，将减产 30％～60％。一般在播后苗前进行，秋季播种后 4 天内喷药，可施用二甲戊灵、噁草酮、除草醚、扑草净、农思它、恶草灵等除草剂除草。

2. 间苗、中耕　胡萝卜第一次间苗在 1～2 片真叶时进行，留苗距 12～14 厘米。间苗可与除草、划锄中耕同时进行。胡萝卜的须根主要分布在 6～10 厘米深的土层中，中耕不宜过深，每次中耕时，特别是后期，应该注意培土，最后一次中耕在封垄前进行，并将细土培至根头部，以防根头膨大后露出地面，皮色变绿影响品质。春季起垄种植单粒 6 厘米株距编线的不用剔苗；一穴双粒或三粒编线要及早剔苗或分两次剔苗；夏季最好分两次间苗，五片叶最终定苗；耧播的种子分两次间苗。间苗不可过晚，过晚间苗容易带出旁边的植株，引起缺苗。

3. 灌溉与追肥 播种后，如果天气干旱或土壤干燥，可以适当浇水，尤其是起垄种植，出苗期间要注意小水勤浇，避开高温时间段浇水。秋季起垄种植要注意控水，间苗后就要控制浇水进行蹲苗，促进主根拉长，大约需要控水 15～20 天，浇水前拔出苗子看一下，根系有 20 厘米左右时开始浇水，以后见干见湿浇水就行。不控水，会出现根短、产量低的情况；过分控水会导致胡萝卜超长；一般长的品种控水时间短或不控水，短的品种一定要控水而且适当加长控水时间。肉质根膨大时，需水量增加，应保持田间湿润，但不要大水漫灌。从定苗到收获，一般进行 2～3 次追肥。第一次在定苗前后施用，以后每隔 20 天左右追肥一次，连追 2 次。由于胡萝卜对土壤溶液浓度很敏感，追肥量宜少，最好结合浇水时进行，一般每亩每次用沼液 150～200 千克，或硫酸铵 7～8 千克，并适当增施钾肥。生长后期不可水肥过多，否则易导致裂根，也不利于贮藏。

4. 收获 胡萝卜肉质根的形成，主要是在生长后期，越接近成熟，肉质根的颜色越深，甜味增加，粗纤维和淀粉逐渐减少，品质柔嫩，营养价值增高。所以，胡萝卜宜在肉质根充分膨大成熟时收获。过早则达不到理想的产量和品质，一般在 10 月下旬到 11 月上旬。收获也不宜过晚，以免肉质根受冻，不耐贮藏。

十二、茄子

茄子原产于印度，传入我国栽培已有 1 000 多年历史，在各地城乡栽培普遍。春夏两茬种植，产品夏秋上市，是传统的栽培方式。近年来，随着塑料大棚和日光温室的发展，茄子保护地生产日益受到重视，冬春二季也有产品上市，开始形成了四季无缺的产供局面。

（一）品种类型

按照茄子的植株形态和果实形状可将栽培品种划分为圆茄、矮

（卵）茄和长茄 3 个类型。

1. 圆茄 圆茄品种植株高大健壮，茎秆粗，叶片大，长势旺。果型大，有圆形、长圆形和扁圆形之分，肉质紧密，多为中、晚熟品种。株高可达 1 米左右，开展度可达 1.2 米。门茄着生于第九节，果实圆形略长，重 0.5～1.0 千克，皮色紫红，肉细色白。适应性强，耐热，较抗病。每亩产量可达 3 000～5 000 千克。

2. 矮茄 矮茄品种植株较矮小，长势中等或偏弱，果实较小，呈卵圆形，肉质松软，多为早、中熟品种。一般植株长势中等，高 60～70 厘米，开展度约 70 厘米。一般亩产 3 000～4 000 千克，高产的可达 5 000 千克以上。

3. 长茄 长茄类植株分枝较细，长势中等。果实细长，肉细嫩松软，多为中早熟品种，在南方各省栽培较多，一般株高 70～80 厘米，开展度 90 厘米左右。果长 38～44 厘米，横径 2.5～3.0 厘米。单果重 100 克左右，外皮深紫色。耐热性较强，较抗褐纹病。近年一些科研单位育成了一批优良的杂交种，在生产上栽培面积越来越多。

（二）栽培方式

在河南省茄子的露地栽培也分为春茬和夏茬。春茬冬季温室育苗，断霜定植，6 月中旬开始采收，7 月底拉秧。夏茬 2 月中旬至 3 月上旬育苗，5 月上旬至 6 月上旬定植，产品从 8 月中旬上市延续到霜降节前。保护地栽培则以越冬茬和早春茬为主。

（三）春茬茄子栽培技术

1. 品种选择 早熟、高产是茄子春茬栽培的目标。因此要选用现蕾开花早、果实发育快、增产潜力大的品种。

2. 育苗 茄子幼苗生长缓慢，对温度的要求较高，催芽比较困难，可采用 70～80 ℃高温烫种，烫种后在室温下浸种 24 小时，然后将种皮上的黏液反复搓洗干净，置 25～30 ℃下催芽。茄子播种后的保温保湿非常重要，如床温能维持较高水平，则育苗期就可缩短，育苗温度尤其是土温，最好保持在 15 ℃以上，土温过低，根系发育不良，易发生病害。土床育苗床土宜肥沃，尤其是速效性氮肥应保持在 100 毫克/千克以上。茄子苗龄一般为 90 天左右，以幼苗具有 10 余片叶并见小花蕾时定植为宜。其注意要点：①茄子秧苗生长较慢，苗龄需 90 天以上，因此播种期应提早；②种子的种皮坚硬，吸水缓慢，浸种时间不能短于 12 小时；③种子萌发需氧量较大，浸种结束后一定要晾去表面水膜方能催芽；④一般品种催芽时间需 6～7 天，低温处理对促进萌发效果最佳；⑤单株分苗；⑥整个育苗期地温和气温的控制昼温应保持 20～25 ℃左右，夜温保持 17 ℃。

3. 栽培地块准备与定植　种植田的地膜、垄较宽，一般 1.2～1.3 米一垄。一垄双行，株距 40～50 厘米，若实行早摘心措施，株距可缩小到 30 厘米。茄子根系的再生能力弱于青椒，定植时的护根措施更应强调。

4. 田间管理　浇水的原则是先控后促。在门茄直径 3 厘米以前一般不浇水，此后至开始采收见干见湿，盛果期见干即浇，但不宜大水漫灌。追肥一般进行 3 次，即门茄、对茄、四母斗坐果后各 1 次，每次每亩施尿素 10～15 千克。

5. 植株调整　门茄坐果前后，每株保留 2 个杈状分枝，主茎上的其余侧枝全部抹除。门茄以上的分枝一般任其生长。当田间封垄后，结合采果，可将下部的老叶、黄叶及病叶去除，以减少养分消耗，利于通风透光。茄子栽培一般都实行摘心措施，借以控制分枝增长，促进果实发育，但摘心的早晚要视田间密度大小而定。一般每株留 8～10 个果即行摘心，高密度的可只留 5～6 个果就摘心。

6. 采收　茄子以嫩果为产品，适时采收最为重要。过早采收影响产量；采收偏晚，不但品质差，同时对上部坐果也不利。适宜的采收标准是开花后 20～25 天，外部形态的指标是近萼片处的白色环带由宽变窄，近环带处的果色由亮变暗，即表明果实快速增长期已过，即可采收。为了照顾植株健壮生长，门茄可适当早收。

（四）夏茬茄子栽培技术

茄子夏茬栽培大多接大蒜、油菜、小麦等茬口，其栽培要点如下：

1. 品种选择 一定要选用耐热、抗病、长势健旺的中晚熟高产品种，如安阳大红茄等品种。

2. 育苗 育苗技术参照春茬茄子育苗技术。

3. 定植 一般采用单行高垄栽培，行距 70~80 厘米，株距 45~55 厘米，亩定植 1 800 株左右。

4. 肥水管理 施足底肥，在追肥时以氮肥为主，铵态氮肥最好，但要配施适量的磷钾肥，以防植株徒长，影响坐果。

5. 田间管理 围绕一个"促"字进行，早灭茬、早追肥、小水勤浇、实时中耕。

6. 适时采收 外部形态的指标是近萼片处的白色环带由宽变窄，近环带处的果色由亮变暗，即表明果实快速增长期已过，即可采收。

十三、菠菜

菠菜耐寒性很强，且适应性广，是春、秋、冬季的重要蔬菜之一。

（一）品种类型

菠菜根据叶形可分为尖叶型（有刺种）、圆叶型（无刺种）和大叶型菠菜。

1. 尖叶型菠菜 叶柄长，叶片窄小而平整，先端较尖，种子有刺。耐寒性强，多作越冬栽培，一般亩产 2 000~2 500 千克。

2. 圆叶型菠菜 叶片大而厚，呈卵圆形，叶柄短，种子圆形无刺，抗寒力弱，较耐热，多作春秋季栽培。

3. 大叶型菠菜 从国外引进品种，株高 24~26 厘米，开展度 45 厘米×45 厘米，叶片阔，箭头形，先端钝尖，叶片有皱纹，肥厚，质嫩，质好，种子圆形无刺，耐热，不耐寒，春秋季均可栽培，春播抽薹晚。

（二）栽培季节

菠菜耐低温，又有较强的适应性，一般除炎夏外，其他季节均可露地栽培，在适宜播种季节还可利用不同品种排开播种，以延长供应期，中原地区以越冬茬栽培最多，产量高、品质好。菠菜主要栽培茬次有以下几种：

1. 早春菠菜 适用圆叶品种，2月下旬至3月下旬播种，4月中旬至5月中旬收获。需催芽后播种。

2. 春菠菜 适用圆叶品种，4月上旬至5月上旬播种，5月上旬至6月下旬收获。

3. 早秋菠菜 适用尖叶或圆叶品种，8月播种，10月下旬至11月上旬收获。需低温催芽后播种。

4. 秋菠菜 适用尖叶品种，9月播种，11月下旬至12月上旬收获。

5. 越冬早菠菜 适用尖叶品种，10月上旬至11月下旬播种，翌年2月上旬至3月上旬收获。

6. 越冬菠菜 适用尖叶品种，11月上旬播种，翌年4月上旬收获。需浸种催芽后播种。

（三）越冬菠菜栽培技术

越冬菠菜又称根茬菠菜，以幼苗露地越冬，次春返青生长，3～4月陆续上市。

1. 整地施肥 前茬多为麦茬茄子、早夏菜及早秋甘蓝、秋菜豆等。腾茬后，及时深耕细耙，并施足底肥，一般亩施有机肥3 000～4 000千克。作畦备播，畦宽1.2米左右。

2. 播种 越冬菠菜必须适期播种，一般应掌握冬前植株停止生长时，具有4～6片真叶为宜，有利于安全越冬，中原地区一般10月上旬至11月上旬均可播种，宜选尖叶品种。

菠菜一般应等行条播或采用撒播。由于菠菜出土慢，播种前可行浸种催芽。种子用凉水浸种12～24小时，淘洗干净，捞出置于15～20℃温度下催芽，上盖湿麻袋保湿，3～5天即可发芽。也可以浸种后直接播种，条播行距10～15厘米、深2～3厘米；撒种时可先在畦内起3厘米厚土，放于相邻的畦，然后耧平浇水撒籽，再覆土，依次进行。菠菜每亩的播种量为4～5千克。

3. 田间管理

（1）冬前管理。冬前以培育适当壮苗、提高抗寒能力为目的，播种后须保证出苗所需的水分。当大部分种子即将出土时，可浇一水促齐苗。出苗后应保持地面湿润，不能缺水。1 片真叶后可适当控水，促使根系下扎，有利越冬。以后根据苗子生长状况，进行浇水和追肥，以促苗生长，增强抗低温能力。

（2）越冬期管理。越冬期主要工作是防寒保温，防止死苗。首先土壤冻结前要浇好封冻水，以土壤夜间冻结、中午融化为浇冻水适期。另外，若有条件可在土地封冻之前设置风障，并覆盖圈肥、炉渣灰等，有利于安全越冬，翌春也可提早上市。

（3）返青期管理。返青后随气温的升高，叶部生长加快，但温度升高及日照加长会越来越有利于抽薹，因此此期要水肥齐攻，加速营养生长。土壤解冻，气候趋于稳定，表土已干，应选晴朗天气及时浇一次返青水，结合浇返青水追施一次速效氮肥，亩施尿素10 千克或硫酸铵 15～20 千克，植株恢复生长后，要保持土壤湿润，不可缺水，植株旺长期再补肥一次。

（4）收获。当小片叶基本长成，可间拔大株分批上市，到田间开始抽薹时及时全部铲收。

（四）春、秋菠菜栽培技术要点

春菠菜宜选用抽薹迟的圆叶品种，尽量争取早播。早期以保墒为主，少灌、轻灌以防温度过低。2～3 片真叶后肥水齐攻，以促生长、防早抽薹。

秋菠菜宜在立秋后播种，如提早播种应适当减少播种量，并注意防止抽薹，一般亩产 2 000～2 500 千克。

十四、芹菜

芹菜为伞形科植物，含有丰富的维生素、矿物盐及挥发性芳香油，具有特殊香味，能促进食欲，为广大群众所喜爱，在各地广为栽培。结合保护地栽培，基本上可以做到周年供应。

（一）品种类型

我国栽培的芹菜可分为本芹和洋芹两种。本芹为我国长期栽培的品种群，叶柄细长；洋芹又称西芹，为我国引入品种，叶柄宽厚肥嫩。

（二）栽培季节

芹菜在河南省一年四季都有种植，由于芹菜喜凉爽气候，故以秋芹栽培产量高，品质好，栽培面积较大。芹菜还适于塑料薄膜覆盖栽培。利用不同的栽培方式，基本上可以周年供应。其茬次安排有：春芹菜3月直播，5～7月收获；夏芹菜5月直播，8～10月收获；秋芹菜5月下旬至6月下旬播种，8月定植，11月至翌年2月收获，可冬贮；越冬芹菜8月上中旬播种，10月下旬至11上旬定植，翌年4～5月收获；拱棚芹菜7月上中旬播种，9月定植，翌年3～4月收获；大棚芹菜8月上中旬播种，9月下旬至10下旬定植，翌年2～3月收获。

（三）秋芹菜栽培技术

芹菜有春、夏、秋、越冬芹菜等茬口，以秋芹菜栽培茬面积最大。其栽培技术如下：

1. 育苗　秋芹菜的播期正值高温季节，环境条件对种子萌发及幼苗生长都不利，直播后管理较困难，不利培育壮苗，故多采用育苗移栽。

（1）苗床准备。苗床应选择排灌方便的地块，并多施充分腐熟且过筛的有机肥，浇水造墒后深翻细耙，作成畦。

（2）种子处理。芹菜因高温易出苗慢出苗不齐，因此播前应进行低温浸种催芽，先用凉水浸种24小时，经揉搓淘洗干净后捞出，用湿布包好，放于15～20℃的冷凉环境下催芽，大约7～8天，待大部分胚根露出时即可播种。

（3）播后管理。播种宜选择傍晚温度低时下种。采用湿播法，覆土要薄，最好掺入部分细沙覆盖，亩用种量为72～100克，每亩需要苗床70平方米左右。

播种后可在苗床上架设覆盖物，遮阴降温。畦间要保持湿润，以保证幼苗顺利出土，苗出土后逐渐揭去遮阴物，加强对幼苗的锻炼，最好在傍晚或阴天揭，以免烈日晒伤幼苗。水分管理以保持土壤湿润为宜，可利用早晚时间采取勤浇、少浇水的措施，水分不可过多，否则易引起秧苗徒长，不利根系下扎。苗期间苗 1～2 次，保持 3 厘米苗距，结合间苗及时除草，3～4 片真叶时随水追施少量速效性氮肥。苗龄 40～50 天，4～5 片真叶时定植。

有些地方采取芹菜、小白菜混播，小白菜出苗快可为芹菜遮阴，待芹菜出苗后再拔掉小白菜，或利用黄瓜架或豆角架遮阴，在架下育苗，效果较好。

2. 定植　8 月为秋芹菜定植适期。前茬多是早夏菜，如番茄、黄瓜、豇豆等。收获后要及早腾茬并进行深耕细耙，施足基肥。宜采用平畦，栽植密度根据品种特性而定，植株开展度大而高的品种应稀些。一般行株距 12～15 厘米，每穴 2～3 株，或采用 10 厘米×10 厘米株行距单株栽植。

定植时秧苗需按大小分级，分片栽植，对过大秧苗和根系过长的秧苗，可剪去叶片的上半部和过长主根（主根宜保留 4 厘米长）。这样可以减少蒸发面积、促发侧根，有利于缓苗。栽植深度以不露根、不埋心为宜。定植后立即浇水。

3. 田间管理　芹菜定植后，一般有 15～20 天的缓苗期，此期温度尚高，宜小水勤浇，保持土壤湿润，又降低地温，对缓苗有利。当植株心叶开始生长，可结合浇水追施少量化肥，促进根系和叶的生长。

缓苗后，要控制浇水，进行中耕，蹲苗 15 天左右，以利根系下扎，防止外叶徒长，促进心叶的分化。一般当地皮发干时应及时浇水。结束蹲苗之后，气候渐渐凉爽，植株生长量增大，进入旺盛生长期，此时要加强肥水供应，结合浇水追施速效性氮肥、钾肥，以后分期追施 2～3 次，注意适当配合磷肥。每隔 3～4 天浇水一次。秋分以后气温渐低，浇水次数要减少，用于贮藏的芹菜，收获前 7～10 天停止浇水。

4. 收获　芹菜在立冬前后可陆续采收上市，冬贮芹菜在不受冻的情况下应适当延迟收获，但须掌握在气温降至 −4 ℃前收完，以免受冻。

十五、黄瓜

（一）选用良种

根据不同栽培季节选用适宜品种。如越冬茬黄瓜宜选用津优30、津优 32、中农 21、博耐、兴科 8 号等耐低温弱光、高抗病的高产优质品种。

（二）适时播种

根据不同茬口确定适宜播期。如越冬茬黄瓜从播种至结瓜初盛期约需 92 天，黄瓜销售量开始较大幅度增加，价格较高的时期是在大雪前后 10 天，即 12 月上旬，所以，一般 9 月中旬为黄瓜适宜播种期。

（三）培育壮苗

黄瓜持续结瓜能力较强，其中，前期产量仅占总产量的 40%左右，而经济收益却占总收益的 60%以上。所以应注重培育壮苗，促进花芽分化，增加雌花。

1. 育苗设施的选择及准备　选择日光温室或智能温室作为育苗场所，靠近棚边缘 1.5 米处不作苗床，为作业走道及堆放保温物，中间 5 米作为苗床。苗床地面可铺设土壤电热加温线，也可在温室内设立加温管道或其他设施。使用 32 穴塑料穴盘或营养钵作为育苗容器，平底塑料盘作为接穗苗培育容器，其他辅助设施有催芽箱、控温仪、薄膜等。

2. 种子处理及催芽　播种前先将种子放入到 55～60 ℃的热水中浸 20～30 分钟，热水量约是种子量的 4～5 倍，并不断搅动种子。水温降至 25～30 ℃时浸泡 4～6 小时。日本杂交南瓜或黑籽南瓜要适当长些，浸泡 6～8 小时。待种子吸水充分后，将种子反复搓洗，用清水冲净黏液后凉干，放于 25～30 ℃条件下催芽。催芽过程中，每天用 20 ℃左右温水淘洗，催芽 2～3 天，待 80%露白即可播种。

3. 育苗基质配制

（1）穴盘育苗基质配制。基质一般采用草炭、蛭石、珍珠岩，三者比例为 3：1：1，每立方米基质拌入三元复合肥 1.5 千克，多菌灵可湿性粉剂 250 克，调配均匀备用，穴盘育苗。

（2）苗床营养土配制。用腐熟的农家有机肥 3～4 份，与肥沃农田土 6～7 份混合，再按每立方米加入尿素 480 克、硫酸钾 500 克、过磷酸钙 3 千克、70%甲基硫菌灵可湿性粉剂和 70%乙磷铝锰锌可湿性粉剂各 150 克，拌匀后过筛，配制能促进壮苗和增加雌花的苗床营养土，营养钵育苗。以黑籽南瓜为砧木嫁接，培育壮苗，注意防治枯萎病等土传病害。

4. 播种及苗床管理 黄瓜播种应选择晴天上午，黑籽南瓜要比黄瓜早播种 2 天。播种时应做到均匀一致，播前浇足底墒水。覆土不能太厚也不能太薄，太厚时种子出土困难，太薄种子又容易带帽出土。黄瓜的覆土厚度掌握在 1～1.5 厘米，黑籽南瓜掌握在 2～2.5 厘米左右。

播种后立即用地膜覆盖苗床，增温保墒，为种子萌发创造良好的温湿条件。播种后要保证较高的温度，一般控制在 25～30 ℃之间，出苗后温度可适当降低，以防止幼苗徒长。苗床土壤湿度控制在 75%左右，保持床面见湿少见干。幼苗出土后到嫁接前间隔 4～5 天喷洒一次 50%甲基硫菌灵可湿性粉剂 500 倍液或 50%多菌灵可湿性粉剂 500 倍液。

5. 嫁接及嫁接苗的管理

（1）嫁接适期。在砧木和接穗适期范围内，应抢时嫁接，宁早勿晚。砧木的适宜嫁接状态是子叶完全展开，第一片真叶半展开，即在砧木播种后 9～13 天；接穗黄瓜苗刚现真叶时，即在黄瓜播种后 7～8 天为嫁接适期。

（2）嫁接方法。目前生产上应用较多的方法为插接，该法接口高，不易接触土壤，省去了去夹、断根等工序，但嫁接后对温湿度要求高。嫁接时，先切除砧木生长点，然后竹签向下倾斜插入，注意插孔要躲过胚轴的中央空腔，不要插破表皮，竹签暂不拔出。把黄瓜苗起出，在子叶以下 8～10 毫米处，将下胚轴切成楔形。此时拔出砧木上的竹签，右手捏住接穗两片子叶，插入孔中，使接穗两片子叶与砧木两片子叶平行或呈十字花嵌合。

（3）嫁接后管理。嫁接后覆盖薄膜保墒增温。嫁接后1～2天是愈伤组织形成期，是成活的关键时期。一定要保证小拱棚内湿度达95％以上，白天温度保持25～30℃。前两天应全遮光，3～4天后逐渐增加通风，逐步降低温度。一周后，白天温度23～24℃，夜间18～20℃，只在中午强光时适当遮阴。定植前一周降至13～15℃。如果砧木萌发腋芽，要及时抹掉，调节好光照、温度和湿度，提高成活率。10天后按一般苗床管理。

适龄壮苗的形态特征：日历苗龄35～45天，3～4片真叶，株高10～15厘米。茎粗节短，叶厚有光泽，绿色，根系粗壮发达洁白，全株完整无损。

(四) 定植

黄瓜定植一般采用宽窄行高垄栽培，宽行80厘米，窄行50厘米，于宽垄间挑沟呈"V"形。双行定植，在垄面上按株距30厘米开穴，穴内浇水，待水渗下后将黄瓜苗定植在穴内。然后覆盖银白色地膜，破膜放苗，并用土封严膜口。

(五) 田间管理

1. 结瓜前管理　此期历经40～50天，管理主攻方向：防萎蔫，促嫁接伤口愈合和发新根。保护地黄瓜定植后3天内不通风散湿，保持地温22～28℃，气温白天28～32℃，夜间20～24℃；空气相对湿度白天85％～90％，夜间90％～95％。3天后若中午前后气温高达38～40℃时，要通风降温至30℃，以后保持温室内白天最高气温不超过32℃，并逐渐推迟关闭通风口和下午盖草帘的时间，夜间气温不高于18℃。

缓苗后至结瓜初期，每天8～10小时光照；勤擦拭棚膜除尘，保持棚膜良好透光性能；张挂镀铝反光幕，增加光照。温室内气温白天24～30℃，夜间14～19℃，凌晨短时最低气温10℃。在地膜覆盖减轻土壤水分蒸发条件下，通过适当减少浇水，使土壤相对湿度保持在70％～80％。寒流和阴雪天气到来之前要严闭温室，夜间在盖草帘后，再覆盖整体塑料膜。及时扫除棚膜上积雪，揭膜后适时揭草帘。白天下小雪时，也应适时揭草帘，争取温室内有弱光照。为了保温，一般不放风，但当温室内空气湿度超过85％时，于中午短时放风排湿。连阴雪天骤然转晴后的第一天，一定不要将草帘等不透明覆盖保温物一次全揭开，应"揭花帘，喷温水，防闪秧"，即将草帘隔一床或隔两床多次轮换揭盖。当晴天时黄瓜和苦瓜植株出现萎蔫时，要及时盖草帘遮阴并向植株喷洒15～20℃的温水，以防止闪秧死棵。

2. 结瓜期管理 黄瓜第一个瓜俗称"根瓜"，根瓜不要坐的过早，否则根系发育较小，影响单株结瓜产量。夏季掌握在8片叶以后坐根瓜，冬季掌握在12片叶坐根瓜。以后总体掌握单株有三个瓜，一个即将成熟、一个正在生长、一个坐稳瓜。一般越冬茬黄瓜结瓜期为12月上中旬至翌年4月下旬。

光照管理：一是适时揭、盖草帘，尽可能延长光照时间。以盖草帘后4小时温室内气温不低于18℃和不高于20℃为宜。二是勤擦拭棚膜除尘，保持棚膜透光率良好。三是在深冬季节于后墙面张挂镀铝反光幕，增加温室内光照。四是及时吊蔓降蔓，调蔓顺叶，去衰老叶，改善田间透光条件。五是遇阴雨阴雪天气时，也应尽可能争取揭草帘采光。

温度管理：深冬（12月至翌年1月）晴天和多云天气，温室内气温，凌晨至揭草帘之前9～11℃，揭草帘后至正午前2小时16～24℃，中午前后28～32℃，下午12～28℃，上半夜17～20℃，下半夜12～16℃，凌晨短时最低温度10℃。深冬连阴雨雪、寒流天气，温室内气温，上午12～18℃，中午前后20～22℃，下午18～20℃，上半夜15～18℃，下半夜10～15℃，凌晨短时最低温度8℃。春季晴天和多云天气，温室内气温，白天上午18～28℃，中午前后30～34℃，下午24～28℃，上半夜18～22℃，下半夜14～17℃，凌晨短时最低温度11℃。

水肥供应：黄瓜虽然喜肥却不耐肥，如果施肥不合理、养分过量或者缺乏营养都会影响黄瓜的正常生长及发育，所以必须了解黄瓜的施肥原则。一是施足底肥。黄瓜种植基肥需重施有机肥，以增强土壤肥力，这有利于黄瓜苗期的生长发育。一般每亩有机肥300～500千克、过磷酸钙30千克、复合肥30千克，以促进根系加速发育，增加根系的长度与深度，使幼苗快速生长。二是适时追肥。在黄瓜整个生长阶段，适时追肥对于壮苗、促花、结果都很重要。一般需要追肥4～6次，如追施促苗肥、促瓜肥、盛瓜肥，后期追肥防早衰等。每次追肥量不宜太多，苗期用聚谷氨酸螯合钙镁5千克＋尿素硝铵溶液5千克，促瓜期用尿素硝铵溶液5～8千克，盛瓜期用氮磷钾水溶液5～8千克，后期用聚谷氨酸螯合钙镁3千克＋尿素硝铵溶液5千克冲施。

巧施叶面肥：在黄瓜的苗期、结果期要适时喷施叶面肥。一般每隔8～12天叶面喷施1次米醋＋聚谷氨酸＋缓释氮肥＋亚磷酸钾＋钙镁锌硼溶液，能起到促瓜促秧、延长瓜果采收期、预防早衰的作用。

掌握"前轻、中重、三看、五浇五不浇"的水肥供应原则。所谓"前轻、中重"，是第1次黄瓜采收后浇水，浇水间隔12～15天，隔1水冲施1次肥，每次每亩冲施尿素和磷酸二氢钾各5～6千克；进入结瓜盛期，8～10天浇1次水，每次每亩随水冲施高钾高氮复合肥8～10千克，并喷施叶面肥，可选用氨基酸液肥，兑水500倍液，均匀喷洒。还可于晴天9:00～11:00追施二氧化碳气肥。所谓"三看、五浇五不浇"，是通过看天气预报、看土壤墒情、看黄瓜植株长势来确定浇水的具体时间。做到晴天浇水，阴天不浇；晴天上午浇水，下午不浇；浇温水，不浇冷水；地膜下沟里浇暗水，不浇地表明水；小水缓流沤浇，不大水漫浇。

（六）设施黄瓜病害防治

设施黄瓜病害一般情况下，以霜霉病、炭疽病、角斑病和真菌性叶斑类为主线，用药上分清主次，配合使用，尽量减少喷药次数。预防期夜里用10％百菌清烟雾剂烟雾杀菌，标准棚室（高2～28米，跨4米以上）每亩用200～300克烟熏，严重时白天再用嘧霉·多菌灵＋硫酸链霉素喷雾；霜霉病发生时，采用1.8％辛菌胺＋20％噻菌铜悬浮剂或多抗霉素25％络氨铜、77％氢氧化铜粉剂、30％琥胶肥酸铜＋瑞毒霉可湿性粉剂 1 000 倍液喷雾。炭疽病、叶斑病则选用 25％络氨铜水剂 600 倍液喷雾。黑心病、根腐病等选用 80 亿单位地衣芽孢杆菌 500 倍液灌根防治。

第四节　特色蔬菜作物高效栽培技术要点

随着我国经济的发展，人们的生活水平不断提高，对蔬菜的需求由数量型向质量型转变，要求蔬菜品种多样、品质鲜嫩、营养丰富、健康保健等。为此，各地应根据具体情况和条件发展优质高效特色蔬菜，提高蔬菜的品质及其附加值，增强产品的市场竞争能力。

一、簇生朝天椒

（一）簇生朝天椒生育特点

生产上种植的簇生朝天椒，株高 30～60 厘米，分枝多、茎直立，单叶互生；花白色，果实簇生于枝端。单果重 0.45 克左右，簇生朝天椒的特点是椒果小、辣度高、易干制，主要作为干椒利用。性喜温、喜光、不耐寒、怕霜冻，大田生长期 120～135 天。一般株高 40～60 厘米，每株结椒 150～200 个，一株最多可结椒 500 个左右。按常规栽培技术进行种植、管理，春播亩产干椒 250～350 千克。

（二）精心整地待栽

簇生朝天椒根系入土不深，不易生不定根，必须选择耕层深厚、透气性好、排水方便的地块，才能促进根系的发育。簇生朝天椒喜生茬地，切忌连作，种过茄子、番茄、马铃薯等茄科作物的地块，要间隔 4～5 年才能种植，以预防病菌相互传染。夏茬地移栽最好是油菜茬，它不仅比麦茬早，而且油菜根茎呈微酸性，能分解土壤中被固定的磷，增加土壤中有效磷的含量，从而提高簇生朝天椒的结果率。

簇生朝天椒是喜温喜肥作物，施足底肥、加深耕层是取得高产的措施之一。底肥要分层施，应以有机肥为主，氮、磷、钾适当配合。一般每亩施厩肥 4 000 千克左右，过磷酸钙 40～60 千克，碳酸氢铵 30～40 千克，随耕随施，深埋下部。

因为簇生朝天椒不耐旱，又不耐涝，必须起垄栽培，做到旱能浇，涝能排。一般垄宽 30 厘米左右，每垄栽两行，沟宽 60 厘米上下，形成宽窄行定植。起垄时，每亩要条施尿素 3～5 千克，以利壮根。

（三）培育壮苗

育苗是三樱椒早熟高产的基础。一般在大田定植前 60 天左右育苗。小麦茬适宜育苗期在 3 月底至 4 月初，采用阳畦育苗。畦北墙高约 60 厘米，南墙高 10 厘米，每种植 1 亩大田需苗床 20～25 平方米，常规种子需种量 150 克左右；杂交种需种量 50 克左右，如津椒 104、安椒高辣 3 号、丰抗 3 号、红杂 136、津簇 1 号等。床土用 7 份无病肥土与 3 份腐熟的有机肥均匀混合而成。播种前踏实苗床浇透水。种子用 55 ℃的温水烫 10～15 分钟，并不断用洁净的小棍搅动，降温后再浸 4～5 小时。病虫害严重地区可用 54.5% 噁霉·福美双可湿性粉剂，或 50% 氯溴异氰尿酸可湿性粉剂拌土，下铺上盖种子。播种后盖细土 1 厘米厚，立搭架盖塑料薄膜，也可采用种子编绳——绳播技术，出苗更均匀。出苗后及时防风炼苗，4 片真叶时间苗，苗距 4～5 厘米。苗高 20 厘米，12 片叶，茎粗 4 毫米，即为壮苗。在移栽前 7 天控水蹲苗，带土定植。

（四）适期早栽，合理密植

春椒定植在谷雨前后，地温开始稳定在 17～18 ℃时进行。过早苗子易受冻害，缓苗慢，过晚影响产量。油菜茬要大苗移栽，突出一个"早"字，狠抓一个"好"字。麦套簇生朝天椒在 5 月初定植；麦茬簇生朝天椒在 6 月 5 日前后定植。

1. 定植方法　定植簇生朝天椒要看天、看地、看苗。看天，就是要在晴天的傍晚或阴天进行，最忌雨天进行。看地，就是看土壤的墒情，以足墒移栽为好。看苗，就是要选大苗、壮苗，移栽根系发达的苗子，提高成活率。

一般采用一条龙定植法：起苗（多带土，少伤根）、运苗（防止机械损伤）、刨坑（或冲沟或平栽）、浇定植水、栽苗（栽直压实）、浇缓苗水、撒毒饵（防地下害虫）。连续作业，一次完成。只要在定植中环环紧扣，就能一次定植全苗。

2. 合理密植 簇生朝天椒株型紧凑，分枝力弱，不易徒长，又较耐阴，适宜密植。合理密植既能充分利用阳光和地力，使个体和群体得到协调发展，多结椒长大椒，又能早发棵，早结椒，提高辣椒的品质。根据中国农业科学院蔬菜研究所测定，辣椒密植与稀植相比，在高温月土壤温度降低 1～2 ℃，气温降低 2～5 ℃，空气湿度平均增高 13%，降低光照强度，可降低病毒病发生率 19% 左右，病指为 6.4。因此，密度能改变小气候，以株增产，是夺取高产的一项重要技术措施。定植密度常规种双株定植、杂交种单株定植，春椒、麦套椒以每亩 6 000～6 500 穴为宜，麦茬椒以每亩 6 500～7 500 穴为宜。

（五）加强管理，主攻品质

簇生朝天椒是喜温、喜肥、喜水作物，但不抗高温、不耐浓肥、最忌雨涝。根据此特性，对其进行科学管理，定植后要促根发秧，盛果期要促秧攻果，后期要保秧增果。

1. 肥水管理 移栽定植后，由于地温低，根系少而弱，需要浅锄一遍，增温保墒，促根生长，并注意查苗补栽。栽后 10 天左右是返苗期，可每亩施尿素 5～8 千克，追肥后浇小水一次。通过追肥、浇水、浅锄，促使返苗。有条件的可采用喷灌、滴管，肥水一体化种植模式，既可以省水省肥，也可以集中追肥，提高肥效。

在簇生朝天椒中心枝开花坐果后（入伏前后一周左右），侧枝也要进入结果期，这时土壤保持见干见湿状态，以攻秧保果，防早衰，争取在高温来临之前封垄。如果长势不好，为使其果个大、肉厚、产量高，这时要抓紧进行第二次追肥，每亩补施尿素 6～8 千克，并结合追肥进行一次中耕除草。

在盛花期可喷施 200～300 倍的硼砂溶液来提高坐果率。在整个生育期可喷施 300 倍的尿素水溶液、500～800 倍的磷酸二氢钾水溶液，一般能增产 10％左右，提高干椒品质。喷肥还可与防治虫害结合进行，效果更为明显。

高温过后，立秋转凉，植株生长旺盛，秋椒大量坐果，这时应追施少量的速效氮肥，配以磷钾肥。若此时土壤缺墒可进行一次浇水，以促使果实成熟，防止植株贪青，降低品质。

2. 中耕除草和培土 定植后，土壤板结，要浅锄 1～2 次，植株发棵后锄 1 次，在封垄前要注意培土保根，使行间有一条小沟，以利浇水和排涝。

（六）适时采收，分级晾晒

簇生朝天椒成熟比较集中，为了提高干椒的产量和品质，降低青椒率，可分次采收。但因椒个比较小，零星采摘不便，也可在开花后 50～60 天，每株红椒占其总数的 90％时整株摘下，一次性采收。若果实红后不及时采摘，一则，影响上层结果；二则，如遇到阴雨易造成红椒炸皮、霉烂。

春椒在红果占 90％时全部拔下，夏椒在霜降前后开始拔收。具体办法是带椒整株拔起，将土抖落在地里晾晒一晌，然后果朝里根朝外堆成小堆，促使后熟和脱叶，过 3～5 天扒开将其叶片全部抖落，置于通风处晾晒。切忌在阳光下暴晒，以免褪色。

当晾晒到八成干时，可按规格摘下分级，并继续晾晒至干。麦茬椒可在拔棵前 10～15 天，用 40％乙烯利 1 000 倍液，田间喷洒植株催熟，引起落叶变红。采摘分级晾晒，晒干后即可出售。

二、小米椒

（一）小米椒的营养价值

小米椒属茄科辣椒属一年生或多年生草本植物。小米椒是集药用、保健、鲜食于一体的多用途辣椒良种，以成熟果供食，可生食、炒食、干制、腌制和酱渍等。果实富含淀粉、蛋白质和维生素 A、维生素 C。其果味辛辣浓香，具有温中散寒、健胃消食的作用。

（二）播种育苗

培育壮苗是夺取小米椒高产的关键，必须科学育苗。

1. 育苗准备 育苗方式可选择温棚穴盘或苗床育苗移栽。中原地区 1 月上旬育苗播种。亩用种量 15 克（3 000 粒）左右。

苗床应选择背风、向阳、土壤肥沃、取水方便、地下水位低、未栽培过茄科作物的地块。每亩用辣椒苗床地 8～10 平方米。苗床长 7～8 米，宽 1.2 米，高出地面 20 厘米，四周开 20 厘米宽的排水沟。床土要细，并施入腐熟有机肥 75 千克、普通过磷酸钙 2 千克，播种前用 50%多菌灵 500 倍液＋70%硫菌灵 500 倍液进行床土消毒，适当翻动，用薄膜覆盖 5～7 天，然后揭掉薄膜，待药气散尽后即可播种；也可用 1.8%辛菌胺 600 倍液喷洒苗床土进行消毒。

2. 种子处理 播种前将种子放在太阳下（不能直接放水泥地）晒 2～3 天再进行种子处理，处理方法：①温汤浸种。用 55 ℃（二开一冷）的温水浸种，保持 15 分钟，并不断搅拌，冷却后再浸泡 8～10 小时，然后放在 25～30 ℃环境中催芽，有 50%左右的种子"露白"（破嘴）时即可播种。②药剂处理。用 1‰的百菌清拌种干播。

3. 播种 105 孔基质穴盘每穴 1 粒。每平方米标准苗床可播种 150～200 粒。播种前先将苗床浇足底水，待水下渗后耙松表土，将已催芽种子拌少量碎土或细沙均匀撒在苗床上，再盖消毒过筛细土，以盖严种子为度。

4. 苗床管理

（1）温度。播种后，气温低时，苗床上覆盖地膜并加盖小拱棚保温。进入 4 月后，应注意遮阴。

（2）水肥。做到不干不浇水，尽可能保持苗床内较低的空气湿度，使幼苗叶不结露，减少苗期病害发生的机会。需要浇水时要在上午 10～11 点或下午 6 点左右进行，浇水后适当通风。当幼苗形成 2 片真叶时，疏除弱苗和杂草，选晴天泼少量清粪水。

（3）分苗假植。当辣椒苗长到 3～4 片真叶时，选晴天上午 10 点至下午 3 点分苗，分苗间距 9～10 厘米。分苗时应先浇湿苗床利于起苗，栽苗时手握住子叶部位，勿弄伤嫩茎，栽苗宜浅，深度以露出子叶 1 厘米为准，栽后浇定根水，并盖上小拱棚促进缓苗。

（4）病虫防治。苗期主要有猝倒病、立枯病、根腐病、疫病等病害，可选用 25％络氨铜水剂、或 80 亿单位地衣芽孢杆菌水剂兑水后喷雾；虫害主要有小地老虎、蚜虫，可用 4.5％高效氯氰菊酯乳油兑水后喷雾杀灭。

（5）炼苗。根据定植时间的早晚，在移栽前 5～7 天揭去保护设施，进行炼苗。

（三）定植

1. 土壤选择　种植地块应选择通风向阳肥沃、前茬未种植茄果类蔬菜的地块。

2. 整地施肥作畦　深翻晒土，采用高畦窄厢栽培，1.3 米开厢（带沟），畦高 20～25 厘米，沟宽 30～33 厘米。每亩施 3 000～4 000 千克腐熟有机肥加复合肥 30～40 千克沟施，开好厢后覆盖地膜。

3. 定植时间　中原地区 4 月中下旬。

4. 栽培密度　一般宽窄行定植，宽行 1.5 米、窄行 40～50 厘米，株距 33～37 厘米，每亩定植 1 800～2 000 株。

5. 浇水　定植后视天气情况适量浇施定根水。

（四）田间管理

1. 肥水管理　以基肥为主，追肥为辅，辣椒缓苗后宜控制浇水，初花坐果后适当加大浇水量，当植株大量挂果后要充分供水，保持 80％左右的土壤持水量。

（1）水分管理及补苗。椒苗移栽后 7 天左右成活，应及时补苗，视天气情况半个月浇水 1～2 次。辣椒的根分布浅，既不耐旱也不耐涝，因此在雨季应注意田间及时排水，切勿积水，干旱时要早晚浇水。

（2）追肥管理。在施足底肥的基础上，根据不同的生育时期，适时、适量追肥，做到"轻施苗肥""稳施花蕾肥"和"重施果肥"。即辣椒定植成活后 20 天左右，结合中耕灌水施苗肥，切忌过量、过浓，提倡轻施、薄施，视苗情，苗好可不施，苗弱可适当施用清粪水；辣椒现蕾期，需肥量渐多，应抓住这一时机"稳施花蕾肥"，以复合肥 10 千克/亩兑人畜粪水浇施，以促进多分枝，多结果。开花期应控水控肥（特别是氮肥），防止植株徒长引起落花落果。果实膨大期（盛果期）应"重施果肥"，且氮磷钾配合施用，亩施尿素 15～20 千克，普通过磷酸钙 20 千克，硫酸钾 10～15 千克或复合肥 20～25 千克兑清粪水浇施。

（3）叶面施肥。辣椒的生育期和采收期都较长，整个生育期需多次追施清粪水和其他肥料，为防止后期早衰，结果后期可用 0.5%磷酸二氢钾＋0.5%尿素进行根外追肥，或者每采摘 1 次（15 天左右）喷施 1 次 0.4%磷酸二氢钾＋0.3%尿素＋云大 120（1 包）＋氯溴（1 包），提高坐果率，确保稳产、丰产。

2. 中耕除草　辣椒的肥水管理应结合中耕除草，在辣椒定植成活后 10～15 天进行第 1 次中耕除草，增加土壤的透气性，同时可追施清粪水及 0.5%复合肥作提苗肥。第 1 次中耕后 20 天左右进行第 2 次中耕除草，根据苗情适当追肥。初花期进行第 3 次中耕追肥。

3. 整枝打叶、保花保果　辣椒的分枝力强，保留第一朵花下的两个健壮分枝，对过密枝或下层的弱枝及时剪掉，防止多耗养分。在开花期间用辣椒坐果灵 6 000 倍液喷 1～2 次，防止落花落果。

（五）采收

一般在定植后 50 天左右始收，采收盛期 3～5 天可采收一次。一般头档果要早采，以促进后批幼果的生长。采收时动作要轻，以防折断枝条，雨天或湿度较高时不宜采收。上市标准：新鲜、光亮、无虫蛀、无病斑、无灼斑、不腐烂。

（六）主要病虫害防治

1. 开花坐果期（5 月下旬至 7 月底）**病虫害防治**

（1）主要防治对象。炭疽病、褐斑落叶症、青枯病、落花症；蚜虫、红蜘蛛、玉米螟。

（2）主要防治措施。

① 农业防治。增施有机肥和磷、钾肥，加强田间管理，培育

抗病健株，增加抗逆性。

②化学防治。用 25％络氨铜水剂（酸性有机铜）或 80 亿单位地衣芽孢杆菌水剂兑水喷洒叶面，可防治炭疽病、褐斑落叶症、青枯病、落花症。用 75％百菌清可湿性粉剂或 45％代森铵防治炭疽病。用 20％络氨铜·锌水剂或 2.1％青枯立克水剂防治青枯病。用抗蚜威、阿维菌素、蚜螨净等防治蚜虫、红蜘蛛。用 70％吡·杀单可湿性粉剂或 4.5％高效氯氰菊酯防治玉米螟。

2. 结果期（8 月至收获）**病虫害防治**

（1）主要防治对象。病毒病、枯萎病、疮痂病、炭疽病、青枯病、绵疫病、软腐病；棉铃虫、玉米螟、甜菜夜蛾、烟青虫。

（2）主要防治措施。

①病毒病防治。前期用 20％吗胍·硫酸铜水剂或 0.5％香菇多糖水剂、0.3％的高锰酸钾、植病灵等药液兑水喷施；中后期用 31％氮苷·吗啉胍可溶性粉剂，严重时加高能锌胶囊 1 粒或多元素复合肥常规喷雾。

②枯萎病防治。

农业防治。增施有机肥和磷、钾肥，防治田间积水。

化学防治。发病初期喷用 80 亿单位地衣芽孢杆菌水剂或 1.8％辛菌胺水剂、25％百克乳油兑水喷雾，每 7～10 天喷一次，连喷 2～3 次；或用 25％络氨铜水剂灌根，连灌 2～3 次；也可用 30％琥胶肥酸铜可湿性粉剂或 4％嘧啶核苷类抗生素可湿性粉剂稀释后灌根。

③疮痂病防治。用 45％代森铵或 25％络氨铜、77％氢氧化铜可湿性粉剂、30％琥胶肥酸铜可湿性粉剂兑水喷雾；发病初期也可喷 1∶0.5∶200 的波尔多液。

④青枯病防治。用 20％噻菌铜悬浮剂或 25％络氨铜、77％可杀得可湿性微粉剂兑水轮换喷雾，7～8 天一次，连喷 2～3 次；或用 4％嘧啶核苷类抗生素可湿性粉剂兑水灌根。

⑤绵疫病防治。用 25％络氨铜水剂（酸性有机铜）或 45％代森铵水剂、77％可杀得可湿性微粉剂，喷匀为度。

⑥ 软腐病防治。软腐病多因钙、硼元素流失而侵染，用80亿单位地衣芽孢杆菌水剂＋高能钙、高能硼各1粒，兑水喷匀为度，常规喷雾5天一次，连喷2～3次。

⑦ 棉铃虫、烟青虫防治。

物理防治。用杨、柳树枝把、黑光灯、玉米诱集带、性诱剂等诱杀成虫。

生物防治。在卵盛期每亩用Bt或NPV病毒杀虫剂兑水喷雾。

化学防治。用50％辛硫磷乳剂或4.5％高效氯氰菊酯乳油、43％辛·氟氯氰乳油兑水喷雾防治。

⑧ 甜菜夜蛾防治。

物理防治。该虫对黑光趋性较强，可用黑光灯诱杀成虫。

化学防治。用0.5％阿维菌素乳油或1％甲维盐乳油、24％虫酰肼悬浮剂、43％辛·氟氯氰乳油、25％氯氰·辛硫磷乳油等，在三龄前兑水喷雾防治。

三、青椒

青椒又称为菜椒，以采收绿熟果鲜食为主。果实含辣椒素较少或无。青椒一般植株高大，长势旺盛，果实个大肉厚。生产中使用的品种可按果型和甜辣程度划分为灯笼型和长椒型。灯笼型果实较大，形似灯笼，微辣或无辣味。长椒型果实长或细长，有的形似羊角，微辣或较辣，植株大小中等或较高大，一般长势旺盛，耐热抗病能力比灯笼类强。

（一）春茬栽培技术要点

1. 品种选择　要选用开花坐果早，前期产量来得快，总产量高的品种。若计划越夏生产，还应具备耐热、抗病的特性。

2. 育苗　培育出优质壮苗，是获取高产、高效益的基础。要育出理想的壮苗，需掌握好以下几个环节：

（1）育苗时期的确定。青椒苗期生长较慢，苗龄偏长。在过去的生产中，人们常采用提早播种、延长苗龄的方法来培育大苗，一般的秧苗生长期都超过100天。试验证明，这种方法是不合理的，因为过长的苗龄会使秧苗组织老化，生理功能下降，定植后缓苗期较长，长势不旺、不壮。最好的方法应是改善育苗环境，以不超过90天的时间，培育成健壮的大苗，即所谓的"适龄壮苗"。具体育苗始期应根据当地的定植期向前推90天。依河南省的气候特点，定植期在4月10～20日，因此育苗始期应为元月10～20日。

（2）育苗床的准备。青椒生产的育苗期正值最寒冷季节，因此培育秧苗的播种床应设于温室内，分苗床可利用阳畦，种植一亩地，需备播种床7～10平方米，分苗床30～50平方米。播种床和分苗床内部均填装营养土，其厚度分别是10厘米和15厘米。采用穴盘基质育苗效果更好。

（3）浸种催芽。种植一亩地需准备种子50克。取60～70℃的热水，水量为种子体积的4～5倍。将种子倒入水中，快速搅动，待水温降到30℃时放室内浸泡10～12小时。浸种结束，用清水淘洗种子，使之充分洁净，捞出种子，选吸水性好的干净湿布将种子包裹，置25～30℃的温度下催芽。催芽时间甜椒品种4～5天，辣味型品种2～3天。当种子有60%～70%萌发时即可播种。

在催芽过程中，除调节好湿度外还须注意几点：①种子堆积厚度勿超过3厘米，以免由于通气不良而影响萌发；②要保持种子处于湿润环境。但不能有积水现象发生，若种子缺水，多采取湿润盖布的方法予以调节；③经常检查，若发现种子表面发黏，说明已有杂菌感染，应立即用温水把种子和包盖布清洗干净再继续催芽。

在催芽过程中，对种子和种芽实行低温处理，不但可促进萌发，而且未来的秧苗抗寒能力显著增强。最好处理3次。第一次是在浸种结束催芽前进行，温度为-4～0℃，时间是6～8小时；第二次可在种子开始萌动，温度为0～4℃，时间4～6小时；催芽结束时实施第三次，温度范围和时间同第二次。每次处理前须将种子放自然室温下预冷，待种子本身温度降至室温后方可进入低温环境；低温处理后，亦应使种子温度缓缓升至室温后再进入高温催芽环境。

（4）播种。在下种前两天，播种床浇足底水。一般以土壤吸水饱和为度。浇水后应设法使地温尽快升高，常用的措施除争取自然光照和烧火增温以外，还需在畦面上覆盖阴棚。把经催芽的种子均匀撒播于播种床上，上面覆盖 0.5～1 厘米的营养土。

（5）分苗。当播种床上的幼苗生长到 2～4 片真叶时，需分栽 1 次。分苗的方法是按 7～8 厘米行距开沟，沟内浇温水，按穴距 7～8 厘米摆苗，一般每穴双株。沟浇水的量以保证覆盖土充分湿润为宜。幼苗栽植的深度应使子叶下留有 1 厘米左右高的胚轴。分苗前两天需用温水喷洒一次播种床，以利于起苗，减少伤根。

（6）苗床管理。

温度调节：青椒的幼苗在不同生育阶段对温度有不同的要求，通常按 6 个阶段管理。

第一阶段：从播种到幼苗出土。一般情况下，地温在 15～25 ℃范围内越高越好。在高于 30 ℃而低于 10 ℃的情况下，出土缓慢，成苗率低；若低于 10 ℃经 5 天以后，种子就会失去生活能力，腐烂于土壤中。在适温条件下，出苗期为 3～4 天。第二阶段：从幼苗出土到显露真叶。地温以 15～20 ℃为宜；气温白天 20～22 ℃，夜晚 8～10 ℃。第三阶段：显露真叶到分苗。地温同于第二阶段；气温白天 25～27 ℃，夜晚 10～15 ℃。第四阶段：分苗后 5～7 天。地温和气温均需比第三阶段提高 2～3 ℃。第五阶段：从分苗后 5～7 天到开始炼苗。气温管理与第三阶段相同。第六阶段：炼苗期。定植前 7～10 天开始逐渐降温，直到与外界温度相同。

从幼苗出土后的整个生长期间，温度管理的特点是中间高两头低，其管理在于前期降温是为了限制"拔腿"，预防形成"高脚苗"；中期适当升高温度，是为满足幼苗快生长的需要；而后期逐渐降温则是为了让秧苗经受一定锻炼，能较好地适应定植后的外界环境。

水分调节：在育苗季节，环境条件中的温度是主要矛盾，大部分的技术措施都是围绕提高温度，尤其是地温而进行的。然而，浇水能使地温明显下降，与升温之间形成尖锐的矛盾。地温为 20 ℃的苗床，一次透水可使地温降到 15 ℃以下，经 3 天才能回升到原来的水平。因此，对苗床水分调节的原则是提前贮足底水，多保墒，少浇水。具体做法为：播种前浇足底水，播种后有 70%幼苗出土时畦面覆土 1 次，其厚度 0.5 厘米左右，过 7～10 天再覆土 1 次，这就保证了幼苗在分苗以前不用浇水，分苗时开沟暗浇水，待幼苗恢复生长后选晴天中午浇 1 次透水，次日覆土，若到育苗后期苗床里干旱，可在晴天中午喷洒适量温水，炼苗期不浇水。

光照管理与通风换气：晴天上午应及时揭开草苫，争取光照，升高温度；下午一般于日落前盖好草苫，以保夜温。阴天可适当晚揭早盖。通风换气的主要目的是降低室内空气湿度，防止秧苗徒长和预防病害发生。晴天须在室温达到指标时及时放风，遇连续阴雨（雪）天也应每隔 1～2 天于中午进行短时间小放风。

3. 栽培地块准备　种植青椒应选择疏松肥沃，具有排灌条件的地块，且不能与茄果类蔬菜重茬连作，以冬闲地为最好。冬前深耕冻垡，早春每亩普施农家肥 5 000 千克，深耕细耙第二遍。定植前 10～15 天起高垄覆盖地膜。方法是：按 1～1.2 米起垄，垄上条施适量饼肥或氮磷钾复合肥，锄翻一遍，使土肥混匀，将高垄整理成高 25～30 厘米的圆拱形，盖好地膜。整地完毕，田间漫灌 1 次水，以贮足底墒，利用地膜使土壤升温，等待秧苗栽种。

4. 定植　晚霜断后应及早定植，定植期一般在 4 月 10～20 日。定植前 2～3 天给苗床浇 1 次透水，以利起苗。若在定植前 5～7 天进行囤苗为最好。定植时带土坨护根起苗，一垄双行，破膜打孔，穴栽，穴浇水，封土。穴距为 25～35 厘米，穴浇水量以湿透土坨为宜，不可大水漫灌。

5. 田间管理

（1）水分调节。定植后至头棚果坐稳前，一般不浇水，以提高地温，促发根系，防止地上部徒长，增加前期坐果。此后至开始采收可进行见干浇小水，并适时中耕保墒。进入采收期以后，田间便进入长秧结果的旺盛期，需水量逐渐达到高峰，应满足供水，一般掌握见干即浇。但青椒不适宜大水漫灌，尤其是土壤黏重地块，以防土壤通气不良，给根系带来生理障碍。若进行秋延后生产，盛夏高温期须小水勤浇，以降低土温和株间气温。

（2）追肥。青椒属需肥量较大的高产蔬菜，要想获取高产必须在结果期及时补充肥料。追肥以速效氮肥为主，若基肥中磷钾不足，亦应适当增施。一般从进入采收期开始每 15 日左右追肥 1 次，每次每亩施入尿素 10～15 千克。

（3）植株调整。青椒的植株调整比较简单，主要工作是及时除去大分枝以下主茎上的侧枝，上部茎枝一般勿需整理。

6. 采收　作为青椒栽培的适宜采收期是开花后 30～40 天，此时果实达到最大重量。采收过早，影响品质，过晚则容易引起果坠秧现象发生。

（二）夏茬栽培技术要点

1. 品种选择　夏茬栽培的目的是产品秋季上市，因此植株能否安全越夏是其关键。选用的品种一定要具备长势健壮、耐热、抗病的特性，并且秋延后栽培结果性能好。

2. 育苗　方法与春茬基本相同。只是播种床勿需设于温室内。一般阳畦播种，小拱棚分苗，进入 4 月下旬拆去拱棚。育苗温度较春茬高，苗龄相对缩短，一般为 70 天左右。尤其要注意的是，预防分苗床缺水和放风不及时烧苗。

3. 定植　前茬作物收后应抢早定植，一般多采取板地开沟定植、随后灭茬的方法。开沟按宽窄行进行，宽行 60～70 厘米，窄行 40～50 厘米。沟内施入基肥，土肥混拌后栽苗。穴距可略小于春茬，随栽随浇随封土。栽苗最好在下午或傍晚进行。与小麦、西瓜等作物套种的应掌握在前茬作物收获前 30 天左右定植。

4. 田间管理　夏茬青椒的管理措施是围绕一个"促"字进行的。要保证旺盛生长，在高温期到来之前达到田间封垄状态，才能安全越夏，夺取秋季高产。因此需要早灭茬、早追肥，小水勤浇，适时中耕。结合中耕进行 2 次培土，使窄行形成高垄，以利雨季排水。田间适当套种玉米，到炎夏有遮阴、降温作用，对植株安全越夏有好处。

四、大葱

大葱原产亚洲西部，在我国有悠久的栽培历史，全国各地均有栽培，尤以北方栽培极为普遍。在北方地区除冬季食用的干葱外，春、夏、秋三季均可生产青葱，产品可达到周年供应。

（一）冬葱高产栽培技术

大葱在北方作为三年生或二年生蔬菜栽培，生产上一般为第一年秋季播种，以幼苗越冬，第二年夏季定植，冬前收获，窖藏或露地越冬，第三年春季抽薹开花，夏季采收种子，或当年春播第二年采收种子。秋播比春播产量高、品质好，但春播育苗占地时间短，可以增加复种指数，提高土地利用率，

视频 13
冬葱栽培
技术要点

春播缓苗后生长迅速，不发生未熟抽薹现象。无论秋播或春播都要把假茎生长最旺盛时期安排在冷凉的秋季。大葱要高产，应在选用优良品种的基础上，掌握培育壮苗，适时合理定植，加强肥水和田间管理，并及时防治病虫害等几项关键措施。

1. 培育无病壮苗　壮苗是大葱高产、稳产的基础。大葱种子的种皮厚而胚小，种子出土慢，出土后幼苗生长较缓慢，苗期长，为了缩短占地时间，便于管理，一般采用均行育苗移栽的方法。培育壮苗的具体措施如下：

视频 14
冬葱育苗技术
与壮苗标准

（1）整地与施肥。育苗地要选用土壤肥沃、不重茬、排水方便的地块，每亩施入优质农家肥 5 000 千克作底肥，每亩再用过磷酸钙 50 千克、饼肥 100 千克，粉碎后掺入充分发酵的人粪尿，沤制好后施于土壤表层，并每亩撒入辛硫磷、乐果麦麸毒饵 5 千克（比例为麦麸辛硫磷和乐果各 0.1 千克加水 1 千克拌匀），防治地下害虫。然后耕翻耙平，搂细再整畦，一般畦宽 1～1.2 米（便于盖膜与管理）、长 10～20 米，要踏实畦埂，准备播种。

（2）搞好种子处理。播种前进行选种，并作好发芽试验（可在

播前 10～15 天进行)、种子消毒、浸种催芽等工作。种子消毒、浸种催芽的具体做法：播种前 2 天将葱籽用 50～60 ℃的热水浸泡 20分钟，然后加入冷水搅拌，使水温降低，继续浸泡 10～12 小时；或用 0.5％的高锰酸钾溶液浸种 30 分钟，杀死附在种子表面的病菌，然后将葱籽捞出拌些淘洗过的湿细沙土（约拌入葱籽体积的1/2），再放到发芽盘（或瓦盆、布袋内），葱籽上面盖上湿纱布，并放一个温度计，盖上盖子，放在 28～30 ℃的恒温箱或温室、大棚中等温暖的地方均可催芽，催芽时注意经常检查，掌握好温度、湿度。质量好的种子，催芽 24～40 小时后全部"翻白眼"，为播种的最好时间。也可放在 15～20 ℃的地方进行催芽，每天用清水淘洗 1 次，经 3～4 天出芽，即可播种。

(3) 播种、盖膜、育苗。冬贮大葱培育壮苗有春播和秋播两种。秋播时如果播种过早（秋分前播种），冬前苗子大，易通过春化阶段，翌年易发生"抽薹"现象；如果播种过晚（10月中旬以后），温度低，出苗慢，苗子小，生长弱，越冬易冻死。所以，秋播应掌握适宜播期，在豫北地区秋播应在 9 月下旬至 10 月上旬，以 10 月 1 日前后 2～3 天平均气温 16.5 ℃左右时为最适播期。春播应在 3 月中、下旬为宜。苗床每亩播量一般 2.5～3 千克种子，每亩葱秧可栽大田 7～10 亩。春播要催芽起盖土播种，由于春播时气温较低，宜采用坐底水覆掩土的播种方法，即先将畦的表土用铁锹起出一扁指厚，拍碎整细（或过筛）作覆盖土待用，随后将畦整齐搂虚，即可放足水，待水渗下后，将已出芽的种子拌入适量细土中，拌匀后均匀地撒于畦面，然后覆盖 2 厘米厚的细土。为了防止杂草，每亩可用 0.5 千克除草醚，兑细土 20 千克，制成毒土，均匀撒于土表，有良好的除草效果。播种后随盖地膜，四周封严，白天苗床温度可稳定在 20～25 ℃，这样出苗率可达 90％以上。为了防止烧苗，齐苗后用竹竿把地膜支起，离地约 10～15 厘米高，一般采取晴天上午 9～10 点将膜支起，下午 3 点将膜盖严，10 天左右揭开地膜锻炼葱苗。覆盖地膜一般在出苗前不需浇水，雨水也接触不了畦面土壤，可防止土壤板结，提高地温，缩短出苗时间，减少病害，确保全苗，通常覆盖 15～20 天，保苗效果十分显著。应该注意的是，严防盖膜不揭烧死葱苗。

（4）苗田管理。

冬前管理。适时播种后 6～9 天出苗，12～14 天直钩（子叶伸直），17 天左右长出第一片真叶。在这期间不要浇水，保持畦面疏松，见干见湿，依靠底墒，一次拿全苗，要求亩基本苗 20 万上下。立冬后如旱情严重，可酌情轻浇一水，切忌大水漫灌，以免淤压葱苗和畦面板结；小雪前后（11 月中下旬）灌封冻水，并可结合灌水浇一次稀粪，过 3～5 天趁早晨有冻时，覆盖约 2～3 厘米的碎马粪、草木灰或细圈粪，保护幼苗安全越冬。冬前葱苗生长约 80～90 天，可长出 3 叶左右，葱白基部约有 2～3 毫米粗，须根 10 条左右，深扎地表以下 10～20 厘米，这是保证壮苗安全越冬的标准，也是为培育壮苗、实现高产所要求的技术指标之一。

春季管理。越冬的葱苗，在开春 2 月下旬开始返青，如果覆盖物太厚，要及时搂出来；如畦面越冬拱抬不平或有裂缝，要及时平踩镇压一遍，以利增温保墒。根据天气和墒情，在惊蛰后（3 月上中旬）浇返青水，不宜浇得过早，以免降低地温，影响葱苗早发；也可结合浇水每亩冲施尿素 8～10 千克，催苗早发。3 月下旬至 4 月上旬，在苗高约 15～30 厘米时，进行 1～2 次间苗，留苗距 5～7 厘米，还可把密集处大苗移栽到缺苗处。这样既可保持葱苗营养面积的均匀，有利于整齐生长，又能为以后移栽时备足符合高产指标要求的壮苗。间苗可结合松土除草进行。

夏季管理。4 月下旬至整个 5 月，气温回升到 20 ℃上下，苗高 30～50 厘米，是葱苗盛长期，需要做好肥水管理，可分期追施速效化肥如尿素、磷酸二铵、复合肥等，少则 2 次，多则 3 次，每次每亩 10～15 千克，并结合喷药喷施 0.5％磷酸二氢钾 2～3 次。从 5 月下旬至 6 月上旬，要以控为主，促控结合，多蹲苗少浇水，使葱苗稳健生长，直到移栽前 4～5 天才浇一水，以利起苗。5～6 月还应作好对葱蛆、潜叶蝇、蓟马、灰霉病、霜霉病及食叶性害虫等病虫害的防治工作。每亩苗床最终约留苗 12 万～16 万株，亩产葱秧 3 000～4 500 千克，密度过大会造成纤弱苗过多、病虫害严重，不利于大葱的壮苗增产。

春播育苗由于气温低，地温上升慢，种子萌发迟缓造成顶土无力，必须加强管理，可采用覆盖薄膜方式，增温保墒，齐苗后可结合浇水亩追磷酸二铵 7.5 千克，然后控水蹲苗，其他管理同秋播苗。

2. 适期合理定植

（1）定植适期。根据生产经验，大葱定植适期一般在 6 月中旬至 7 月上旬。以适时早栽为宜，能够早缓苗，早扎根，增强抗旱耐热和防涝能力，通过延长营养生长期，为争取高产创造条件，同时早起苗还可避免因风雨突袭引起的苗田倒伏。但是，栽得过早，葱苗太小，抗逆力差，病害重；栽得过晚，葱白形成期短，产量低，秧苗易徒长，定植后天气炎热不易缓苗。一般从 6 月中旬开始移栽，7 月初基本栽完。

（2）精细整地，施足底肥。大葱忌连作，应选择 2～3 年内没有种过葱蒜类蔬菜的地块。适宜与农作物轮作，可选用小麦、大麦、春甘蓝、越冬菜为前茬，地势高，排灌方便疏松肥沃的沙壤土田块。前茬作物收获后，及时翻耕晒土。伏耕 25～30 厘米，犁而不耙，如时间允许，可多晒几天，以消灭病原、杂草，提高土壤肥力。大葱要求施足底肥，可亩施优质农家肥 5 000 千克、磷肥 100 千克，二者能混合沤制最好，并可掺入尿素 10 千克、钾肥10～20 千克。施肥方法是：在耕地前普遍撒施基肥总量的1/3。根据品种特点按行距 50～80 厘米开沟，沟宽 30～40 厘米，沟深20～30 厘米，翻出的土拍实作垄背，把余下 2/3 的基肥施入沟内，深锄沟底，使粪土混合，再在沟底靠沟壁一侧开 3～4 厘米深水沟，等候栽葱。

（3）定植要求。定植时应严格选苗分级，起苗时要小心抖掉泥土，多带须根，选苗时要把伤残和病虫害严重的不符合品种典型性状的苗子淘汰掉。起苗后不要堆放过厚过久，任其日晒雨淋，造成发热腐烂。要做到随起苗随分级随移栽，采取流水作业，协调配套，使葱苗移栽时保持较好的新鲜状态。

　　为了方便田间管理，争取高产，要随起苗随分级（根据选用品种典型性状，按苗子的大小、高矮和粗细分成三级），一般株高 80厘米，单株重 100 克，葱白长 30 厘米，葱白粗 2 厘米，绿叶 6～7片为一级苗；株高 65 厘米，单株重 100 克，葱白长 25 厘米，葱白粗 1.5 厘米，绿叶 5～6 片为二级苗；株高 50 厘米，单株重 22 克，葱白长 20 厘米，葱白粗 1.0 厘米，绿叶 4～5 片为三级苗。

　　选用一、二级壮苗是保证高产的前提。如采用小苗、弱苗等级外苗，即使移栽后加强肥水管理，也往往不如壮苗长得好。因此，定植时应将同级别的苗栽植在一起，便于管理，在苗足情况下三级苗一般可不用。其次应该掌握好栽葱技术。栽培一定要用新鲜苗，不用隔晌和隔天苗。因萎蔫苗易感软腐病等病害，造成缺苗断垄。在蓟马发生严重的地区，可用 0.5％的阿维菌素 1 000 倍液灌根，或用 50％辛硫磷乳油 1 000 倍液与菊酯类乳油 2 000 倍液混配喷洒，能有效地控制大葱蓟马危害。

　　（4）适宜密度及栽植方法。群体密度是大葱高产结构的重要组成部分，其定植密度应以品种类型、苗子大小、株行距和是否间套种小麦等情况而定。一般中短白型，不套种小麦的行距较窄，密度较大；中长白类型，要兼顾单株商品率、群体总产的经济效益需要，每亩株数一般在 1.5 万～2 万株范围内，以株距 3.5～6 厘米均可，若株距 4.8～5 厘米，每亩 1.7 万株较为合理。

　　其栽植方法有干栽法和水栽法两种。

　　干栽法：掘沟后把葱秧按一定株距顺次排列在沟壁的一面，注意将葱叶平靠沟壁，若南北行向开沟，应将葱摆在西侧；若东西向开沟，应将葱摆在南侧，这样可以减轻烈日暴晒，以利缓苗。葱苗摆好后，浅培土，培土深度一般 6～10 厘米，以不埋葱心为宜。栽后随浇水一次，最好不隔晌，否则，会因土壤温度较高，时间过长而造成烧苗。灌水后要及时中耕通气，早促根系发育，尽快缓苗。如遇大雨要及时排水、中耕。这种方法简易省工，但葱白收刨时，葱白基部有个弯，这对鸡腿葱等品种虽无妨，但对长白型系列大葱，则有损外观，且不便打捆销售。

水栽（插）法：沟中先浇水，等水渗下，保证土暄水透，以利插葱秧。插秧时还要求叶面与葱沟平行，以利田间管理。不同等级的苗，要栽在不同地块或分片定植，不可"高矮并列""老少同堂"，以便于管理。

栽植深度。高温多雨的夏季，特别是炎热的午间急降阵雨，或连日暴雨成灾，是导致葱根葱白腐烂的主要原因，俗称"沤根"。防止方法，除了要选用健壮苗，不用伤残病虫苗，适时早栽，基肥适当少施，立即排水，或浇一遍深井凉水以降低地温外，更重要的是要适当浅栽。浅栽有利于根系透气，缓苗好，早发早旺。因此，适宜的栽植深度是管状叶的分叉处露出 10 厘米左右，并做到上齐下不齐，栽得直而整齐，单垄一线，葱叶向一面垂，不要全伏在沟壁上。

综上所述，大葱栽植要求做到深、大、早、浅、密，即深掘沟，用大苗，抓早栽，播浅些，栽密些。这是大葱高产的中心环节。

3. 定植后田间管理　从葱苗定植到冬前收获，历经 130～150 天，搞好这个时期的田间管理是决定大葱高产与否的关键。大葱定植后田间管理，应以促进葱白的加长、加粗为主要目的。葱白是由叶鞘发育而成，叶鞘的数目和长度，直接影响着大葱的产量和品质，强壮的根系和繁茂的管状叶是葱白形成的基础，因此，定植后大葱的田间管理措施，主要目的是促根、壮棵和培土软化葱白等。

（1）追肥、浇水。大葱定植后，正值炎热季节，气温较高，大葱的地上部分和根系生理机能减弱，生长缓慢。此期的管理中心是：一般不宜浇水，应加强中耕除草，疏松表土，蓄水保墒，以促进根系发育。为了使大葱的根系发育更好，在浇缓苗水中耕后可在定植沟内铺约 5 厘米厚的半腐熟麦糠，以增加土壤透性。据生产试验，铺麦糠后一般比露地的地温降低 2～4 ℃，有利于大葱正常生长。另外，还能防止板结，降低土壤水分蒸发，减少浇水次数。夏季阵雨、暴雨盛行，对土壤有淋洗冲击作用，会使培土浅的葱苗根部裸露，如用麦糠覆盖可以较好地加以保护，并能防止水滴的反溅，阻隔土壤中病原菌上染植株，利用自身特性，在空气湿度大时发挥吸湿作用，降低植株下部的高湿环境，减少大葱紫斑病、锈病、菌核病等真菌类病害的发生危害，有效阻止葱蛆成虫产卵，从而减少葱蛆危害。

立秋后至 10 月中旬，天气逐渐凉爽，阳光充足，昼夜温差大，适宜大葱生长，是大葱管理的重要阶段。此时追肥、浇水、培土三项工作应相互配合。第一次追肥、浇水应从立秋（8 月上旬）开始，亩追施腐熟的农家肥 5 000 千克，并适当配施尿素 10～20 千克，施后浇水，促进肥料分解。第二次追肥在处暑（8 月下旬）进行，每亩追尿素 15～20 千克，草木灰 50 千克，饼肥 50 千克或钾肥 5～10 千克，采取沟施，浇水，平垄。此期遇雨要及时排水，以免沤根软腐。第三次追肥，在白露（9 月上旬）以后，此时雨季已过，空气湿度小，气候凉爽，昼夜温差大，大葱开始旺盛生长，进入鳞茎膨大盛期，是肥水管理的关键季节，每亩可顺沟随水冲施人粪尿 1 000 千克，并掺入尿素 15 千克，磷肥 50 千克，钾肥 5～10 千克，浅培土。第四次追肥在秋分（9 月下旬）后进行，每亩追施尿素 15～20 千克，高培土浇水。此外，在白露前后，每亩叶面喷施 0.5%磷酸二氢钾溶液 50 千克，每 7 天喷 1 次，连喷 2～3 次，有显著增产效果。在白露至秋分期间，植株生长旺盛，需水量大，这时要掌握勤浇水的原则，经常保持土壤湿润，以满足葱白生长的需要。霜降（10 月下旬）后，天气日渐冷凉，叶片生长缓慢，叶面蒸腾量减少，应逐渐减少灌水，收获前 1 周停止浇水。

（2）培土。培土是软化叶鞘、增加葱白长度的有效措施，鳞茎的伸长是叶鞘基部分生带细胞的分生和叶鞘细胞伸长的结果，而叶鞘细胞分生和伸长，要求黑暗、湿润的条件，并以营养物质的流入和贮存为基础，因此，在加强肥水管理的同时，要分期中耕培土，但是中耕培土必须在葱白形成期进行，否则容易引起根和植株的腐烂，培土要根据苗龄大小逐渐加厚，在立秋、处暑、白露和秋分四个节气结合追肥、浇水分别进行，每次培土厚度，均以培至最上叶片的心叶处为宜，切不可埋没心叶，以免影响大葱的生长。培土须注意在上午露水干后、土壤凉爽时进行。

4. 适时收获贮藏　大葱收获期因品种特性和地区气候条件而有早有晚，一般立冬前后（11月上旬）大葱产品已经长足，外叶生长基本停止，叶色变黄绿，气温降至6～8℃。在土壤封冬前15～20天为大葱收获适期，应立即收获。收获过早则大葱不耐贮藏，葱白不充实；如延期收刨，会因植株生长停滞，而导致"回头"，降低产量，有的年份还会因气温剧降，上了大冻，而影响收刨。

刨出来的大葱先抖去葱白上黏着的泥土，轻放，铺成行，晾干水分以后，每20～25千克，用稻草捆成把，运到事先打扫好的场院里，尽可能贴南墙冷凉的地方，每3～5捆成一行，竖放，行向南北，行长不限，行间距1m左右，以利通风和检查。如果堆放数量大，待销时间长，应每隔几天倒一次堆，散散热量和水汽。气温越高越要倒堆，必要时还要解捆摊晒。如遇雨雪，应及早用草苫、苇席覆盖，以免雨水渗入葱中，造成发热腐烂。如有条件或数量较少，可贮放于敞棚下或通风的大屋里。大葱的贮存，要掌握宁冷勿热的原则。在自然条件下，露天贮存最好在1～3℃，这样可放到来年春季，既不受热也不受冻，可随时出售。

（二）青葱高产栽培技术

青葱是以管状叶为主要产品的葱类，对栽培季节要求不甚严格，除严冬酷暑外，均可随时播种。根据不同播期与茬口安排，主要分小葱、伏葱和羊角葱。

1. 小葱　小葱以鲜嫩幼苗为产品。因播期不同，分春葱和白露（或秋分）葱。

（1）春葱。播种期多在3月下旬，若采用地膜覆盖可稍提前，播前应精选良种，搞好种子处理工作，并施足底肥，精细整地，出苗后以促进为主，使秧苗迅速生长。具体栽培技术，可参照冬葱育苗要求，一般在6月上旬陆续上市供应。

（2）白露葱。在华北地区秋播多在白露以后，一般称为白露葱。播种及管理方法基本与大葱秋育苗相同。但作小葱用的白露葱播种较密，不必分行间苗，也不必蹲苗。翌春浇返青水后，要加强肥水管理，一促到底。此葱生长迅速，品质鲜嫩，5月上旬后可陆续上市供应。也可将白露葱幼苗采取畦栽撮葱或栽沟葱，加强肥水管理，促其继续迅速生长，待白露葱供应结束后，根据市场情况随时收获供应。

视频 15
夏葱栽培
技术要点

2. 伏葱　一般在 7 月下旬到 8 月上旬播种，采取平畦撒播，每亩播种量 4～5 千克，施肥、播种等栽培技术参照半成株大葱繁种技术*，但不移栽，播后 7～8 天齐苗后浇一小水，而后适当控水，随着气温转凉追肥 1～2 次，幼苗越冬前秧苗较大，注意防寒保苗。翌春返青后加强管理，在有部分植株抽薹时，应立即收获上市供应，以免叶身老化和花薹膨大，影响产量和品质。

3. 羊角葱　羊角葱具有辛辣味，有杀菌、预防风湿及防治心血管病等药效，可生食、炒食和凉拌，又是菜肴常用调料，是早春上市最早的青葱，对市场供应有着极重要的作用。

（1）选用良种，适期播种，育好壮苗。选用良种是基础，以苗期生长快、春季返青早的品种为宜。播前造墒，施足底肥并进行种子处理，在豫北地区以 4 月下旬至 5 月中旬播种为宜，每亩用种量为 1.5～2.0 千克。播种覆土后可用 25％除草醚除草。出苗后及时管理，干旱浇水，遇涝排水，并及时间苗、治虫、防病、除草。当苗长至 2～3 片叶时结合浇水亩追磷酸二铵 10～15 千克。

（2）分级移栽，精细管理。8 月上旬开始移栽，起苗后，首先剔除病苗、弱苗、残苗和杂株（也可选用秋大葱栽剩的三级苗），然后按大小把葱分为一、二、三级。施足底肥，合理密植，由于羊角葱生育时间长，故要施足基肥，一般亩施 5 000 千克以上优质有机肥，并施磷酸二铵 25 千克。定植前用 10％噻虫胺＋10％虫螨腈

＊ 半成株大葱繁种技术就是将选好的种子于 7 月中下旬播种，9 月定植，冬前长成一定大小的植株，通过低温春化，利用未长成成株大葱的半成株进行繁种的繁种方式。它具有繁育周期短、产量高、成本低等特点。

悬浮剂 1 000 倍液，喷洒植株根部，用来防治病虫害。一般行距 40～60 厘米，株距 1.5～2 厘米，一、二级苗每亩栽 5.5 万株，三级苗每亩栽 5.5 万～6 万株。缓苗后，结合中耕除草、浇水施肥逐步把葱沟填平，于白露、秋分、寒露、霜降分四次培土，每次培土以不埋住心叶为度。翌春 3 月上旬露芽灌水后及时培土，将枯叶片盖严，使长出的新叶鲜嫩、粗壮。

（3）增施硼肥，防治病虫害。硼能加速羊角葱内碳水化合物的运输，促进氮素代谢，增强光合作用，改善有机物质供应和分配，增强其抗病能力。一般在定植缓苗开始时和缓苗 10 天后，以及早春萌芽后 10 天，分别用 0.5%～1% 的硼砂或硼酸溶液喷洒叶面可增产 10%～18%。

（4）适时收获及时上市。在翌春 3～5 月，根据市场需求，随时收刨鲜葱。收刨前 5 天停水，收刨时，刨开培土的一侧，露出葱白后轻轻拔起，抖去泥土，每 5～10 千克捆成一捆上市，花薹老化前收完。羊角葱生长期较长，生产中大多不专门育苗，可利用秋播越冬葱秧（或当年春播）的弱苗留作生产羊角葱的秧苗，在 6 月下旬前密植定植，一般行距 30～50 厘米，株距 2～4 厘米，每亩栽 4.5 万～5.7 万株，秋季结合中耕培土适当追肥，冬季采取必要措施防冻，翌年早春返青后即可上市供应。

五、洋葱

洋葱俗称葱头，又叫圆葱，属于百合科葱属中以肉质鳞片和鳞芽构成鳞茎的二年生草本植物。原产亚洲西部高原地区，由于它耐寒、喜湿、适应性强，南北各地均有栽培。洋葱产量较高，易栽培，以肥大的肉质鳞茎为产品，鳞茎中除含碳水化合物、蛋白质、维生素、矿质元素，还含有挥发性的硫化物，具有特殊的香味，可炒食、煮食或调味，小型品种可用于腌渍。洋葱耐贮运，供应期长，对调节淡季蔬菜供应具有较重要的作用。它还是一种很好的调味蔬菜，随着人们生活水平的不断提高，市场需求量不断加大，中原地区一般年份生产量不能很好地满足市场需求，生产前景广阔。

（一）栽培季节

洋葱幼苗生长缓慢，占地时间长，而鳞茎形成期又需要有一定的温度和长日照条件，还必须避开炎热季节，因此，一般采用育苗移栽方式。由于各地区的气候条件不同，栽培季节和方式也有差异，在华北地区一般采用秋播育苗方法，即秋播培育秧苗，当年秋季定植田间，或以幼苗贮藏越冬，第二年春季定植，夏季收获。河南、山东、陕西中南部以 8 月下旬至 9 月上旬播种育苗，10 月下旬定植，在 6 月上中旬收获。

视频 16

洋葱栽培季节与育苗技术要点

（二）播种育苗

育苗床应选择在疏松、肥沃、排灌方便且不重茬的地块，精细整地，浇透水，将已催好芽的种子拌入细土中，均匀撒在畦面上，然后覆盖 2 厘米厚的细土。在正常情况下，每亩育苗床播种量为 4～5 千克，可供 8～10 亩地栽植。

视频 17

洋葱定植管理技术要点

适期播种是生产的关键。播种过早，苗子过大，先期抽薹率高，产量受到影响；播种过晚，苗子太小，冬季容易受冻，也会影响产量。洋葱的生长适宜温度为 12～19 ℃，种子可在 3～5 ℃ 的低温下缓慢发芽，12 ℃ 以上则发芽迅速。幼苗生长适温为 12～20 ℃，鳞茎膨大期适温 20～26 ℃，超过 26 ℃ 植株生长则受到抑制而进入休眠。豫北地区的播种期在白露前后 4～5 天，育苗移栽可早播几天，直播的可晚播几天。播种后保持土壤湿润，直到生出第一真叶时适当控水。当生出 2 片真叶时，可结合浇水追施氮肥，亩施硫酸铵 30 千克左右。在苗高 5～6 厘米时进行间苗，保持苗距 3 厘米见方。在定植前 10～15 天，可对幼苗喷洒 0.3% 的磷酸二氢钾溶液，促进根系发育。

视频 18

洋葱拱棚覆盖早熟栽培技术要点

（三）定植技术

洋葱忌重茬，也不宜和其他葱蒜类蔬菜连作。秋栽前茬应为茄果类、瓜类、早秋菜或早秋农作物。洋葱在北方地区多采用平畦栽培，由于其根系浅而小，要求地块精耕细作，施足底肥。一般亩施有机肥2 000千克，过磷酸钙20～25千克。

定植前要作好选苗工作。根据苗床墒情，可轻浇1次水。当床土干湿适度时，用铲子起苗，不要直接拔苗，否则容易伤根，成活率低。适度苗的标准是：真叶3～5片，株高20～30厘米，叶鞘直径6～7毫米，单株重4～6克。葱苗可以分两级：直径0.5～0.8毫米的为一级苗；直径0.3～0.5毫米的为二级苗。栽植时，要将已受病、虫伤害，黄化萎缩，徒长，分枝，叶鞘基部松软和根部腐朽的劣苗淘汰，直径0.8毫米以上的过大苗和直径0.3毫米以下的小苗也要剔除，按苗子大小进行栽植，便于管理。如苗缺乏，需要定植直径接近1厘米的大苗，在定植前可将叶部剪掉三分之一，这对减少抽薹有一定作用，但剪叶不能过量，否则减产严重。

为促进幼苗生长和发根，定植前用500倍聚谷氨酸溶液蘸根10秒钟；或用40%的乙烯利、爱多收、赤霉素等溶液浸根，有显著的促进生长和增产效果。

晚秋定植，必须在严寒以前使幼苗缓苗并恢复生长，不至于因冬前幼苗根系未充分恢复生长而引起死苗。一般晚秋定植后到恢复生长需要30天左右，应在旬平均气温4～5 ℃时定植。一般行距15～18厘米，株距10～13厘米，亩定植3万～4万株。

洋葱适于浅栽，过深过浅都会影响品质和产量。一般定植深度以埋住小鳞茎为准，约2～3厘米。

(四)田间管理技术

1. 浇水 不论在什么季节定植，定植时都要浇水，通过浇水使根系和土壤紧密结合。冬前定植的秧苗，由于气温低，幼苗生长缓慢，需水量有限，在浇好定植水后，应控制浇水，加强浅中耕保墒，促进根系生长，增强抗寒性。注意越冬前必须浇水，以便顺利越冬。翌春返青后，及时浇返青水，由于早春气温低，浇水量不宜过大。进入发叶盛期，应适当增加浇水。进入鳞茎膨大期后，植株对水分要求日益增多，气温也逐渐升高，浇水次数也随之增多，一般每隔7～8天浇水一次。浇水时间以早晚为好。鳞茎临近成熟期，叶部和根系的生活机能减退，应逐渐减少浇水。收获前7～8天停止浇水，利于贮藏。

2. 追肥　根据洋葱的生长发育特点，作好分期追肥是丰产的关键之一。在施足底肥的基础上，越冬前可盖粪土，护根防冻害，返青后进行第一次追肥，每亩追施磷酸二铵10～15千克。返青后一个多月，植株进入叶生长盛期，应结合浇水，追施第二次肥，每亩追施硫酸铵10～15千克。当植株生长有8～10片管状叶后，鳞茎开始肥大生长时，应结合浇水，重施催头肥，每亩追施硫酸铵10～15千克，氯化钾5～10千克。在鳞茎膨大生长期，缺钾不仅会使产量降低，而且对产品的耐贮性也有一定影响，所以应增施钾肥。据研究，洋葱需要高含量的氯才能获得最佳产量和品质，氯在洋葱营养中的地位属第四位，排氮、磷、钾之后。一是氯离子调控着气孔的关闭；二是洋葱不含淀粉，需要用氯离子来平衡钾离子的流入。钾肥最好施用氯化钾。

3. 越冬保苗措施　定植后田间缺苗是减产的主要因素之一，能否保护幼苗越冬、提早发根是增产的关键。具体措施有：

（1）倾斜栽植。洋葱定植时，开沟后将幼苗摆放在向阳的一侧，使之充分受光，提高成活率。

（2）选苗与补栽。据试验，叶鞘直径5～7毫米、单株鳞茎鲜重4～6克的苗是适度幼苗。翌年返青后，在浇返青水前进行查苗补栽。

（3）浇封冻水并覆盖防寒。在土壤即将封冻时选择晴天中午浇封冻水，并可在畦面上用堆肥、马粪、麦秸等覆盖防寒。另外，利用地膜覆盖栽培，也有较好的保苗效果。

4. 防止早期抽薹　洋葱早期抽薹也是生产上减产的主要因素之一。可采取以下几方面措施进行预防。

（1）选择抗抽薹品种。

（2）正确掌握适宜的播期。依据各地气候条件和生产实践而定。

（3）选用大小适度的幼苗。一般认为，具有3～4片真叶，株高15厘米，叶鞘直径0.5毫米，单株鲜重4～6克的幼苗为适度幼苗。

（4）防止肥水管理失当。在越冬前肥水过重，幼苗生长过盛，便会导致先期抽薹。翌年春季返青后控水控肥或肥水跟不上，也会加重早期抽薹。

（5）及时摘薹。发现早期抽薹的植株，应及时摘除。

总之，克服早期抽薹的基础是培育具有不易抽薹特性，而且适应某些地区气候条件的优良品种，在此基础上，与适期播种、合理施肥、加强田间管理等措施相配合，以求达到尽可能减少早期抽薹的目的。

（五）收获与贮藏技术

1. 收获标准及处理 洋葱采收一般在5月底至6月上旬。当洋葱叶片由下而上逐渐开始变黄，假茎变软并开始倒伏；或鳞茎停止膨大，外皮革质，进入休眠阶段，标志着鳞茎已经成熟，应及时收获。一般休眠期短、耐贮性差的品种在倒伏率30％～50％时收获；中、晚熟休眠期长的品种倒伏率达70％左右，第一、二叶已枯死，第三、四叶尖端变黄时收获。收获时尽量避免碰伤鳞茎，引起贮藏期的腐烂。

采前喷洒抑芽剂，贮藏的洋葱在收获前7～10天停止浇水，在收获前7～14天，选晴天在田间喷0.25％青鲜素水溶液（MH化学成分为顺丁烯二酸联胺），每亩用量50～75千克，并可加入200克洗衣粉，以增加黏着性。经青鲜素处理的洋葱，可贮藏到翌年3～5月，仍不萌芽。但由于生长点受到破坏，不能留作种用。

直接上市的可削去根部，并在鳞茎上部假茎处剪断，即可装筐出售。

2. 晾晒与贮藏 贮藏的洋葱（以下简称葱头），宜选择黄皮、扁圆形、个体大、辛辣味浓、水分含量低、鳞茎颈部细小的个体。

葱头在收获后必须使管状叶和鳞茎外皮成为干燥状态，因此在收获后必须充分晾晒，这是进行贮藏的一项重要措施。需贮藏的葱头，不去茎叶，收获后随即晾晒，晾晒方法：在收获后先就地一排排摆好，使后排的洋葱叶盖住前排的鳞茎，以免直接暴晒而使鳞茎受到灼伤。晾晒3～4天后叶片已经发软，应及时编辫子。编辫时应注意选头，去掉伤、劣葱头，按葱头大小编辫，每辫重5～7千克。编好以后使鳞茎朝下，叶辫朝上，一辫一辫地单独摆平继续晾晒。中午阳光过强时要适当遮盖，下午再揭去。晾晒期间要注意防雨、防露，如遇降雨要提前把它码成1米左右高的小垛，用废旧塑料或苇席盖好，切忌雨淋，一旦将辫子淋湿就很难再晒干，必将影响贮藏效果。天气转晴后及时摊开继续晾晒，经过6～7天辫子由绿变黄，鳞茎外皮充分干燥后即可堆成小垛临时贮藏或进行长期贮藏。长期贮藏方法有：

（1）垛藏。我国华北地区多用室外码垛贮藏。具体方法是：在收获、晾晒、编辫、再晾晒使鳞茎充分干燥的基础上，首先码成小垛，垛下面用土埂、木檩等垫高30～50厘米，上铺高粱秆，将葱头辫子一层层码好，垛高1米、宽2米左右，顶部用苇席等物盖好防雨。经十余天后，选晴天摊开再晒，这样反复晾晒2～3次葱头辫子充分干燥后便可上大垛。大垛高1.5米，宽1.2～1.5米，长约8.3米，一垛可贮葱5 000千克。为了防止洋葱受潮，要选地势高燥、空气流通、排水良好的地块，南北向垒两行、间距0.66米。在码垛和搬运时要轻拿轻放，以免造成机械损伤。上海等地也有不编辫码垛的，方法是将经过充分晾晒的葱头扎成小把，然后选地势高的场所，在地面上垫起约20厘米厚的麦秸作垛底，把葱头堆成圆形垛，底部直径2米，高1.3米左右，可贮750～1 500千克。垛的四周围以麦秸，顶部也用麦秸做成屋顶状，以防淋雨。

（2）挂藏。华东地区多采用挂藏。将带叶的葱头10～20头扎成一把，在通风良好的室内用竹竿木棍搭成挂藏架，将葱头一把一把地挂在架上。也可编辫，每辫60头，或两辫一挂，每挂5千克。如果晾晒后茎叶过少，可加湿稻草以便于编辫。编好后，将葱头向下，茎叶向上，继续晾晒6～7天，使葱头充分干燥。晾晒时不可遇雨，直到绿色部分变为黄色，将辫挂在木架上。保持室内的空气干燥，经常通风排湿。贮藏期间，及时清除腐烂的葱头。

（3）室内堆藏。将切去叶片的葱头堆放在通风、干燥的室内，堆高不超过1米，每隔15天，翻动一次。进入10月，气温降低，即可入囤。囤的结构类似粮囤，下部铺砖石，砖石上架竹竿或木棍，四周用苇席围起来；在囤的底部铺一层稻草，再放入3～4层葱头；其上铺一层玉米秸秆，以利于通风降温；其上再铺3～4层葱头。这样，层层上堆，直到满囤为止。每隔15～20天翻堆1次，翻堆2～3次后，气温降低，不必再翻堆。如遇寒冷天气，囤顶覆草防冻。

（4）冷库贮藏。在葱头生理休眠的后期，将葱头装在网袋或木箱里，放入冷库。这样比较经济。入库的时间不可过晚，否则会影响贮藏效果。库内贮藏的适宜温度为0～2℃，空气相对湿度为70％左右。因冷藏需要投资基建冷库，贮藏成本较高，不能普遍地应用。冷藏前把收获后晾干的葱头切去假茎和叶片部分，放入塑料箱或柳条筐中。入库前，冷库内要进行消毒。准备堆贮葱头的地方铺上垫板。冷藏葱头入库前必须进行预冷阶段。库内堆放时，每堆之间要留有通道。

冷库贮藏为强迫休眠，当葱头通过休眠即将发芽时，进入低温的环境，使葱头继续休眠以延长贮藏期。方法是在8月下旬洋葱脱离自然休眠以前装箱（筐）存放冷库。入库前先将挑选好的葱头预冷降温，以入库前贮藏环境温度作为入库后变温起点，每天下降0.5℃，直到降至贮藏温度。当葱头品温达到贮藏温度时，入冷库贮藏，库房温度控制在0～2℃，温度波动要尽量小，波动大易引起生理病变。

（5）气调贮藏。用快速降氧法或自然降氧法，以减少葱头贮藏环境中的氧气，可在葱头休眠期内进行。方法是，先在清理消毒的地窖或地下室内铺一层规格大于垛底，厚0.14～0.23毫米的薄膜作帐底，上撒10～15千克消石灰，垫上2～3层砖，在上面码放木箱，每木箱装充分干燥的洋葱17.5千克。木箱可码成长方形，长6箱，宽4箱，两层共放840千克左右。而后罩上与垛大小相等的薄膜帐子，将帐子底边与帐底的薄膜一起卷起，用砖或土压紧。帐子四周如有抽气孔、通风口也要扎紧。这样构成一个密闭的贮藏系统。封帐后，垛内葱头由于呼吸作用，二氧化碳逐渐升高，氧气逐渐减少，可以达到缺氧贮藏的目的。一般气调贮藏，帐内的氧含量指标为 1％～3％，二氧化碳含量为 5％～10％。在贮藏过程中每隔 25～30 天检查 1 次，拣出病、烂的葱头，继续贮藏。

（六）病虫害防治技术

洋葱病虫害的防治，更需要及时有效。同时，使用农药必须严格选用高效低毒低残留品种，严格控制使用药量，尤其是采收前两周多数杀虫杀菌剂应停止使用。

1. 洋葱主要病虫害

（1）侵染性病害。洋葱猝倒病、立枯病、紫斑病、霜霉病、灰霉病、锈病、黑斑病、褐斑病、小菌核病、白腐病、软腐病、疫病、白色疫病、叶枯病、叶霉病、叶腐病、黑粉病等。

（2）非侵染性病害。叶尖干枯症、营养元素缺乏症等。

2. 洋葱虫害　葱蝇、葱蓟马、葱斑潜蝇、种蝇、蒜蝇、甜菜夜蛾、斜纹夜蛾等。

3. 洋葱病虫害防治

（1）农业防治。依据病虫、大葱、环境条件三者之间关系，结合整个农事操作过程中的土、肥、水、种、密、管、工等各方面一系列农业技术措施，有目的地改变某些环境条件，使之不利于病虫害发生，而有利于洋葱的生长发育；直接或间接消灭或减少病虫源，达到防害增产的目的。

① 合理轮作。采取与非葱属作物 3～4 年轮作，能够改善土壤中微生物区系组成，促进根际微生物群体变化，改善土壤理化性状，平衡恢复土壤养分，提高土壤供肥能力，促进洋葱健壮生长而防病防虫。

② 清洁田园。拔除田间病株，消灭病虫发生中心，清除田间病残组织及卵片，施用腐熟洁净的有机肥，减少田间病虫源的数量，尤其降低越冬病虫量，从而有效防治或减缓病虫害的流行。

③ 选用抗病品种，培育无病壮苗。在品种方面，选用抗病品种，并培育选用无病壮苗；加强种子田病虫害的防治，控制种子带病；加强育苗田病虫防治工作，采取综合措施促发壮苗，移栽时认真剔除弱苗、病苗和残苗。

④ 改进栽培技术。创造适合于洋葱生长发育的条件，协调植株个体发育，增强抗病抗虫抗逆能力，加深土壤耕层，活化土壤，综合运用现有的农业措施，采用先进化学手段实施壮株抗虫抗病栽培，从而达到栽培防病、防虫的目的。

⑤ 加强田间管理。合理施肥，重施基肥，增施磷钾肥，避免偏施氮肥，适当密植，合理灌溉，加强中耕，提高洋葱抗逆能力。同时，采用叶面喷肥、补施微肥、应用激素等措施，促进洋葱稳健生长，协调养分供应，从而达到延迟病虫发生、躲避病虫侵害、减轻病虫危害的目的。

（2）化学防治。

① 播种期土壤处理。苗畦整好后，在畦内亩撒3％辛硫磷颗粒剂1.0～1.5千克，药土混匀后浇水播种。用80亿单位地衣芽孢杆菌葱类专用种子包衣剂，按药种比1∶100包衣，或用50％多菌灵可湿性粉剂300倍液拌种后播种。

② 苗期。防治葱蓟马、潜叶蝇：用斑潜菌毒二合一既治虫又治病，用菊酯类杀虫剂或0.5％阿维菌素乳油兑水均匀喷施，或50％辛硫磷乳油与菊酯类乳油兑水混配，每5～7天喷1次，连喷4～5次。防治葱蛆：用0.5％阿维菌素乳油溶液灌根。防治猝倒、根腐、干尖等病害：用25％络氨铜水剂（酸性有机铜），或大葱克菌王、80亿单位地衣芽孢杆菌水剂、64％噁霜·锰锌可湿性粉剂、70％代森锰锌湿性粉剂兑水喷匀为度。

③ 成株期。栽植前选用90％敌百虫晶体溶液蘸根，防治地下害虫及蓟马、葱蛆。防治成株期病害：选用20％吗胍·硫酸铜水剂，或辛菌胺（5％菌毒清）水剂、25％络氨铜水剂（酸性有机铜）、70％代森锰锌、代森锌可湿性粉剂兑水喷布，轮换交替使用，每5～7天1次，连喷2～3次。防治灰霉病：严重发生采用30％

噁霉·多菌灵悬浮剂、50％异菌脲可湿性粉剂或50％腐霉利可湿性粉剂兑水喷布，轮换使用。防治霜霉病：用3％多抗霉素可湿性粉剂、72％霜脲·锰锌可湿性粉剂兑水喷布，轮换使用。防治紫斑病、黑斑病等：用25％络氨铜水剂（酸性有机铜）、50％异菌脲可湿性粉剂＋70％代森锰锌可湿性粉剂兑水混合喷治。防治叶部害虫：用药同苗期，以5～7天1次为宜。

（七）洋葱生理性病害防治技术

洋葱主要生理性病害的综合性防治措施有四：一是增施腐肥有机肥；二是采用全面配方施肥，满足洋葱对各种元素的需求；三是不能偏施重施某种大量或微量肥料，采用综合配施，平衡土壤养分；四是及时对症喷施微量元素肥料。具体营养元素缺乏导致危害症状及防治办法如下。

1. 氮缺乏与过剩　氮素不足，生长受到抑制，先从老叶开始黄化，严重时枯死，但根系活力正常；鳞茎膨大不良，造成鳞茎小而瘦，不能充分发挥其丰产潜力。氮素吸收过剩，叶色深绿，发育进程迟缓，叶部贪青晚熟，且极易染病，易导致钙的吸收受阻，发生心腐和肌腐。5％原生汁冲施肥亩用1千克＋尿素10千克冲施或加尿素15千克拌匀后撒施并叶喷高能钙胶囊，可防缺氮。

2. 磷缺乏与过剩　磷素缺乏，易导致株高降低，叶片减少，根系发育受阻，植株生长不良。磷素吸收过剩，则鳞茎外部鳞片会发生缺锌，内部鳞片发生缺钾，鳞茎盘会表现缺镁，且易发生肌腐、心腐和根腐。用高能钾、高能钙、高能镁胶囊各1粒兑水15千克叶喷，可防缺磷。

3. 钾缺乏　苗期缺钾，不表现出明显症状，但对鳞茎膨大会有影响。鳞茎肥大期缺钾，则易感染霜霉病，且降低葱头耐贮性。缺钾中后期，往往老叶的叶脉间发生白色至褐色的枯死斑点，很似霜霉病斑。用80亿单位地衣芽孢杆菌水剂800倍液＋高能钾胶囊1粒，喷匀为度。

4. 钙缺乏与过剩　钙吸收不足，则根部和生长点发育会受到影响，组织内部碳水化合物降低，新叶顶或中间产生较宽的不规则形黑斑或白枯斑，球茎发生心腐和肌腐。用高能钙胶囊兑水叶面喷施。若钙吸收过量则会导致对其他微量元素的吸收减少，而引起其他元素缺乏。

5. 硼缺乏与过剩　缺硼则叶片扭曲，生长不良，畸形，失绿，嫩叶发生黄色和绿色镶嵌，质地变脆，叶鞘部发生梯形裂纹，鳞茎疏松，严重时发生心腐，根尖生育受阻，影响对其他元素正常吸收，硼过剩则自叶尖开始变白枯尖。用高能硼胶囊兑水喷布，可防缺硼。

6. 铁缺乏、镁缺乏　缺铁则新叶叶脉间发黄，严重时则整个叶片变黄。缺镁则嫩叶尖端变黄，继而向基部扩展，以至枯死，中间叶叶脉间淡绿色至黄色。用高能铁、高能镁胶囊兑水喷布，可预防缺铁和缺镁。

六、大蒜

大蒜原产亚洲西部高原地区，在我国栽培历史悠久。它适应性强，耐贮运，供应期长，各地普遍栽培。大蒜产品营养丰富，味道鲜美，能增进食欲，并能抗菌消炎、防治心血管等多种疾病，是人们喜爱的佐食，也是医药、食品、饮料生产、化妆品、工业用品等的重要原料。种植大蒜前景广阔。

视频 19　　　　　视频 20　　　　　视频 21
大蒜鳞芽及花芽分　　大蒜蒜薹生长　　大蒜鳞茎膨大
化期管理技术要点　　期管理技术要点　　期管理技术要点

（一）品种类型及栽培利用

我国地域广阔，在多年的栽培过程中形成了许多地方优良品种，品种资源十分丰富。按蒜瓣大小和多少，可分为大瓣种和小瓣种。大瓣种品种较多，一般每个蒜头有 4～8 瓣，蒜瓣整齐，个体大，味香辛辣，产量较高，适于各地栽培，以生产蒜头和蒜薹为主。小瓣种每个蒜头内有十几个蒜瓣，蒜瓣狭长，大小不整齐，蒜皮薄，辣味较浓，品质较差，蒜头、蒜薹产量都较低，以生产青蒜苗为主。按蒜头外皮的色泽可分为紫皮蒜和白皮蒜。紫皮蒜，皮紫红色，蒜头中等大小，种瓣也比较均匀，辣味浓，多早熟，品质较好，适宜作青蒜苗栽培，也可作蒜薹和蒜头栽培。白皮蒜，鳞茎外皮白色，头大瓣少，皮薄洁白，黏辣郁香，营养丰富，植株高大，生长势强，适应性广，耐寒，晚熟，蒜头蒜薹产量均高，也可作保护地多茬青蒜苗栽培。

（二）以生产蒜头为主的大蒜地膜覆盖栽培技术

大蒜采用地膜覆盖栽培，根系发达，茎叶生长旺盛，形成的蒜薹个粗质嫩，一般较露地栽培增产20％～25％；形成的蒜头大，不散瓣，品质好，一般较露地栽培增产30％左右。

1. 选择适宜的品种 地膜覆盖栽培的大蒜宜选用优质高产的紫皮蒜及大瓣型白皮蒜，如蔡家坡红皮蒜、苍山大蒜、徐州白蒜等。

2. 选地整地 地膜覆盖栽培，要选择地势平坦，土层深厚，耕层松软，土壤肥力高，保肥、保水性能较强的地块。水源不足、地面不平、土质瘠薄、肥力低下的沙质土壤，不适宜地膜覆盖。覆盖地膜之前，要进行深耕耙地，精细整地，清除残余根茬，达到地平、上松、细碎、无坷垃的要求。

3. 施肥作畦 由于地膜覆盖大蒜不便追肥，要求以底肥为主，一次施足。一般亩施腐熟有机肥5 000～6 000千克，尿素30～40千克，过磷酸钙50千克，钾肥20～25千克。有机肥和磷、钾肥应结合整地时翻入地下，尿素可部分结合开沟作种肥用，但用量不宜太多，以免烧种、烧根。畦向应与风向平行，多以南北畦为好，可减轻风对膜的掀刮，提高覆膜质量。一般依据膜幅做成小高畦，畦面宽70厘米，畦高8～12厘米，沟宽20～30厘米，应尽量窄一些，采用95厘米宽地膜，压膜时要牢固，紧贴在畦面上。

4. 精细选种 挑选直径5厘米以上的蒜头，选出无病、无破损、色泽洁白的蒜瓣作种瓣，去掉底部根盘，以利发根。播种前将选好的种蒜在清水中浸泡 24 小时，充分吸水，然后用多菌灵、辛硫磷拌种，防病治虫。拌种方法是每 100 千克蒜种用 50％多菌灵可湿性粉剂 400 克、50％辛硫磷乳油 200 克，加水 5 千克拌匀。

5. 适时播种盖膜　一般覆膜大蒜比露地蒜晚播 5～7 天，秋播一般在 9 月中下旬。按行距 20～25 厘米开播种沟，株距 10 厘米左右，每亩种植密度 2.5 万～3 万株，播后覆土 2～3 厘米，为防草害，覆土后可用 50％扑草净稀释液进行地表喷施，喷药后尽可能不破坏表土层。喷药后覆膜，要使地膜紧贴畦面并压紧地膜，出苗后及时人工破膜露苗封口。也可先喷除草剂，再覆膜，然后按行株距打 4～5 厘米深孔播种，播后用细土封死播种孔。

6. 田间管理　大蒜盖膜之后，随即浇一次水。方法是把水浇到沟里，进行洇灌，水量一定要大，要洇透畦面。若一次浇水洇不透，要连洇二次。接近出苗时，再浇一水，以利幼芽出土，顶破薄膜，继续生长。若有顶不破薄膜的幼芽应注意人工辅助破膜。在幼苗生长期间，灌一次长苗水，"小雪"之后根据天气情况再浇一次越冬水。

翌年大蒜返青后，随着气温回升，开始活动生长，在烂母期前后，浇一遍水。从大蒜的出苗至幼苗生长、越冬期及返青后的幼苗期等阶段，均要注意防止蒜苗在膜下生长，要经常检查地膜破膜处和风刮波动处，要及时整修，用土严封压膜，如果蒜株周围破膜，也要用土封严，以充分发挥地膜效益。

覆盖地膜的大蒜在翌年春分前后至 3 月底进入薹瓣分化期，应根据天气情况及时进行浇水，特别在蒜薹生长中期，露尾、露苞期等生育阶段，必须适期浇水，保持田间湿润状态，以利大蒜生长。返青后，可根据具体情况进行叶面喷肥，一般可用磷酸二氢钾，及硼、锌、锰、钼、铁、铜、稀土等微量元素肥料，可混用也可交替单用，可收到良好的效果。

在薹瓣分化期间，要保护地膜，发挥其保温作用，在露苞前后揭去地膜，拔除杂草。此期可根据蒜苗长势，增施速效化肥，保证养分足够供应。提薹前 5 天左右，停止浇水。近提薹时轻轻松 1 次土，散发土壤水分以利提薹。在大蒜提薹后，进入蒜头膨大盛期，提薹后随即浇 1 次水，随浇水可酌情追一些速效化肥。过 5～6 天后相继浇水 1～3 次，保持土壤湿润，以利蒜头膨大生长。覆膜大蒜蒜薹及蒜头均比露地提早收 7 天左右，蒜头收获过晚会发生散瓣、腐烂现象。

（三）以蒜薹为主要产品的栽培技术

1. 选择蒜薹生长势强的品种　如来安薹蒜。来安薹蒜是安徽省来安县地方优良品种，也是以蒜薹为主要产品的优良栽培种，属弱冬性中熟类型，全生育期 240 天左右，株高 100 厘米左右，叶肉厚有蜡粉，蒜头白皮白肉，平均每头 10～12 瓣，重 23 克左右；蒜薹长 30～40 厘米，单根重约 35 克，色泽绿白，每根蒜薹绿色部分约占四分之三，其余为白色部分。来安薹蒜不仅蒜薹产量高，而且辛辣适度，营养丰富，特别耐贮藏，一般亩产 500 千克左右。用冷藏法贮存，可在春节前后供应市场。

2. 采用适宜的栽培措施　来安薹蒜对土壤适应性较强，除盐碱沙荒地外都能生长，但以富含有机质的中性壤土为宜。播种前施足底肥，及时耕翻，精细整地。选用无病、无伤、洁白蒜瓣作种，每亩需种瓣 250 千克左右。适宜秋播期在日均温度 20～22 ℃为宜，一般在秋分后播种。行距 27～33 厘米，株距 6～7 厘米，亩种植密度 3 万～3.5 万株，肥水管理同一般大蒜，由于蒜薹产量高，特别注意分化初期追施磷肥。主要病害有黑斑病、紫斑病，应注意防治。发现病害可用 70％敌克松兑水喷雾防治。老蒜区可在整地前用福美双、代森锌等农药进行土壤消毒防治菌核病、白腐病等病害。5 月上旬采收蒜薹，采薹时尽量不要损伤叶片或使叶鞘倒伏，加强田间管理，尽可能增加蒜头产量。以 6 月上旬收获蒜头为宜。

（四）以青蒜苗为主要产品的栽培技术

1. 低温处理早蒜苗栽培　蒜种人为保湿低温处理后，生根发芽，幼苗同时通过春化阶段。播种 3～7 天后，就能出苗，而且生长快，纵向生长优势强，比常规栽培的高 3.3～6.6 厘米，蒜苗产量比常规提高 30％以上，并于 10 月初蒜苗即可上市，比常规提前 1 个月上市；收获后 10 月下旬还可复种一季冬菜，从而提高了土地利用率，增加经济收入。该栽培法每 1 千克蒜种生产蒜苗 6～8 千克。其低温处理和配套栽培技术如下：

7 月下旬，将蒜种装入塑编袋内，每袋 20 千克左右，不宜装得太满，否则袋内外温、湿度不均，会出现袋心生根，袋外缘无根现象，影响出苗。在入冷库处理的当日早晨将蒜种浸入凉水 3～5 分钟，捞出沥干水，随即放入冷库，注意不能堆压。冷库温度保持 3～5 ℃，处理过程中要经常查库，以防止因库温过高或过低引起霉变或冻伤；若种蒜干燥要淋水保湿，并将袋子上下翻动几次，以利温湿均匀，促进生根发芽。低温处理 15～20 天即可播种。播种时选发芽、生长快，叶片长而直立，纵向生长优势强，苞衣为紫红色或淡紫红色的早熟品种，并选择长形、芽顶尖而突出的蒜瓣为蒜种。播种前施足底肥，以腐熟有机肥为主，适量配施化肥，可顺行沟每亩施 5 千克尿素作种肥翻入土中，整平后待播。8 月上中旬播种，播种时土壤墒情要潮湿，以免损伤幼根。一般行距 10～12 厘米，株距 2～4 厘米，每亩种植 20.2 万株左右，每亩需种量 400～450 千克，可顺行开沟播种，播后浇 1 次大水，随后选用 60％丁草胺乳油，兑水喷雾，然后覆盖 1.6～1.8 厘米厚的稻草或麦秸，有利保墒降温和扎根出苗，同时还有防草作用。待 3～4 叶时可施低浓度粪肥，5～6 叶时进行第二次追肥，每亩施尿素 7.5～10 千克以利根系吸收。以后若出现苗色发黄现象再补施氮肥。苗色浓绿，叶尖发黄，则说明生理缺水或施肥过量，要及时连浇大水，否则会绿而不长，造成僵苗。

2. 春季育苗、麦收后移栽蒜苗栽培 3 月下旬选择土壤肥沃、灌浇方便的地块作苗床，用白皮蒜蒜苗籽育苗，栽 1 亩蒜苗需用白蒜苗籽 0.25～0.3 千克，苗床面积 0.15～0.2 亩。苗床每亩施农家肥 5 000 千克，氮肥 10 千克，磷肥 20 千克，三肥混合一次施入作底肥，耕翻整地，均匀撒籽，再用钉齿耙耙平耙细，地面均匀覆盖 7 厘米厚麦秸增温保墒。每隔 7 天左右用喷雾器于傍晚在苗床上喷洒一次水，以利发芽，确保全苗，齐苗后揭掉麦秸。

麦收后整地移栽，采用垄沟栽培方法，垄宽 60 厘米左右，高 20 厘米，垄主要是准备壅蒜苗取土用。沟宽 40～50 厘米，在沟内亩施腐熟农家肥 4 000 千克，翻入沟底耙平。沟内栽 4 行蒜苗，行距 13 厘米，株距 10 厘米，亩栽苗 4 万多株，开沟移栽后及时灌水。10～15 天后进行第一次追肥壅土，亩用尿素 20 千克，磷肥 40 千克，肥料混合均匀后撒入沟内，壅土 7 厘米厚，如少雨干旱可及时灌水。半个月后壅第二次土，当蒜苗进入旺盛生长阶段，每隔 7～10 天喷一次丰收素或其他叶面肥，促使叶片宽厚，增加产量。

进入 10 月上旬蒜苗可陆续收获上市，若市场价格较低，可延续至越冬前收获，收获后整理扎捆，每捆 10 千克左右，放在阴凉处，每捆间隔 5～10 厘米堆放，防止受热腐烂。待下霜降雪时上盖一层玉米秆防止风干冻烂。根据市场价格适时销售。

3. 保护地青蒜苗栽培　保护地栽培青蒜苗主要是在冬季以整头或剥瓣密植于温室、温床、阳畦或拱棚等保护地环境下，借蒜瓣自身营养，给予适当的温湿度生产蒜苗的一种方法。冬季新鲜蔬菜种类较少，利用保护地在冬、春两季生产青蒜苗于淡季上市，效益可观。由于保护地栽培的青蒜苗生育期短，栽培管理比较简便，并可利用温室隙地随时栽培，提高温室利用率。一般自入冬后即可栽培，每 20～30 天可生产一茬。

青蒜苗的生长主要靠蒜瓣贮存的养分。因此，要选用蒜头大、蒜瓣多，不抽薹、耐寒力强、生长迅速，且发育充实、品质好、无伤害的白皮蒜品种为宜。播前将蒜头用清水泡 1 昼夜，然后设法将须根及蒜种中间残留的蒜薹挖出，剥去外面的蒜皮，直至露出蒜瓣，但应保持整个蒜头不散，这样便于栽植和发芽扎根。青蒜苗栽培以疏松的土壤为宜，栽前要将地深翻 15～20 厘米。第一茬青蒜苗收割后，将蒜根挖出，再适当增加新土，重复前次方法进行整地、栽植，也称为倒栽。

采用密植措施是提高产量的重要措施。栽蒜时一定要把蒜头排紧，凡有空隙处可用蒜瓣填充。一般每平方米可栽蒜瓣 15 千克。

栽植后主要是保温保湿。温度可控制在 15～30 ℃，超过 30 ℃生长不充实，产量低、质量差，低于 15 ℃生长缓慢，也影响产量。栽植后 3～5 天新根长出时，浇 1 次透水。待苗稍微呈现干燥后，用木板依次将苗床压 1 次，使新根与土壤充分接触；在苗刚出土时，再覆上 1 厘米的细沙土。整个生育期应经常适量浇水，用手握床土，松手即散时，即应浇水，一般第一刀浇水 3～4 次，第二刀和第三刀只在苗高 5 厘米左右时浇 1 次水即可，浇水过多易引起根系腐烂。浇水的水温以 20～30 ℃为宜。青蒜苗高超过 25 厘米时即可收割，收获时注意不要割得过深，以免伤蒜芽。一般每茬可收割 2～3 次，每千克蒜头可收割 1.3～1.5 千克，如管理得好，产量还会更高。

4. 晚蒜苗栽培 晚蒜苗于 9 月上旬后播种，选用早熟紫皮蒜作种，播种方法、播后管理与蒜头栽培基本相同。不同点是：播种要深，密度要大。一般行距 13 厘米左右，株距 2～4 厘米，每亩密度 17 万株左右。越冬前浇好封冻水，有条件的地方可施些土粪或牲畜圈粪覆盖。翌春早浇返青水，早追返青肥，亩施尿素 5～10 千克。土壤解冻后，及时中耕松土、保墒、提温，促使蒜苗迅速生长。3 月下旬以后可根据市场行情陆续采收上市。

（五）海蒜栽培技术要点

海蒜是一种以长蒜薹和蒜苗为主的新型蔬菜。它四季长青，适应性和再生力都很强，可在耕地中栽培，亦可在房前、屋后、畦埂等空闲的地方零星栽培，只要能排涝的地方都可种植。海蒜用种子繁殖，与韭菜一样，一茬一茬收割，种一次可连续收割 3 年。

育苗床应选在背风向阳，地下水位低的沙质地块。施足腐熟有机肥，并深翻细耙。播前将种子晒 1～2 天，用 20～25 ℃的温水浸泡 2～4 天，捞出沥干加入 5 倍的细沙土拌匀后播入苗床，盖 1 厘米厚的细土，然后用喷雾器喷湿苗床。高温干旱期育苗务必用草苫覆盖苗床，并于每天傍晚泼湿草苫，直至幼苗大部分出土后，揭去草苫，搭小棚，防日晒雨淋。冬季育苗苗床温度需保持在 15 ℃以上，并要做好防冻工作。当幼苗长至 17 厘米左右高，有 0.2～0.5

厘米宽的叶片时即可移栽大田。间隔距离 13 厘米×20 厘米栽后用清粪水加尿素浇足定根水。

一般移栽 1 个月即可收割。收割时留 6 厘米左右高的茬，收后及时松土除草，并浇施兑有尿素的清粪水，以利于二次再收割。以后只要温度在 20 ℃以上，每星期可收割 1 次。当年移栽第二年抽薹，年抽薹 2 次，3 月下旬 4 月初抽第一次薹。当薹顶快长小苞时即可抽出食用。留种蒜薹应粗壮、无病斑和虫孔，3 月出薹，8 月种子才能成熟，收种者少收一次薹。当种子变黑时就可剪下，晒干脱粒装入布袋中保存。收种后要及时去掉薹秆，同时松土浇施兑有尿素的粪水，经过 20～30 天即可在原植株长出健壮的新植株。

海蒜一般无病虫害，但应注意清除田间杂草，并于每次雨后适量追肥。

七、韭菜

韭菜是一种典型的多年生宿根性蔬菜，也是人们生活中食用量较大的上等蔬菜，具有广阔的生产前景。由于它既耐寒又耐热，有广泛的适应性，因此，在我国南北各地均普遍栽培，春、夏、秋、冬均可生产，周年都有多种产品上市供应，对调节市场供应起着重要作用。韭菜食用部分较多，叶、茎、薹、花、根均可食用，其产品多鲜嫩，营养丰富，维生素量很高，特别是维生素 A 含量丰富，还含有

视频 22
韭菜新品种
介绍与栽培
技术要点

纤维素以及其他矿物质。其中，胡萝卜素含量仅低于黄胡萝卜，纤维素略低于豆类。韭菜遮光软化栽培后，营养含量降低，但色艳味美，脆嫩，口感好。

（一）韭菜育苗、移栽、定植技术

1. 播种 一般韭菜苗期适宜气候凉爽、光照适中的季节，除冬季以外，基本都可以播种，但播期以春季 3 月中旬至 5 月、秋季 8 月至 9 月为宜，北方地区以春季播种为主。苗床应选在旱能浇、涝能排、背风向阳的高燥地块，韭菜对土质要求不太严格，但育苗

以沙壤土为宜。苗床要施足底肥，以腐熟有机肥为主，可亩施4 000千克左右，并配合50千克氮、磷、钾复合肥，施肥后整地作畦。

韭菜出土能力弱，播前精细整地是保证全苗的关键。因此，要精耕细耙，做到上虚下实，土壤细碎无坷垃，一般畦长15～20米、宽1.0～1.2米为宜。播前选晴天晒种1～2天，以提高发芽势，然后用55℃温水浸10分钟，或用600倍的多菌灵溶液浸30分钟，经消毒的种子，用清水洗净，再放入常温水中浸泡20～24小时，清除浮在水面的秕籽，然后捞出沥干，在20℃左右的地方保湿催芽，每日要用清水淘洗1～2次，经2～3天有30％胚根露白即可播种。苗床亩播种量一般为5～6千克，催芽种子一般用湿播法，先在畦内浇足底墒水，待水渗后播种，播后盖1厘米细土，未催芽的种子可采用干播法，按10厘米行距，开1～2厘米深的浅沟，将种子撒于沟内，平整畦面后，覆盖种子，铺压后灌水。目前也有用精播耧播种的，行距8～10厘米，播深1.5厘米左右，播种深浅一致，效果较好。在幼苗出土前要保持土壤湿润，防止板结。播后苗前及时喷施33％二甲戊乐灵（施田补）封闭除草，如果还有杂草长出可以趁早喷施韭菜苗后专用除草剂，防止草荒危害。

2. 苗期管理　一般播后10～15天便可出苗，幼苗出土后要加强苗期管理，掌握前期保苗、后期蹲苗的原则。管理的中心工作是浇水、追肥、除草和治虫。浇水要轻浇和勤浇，浇水过多易引起徒长，浇水不及时会导致幼苗枯干，要经常保持畦面湿润，防止畦面忽干忽湿。幼苗在苗床一般需要2～3个月的时间，结合灌水应追肥2～3次，每次每亩以20千克尿素为宜。韭菜苗期杂草较多，要及时人工拔除或苗前喷洒除草剂，另外，还要及时防治病虫害，特别是韭蛆危害。为了培育好壮苗，有条件的地方播种时可采用小拱棚覆盖或地膜覆盖技术。拱棚覆盖可在惊蛰至春分播种，棚内气温超过30℃时及时放风降温，在立夏前后通风炼苗，然后撤去拱棚。地膜畦面覆盖要在春分至清明播种，当韭苗大部分露头时，及时撤去地膜，以防高温烧田。

3. 适时移栽定植　韭菜适宜定植的时间由播种早晚、秧苗大小和环境气候条件决定。一般在播后 70～90 天，长有 4～5 片叶，苗高 25～30 厘米时即可定植。3～4 月播种的在 6 月中下旬小麦收割后或春菜拉秧后进行定植。但如果幼苗过小，特别是鳞茎过小时，要适当推迟定植期。4～5 月播种的在 8 月中下旬定植，秋季播种的在翌年 3 月底 4 月初定植为宜。韭菜定植前，先起苗抖净泥土，按大小棵分级。起苗前剪根剪叶是传统的移栽办法，虽然可以减少叶面水分的蒸发，达到了预留叶片不干枯的目的，但据试验表明，在剪根剪叶时也大量损失了韭菜叶片和根系中贮存的养分，不剪叶虽然有部分叶片萎蔫干枯，但叶片和根系中贮存的养分已经回流到根系，定植后缓苗快，生长势强，因此，现在韭菜移栽一般不剪根剪叶。如是分株繁殖的老韭根，应剪去两年以上的老茎。定植田块要施足底肥，可亩施有机肥 4 000 千克、磷酸二铵 50 千克，缺锌地块还要亩施硫酸锌微肥 2 千克，深翻耙细后待栽。

合理密植是韭菜持续高产稳产的关键。其密度应根据栽培方式、品种、分蘖能力和栽培目的来确定。一般大田多年生产栽培可按 30～40 厘米行距开沟，沟深 12～15 厘米，穴距 15～20 厘米，采取深栽、浅埋、分次覆土的原则，埋土深度以叶片与叶鞘连接处不埋入土中为度。要栽平、栽齐，栽植后要踏实，然后及时浇水，使根部与土壤密接，以保证成活。较短时间生产或青韭栽培也可采用平畦栽培方法，一般按行距 20～25 厘米，穴距 10～15 厘米，每穴 6～10 株。新栽韭菜在缓苗后，若天气干旱应连浇 2～3 水，以促进根叶生长。

4. 幼苗定植后当年的管理　定植后要及时浇水，缓苗后，新叶出现时，要施肥浇水一次，进入高温多雨季节，一定要做好排水工作，以免烂根死苗。9～10 月昼夜温差大是韭菜生长的最盛时期，应加强肥水管理，促进叶片的生长、小鳞茎的膨大、根系的生长。秋季每隔 10 天左右浇水一次，结合浇水追施尿素＋复合肥 1～2 次，每次每亩 15～20 千克。10 月以后，天气逐渐变冷，生长速度减慢，叶片中的营养物质逐渐向鳞茎和根系回流，此时根系吸收能力减弱，叶面水分蒸腾减少，应减少灌水，保持地表不干即可。

为确保韭菜安全越冬和翌年返青快，应在 12 月初土壤结冻前浇足封冻水。

（二）露地韭菜栽培技术

1. 春季管理　返青前及早清除地上部枯叶杂草，韭菜开始萌发时，应深耕松土 1 次，把越冬覆盖的粪土翻入土中，也有利于提高地温。若冬季未施肥，春季要重施土杂肥，可亩施 1 500 千克，并将畦土锄松、拍细，无土杂肥时也要在畦面覆土 1～2 厘米，以利韭菜跳根。春季施肥后，根据墒情适

视频 23
大田韭菜肥水
管理技术要点

时浇返青水（2 月上旬），由于早春气温较低，蒸发量小，以小水为宜。春季还应适时追肥，每亩施尿素＋复合肥 20 千克，施后深锄保墒，增加土壤通透性，提高地温，促使植株快速生长，一般 40 天左右可收割第一刀韭菜。若冬季雨雪较多，土壤墒情较好，也可在第一茬收割后再开始浇水，以促进韭苗的成长、增进柔嫩品质，浇水后要及时划锄保墒。每次收割后，待伤口愈合，新叶出土 2～3 厘米时，结合浇水每亩施有机肥 150～200 千克，对恢复韭菜长势、提高下茬的产量有重要作用。

在管理好的情况下，一般 25～28 天收割第二、三刀，总之，要使春季韭菜产量占个总产的三分之二才能保证韭菜的高产。切忌收割后立即追肥，以免刀口没有愈合引起病害感染和肥害。收割一般在早晨进行，经过一夜的生长，品质特别鲜嫩，收割时留茬高度以割到鳞茎上 3～4 厘米黄色叶鞘处为宜，以后每割一刀应比前茬略高，才能保证植株正常生长。另外，春季停止收割的韭菜，一般无病害，但此时却是韭蛆的盛发期，在 3 月下旬至 4 月底应视其情况进行防治，可顺垄灌药或撒毒土。

2. 夏季管理　由于夏季高温，韭菜叶片组织纤维增多，质地粗糙，生长减弱而呈现歇伏现象，一般不再收割，应继续加强根株培养，为秋季生产打好基础。对多年生韭菜，要严格控制浇水，进入雨季还要注意防涝。夏季高温多雨，有利杂草滋生。对育苗移栽的韭菜或收获后的韭菜，可亩喷施除草通防治杂草。在"伏雨"到

来前，一般在 6 月的中下旬要将韭菜架离地面。若用铁丝竹竿搭架，要东西方向顺畦扯紧 6 根铁丝，铁丝间隔 40 厘米，离地面高 30～40 厘米，将竹竿南北方向，顺垄放在铁丝的上面，每两垄韭菜之间放 1 根细竹竿，并将其固定在铁丝上；若用棉花枝条或玉米秸或树枝搭架，应在浇水以后，趁湿插于两垄韭菜之间。间隔 10 天左右喷 1 次 50％辛硫磷 1 000 倍和 50％多菌灵 500 倍的混合液，预防病虫危害。另外抽薹田除留种地块外，都要摘去韭薹，以利于肥壮根茎。

大田韭菜经过夏季高温阶段生长，叶的食用性和商品性较差，一般不再采收，在夏末秋初通过喷施一些植物生长调节剂来促使养分向茎盘回流，聚集较多养分，使秋季平茬进行秋冬茬生产时，增加秋冬茬产量。一般在 9 月进行两次喷施较好，常用的生长调节剂有韭菜"顿顿丰"和乙烯利，隔半月一次，喷两次。相关试验结果表明，夏季韭菜喷施植物生长调节剂可以促秋冬季增产，但增产效果根据植物生长调节剂种类不同，效果与成本有较大差异。

3. 秋季管理　秋季气候凉爽，昼夜温差大，是最适合韭菜生长的季节，也是培养根株的最好时期。这一时期韭菜的生理活动最强，为了培养根株，必须加强肥水管理、防治病虫害，特别是立秋至秋分要重施肥水，促其旺盛生长。立秋前后，1 次可亩施优质粪干 1 000～1 500 千克或豆饼 500 千克或磷酸二铵 40～50 千克、硫酸锌 2～3 千克，间隔 5～7 天浇 1 水，连浇 2～3 次。处暑至秋分亩追施标准氮肥 60 千克，分 3 次施用，有条件的可单独亩施草木灰 100～150 千克。可根据植株长势，在 8 月下旬至 9 月下旬之间收割 1～2 次。进入 10 月，一般停止浇水追肥，利用干旱控制韭菜的贪青生长，迫使营养加速向鳞茎和根系回流。同时，加强病虫防治，随时清杂草。

（三）设施韭菜栽培技术

韭菜保护地栽培，多采用塑料拱棚、塑料大棚、塑料日光温室等类型。淮河流域可选择简易小拱棚，面积可随畦拱搭，也可拼畦覆盖，视薄膜宽度而定，方向以地块而定，以南北方向为宜，如采取东西走向，可在拱棚北面搭起防风篱笆，拱棚上面覆盖草帘即可生产。黄河流域及华北平原，可选择单面塑料大棚，面积 0.3～0.5 亩，东西走向，在北面筑 1 米厚的土墙，墙高 1.7～1.8 米，东西两墙，由北向南，从高到低 30°坡度倾斜。后墙上方用木材支架向里 以 15°角斜上修 1.0～1.5 米宽的帽盖，上铺秸秆，并用泥巴封顶，然后用铁丝、竹木为材架，覆膜搭棚。有条件的可在北墙增设反光板，在棚内增加酿热物，使棚内温度白天保持在 16～28 ℃，晚上不低于 8～12 ℃。在 12 月和翌年 1 月，棚内温度低于 5 ℃时，可加盖双草帘。保护地栽培韭菜要选用耐寒性强的品种，如航研 998、韭宝等。

1. 保护地韭菜夏季管理

保护地韭菜夏季管理很重要，在夏季一般不进行收割，以养根为主，为冬季生长打好基础，由于夏季高温多雨，有利杂草生长，可用 25％除草醚进行除草。在养根期间要及时打去花薹，减少养分消耗。在雨季来临时停止浇水，进行蹲苗，并搞好沟渠配套，及时排除田间积水。夏季主要病害为疫病，若发生可逐垄用手捋掉老化叶，使植株充分透光通风。雨后要及时排水，防止倒伏和烂根，并且科学追肥拔草，增加行间通风透光，提高叶片的光合作用，使植株肥大粗壮。发病初期，可选用 50％甲霜铜可湿性粉剂，隔 7～10 天 1 次，连续喷施 2～3 次。主要虫害为伏蛆和潜叶蝇，常在小暑至大暑之间危害，防治药剂可用 50％灭蝇胺可湿性粉剂或 50％辛硫磷兑水灌根，同时用 2.5％联苯菊酯乳油或 2.5％溴氰菊酯乳油兑水喷洒一并防治。

2. 保护地韭菜冬春季管理

肥水管理是保护地韭菜管理的关键，但肥水管理的重点不是在扣棚后，而是在扣棚前。一般在叶已全部枯萎，养分全部运往根茎后才能扣棚覆盖，也可根据上市时间要求，适时扣棚覆盖。在覆盖前要清除枯叶和杂物，施一层腐熟有机肥，一般亩施腐熟人粪尿 1 000 千克，尿素 30 千克或复合肥 100 千克，浇足水后扣棚覆盖。初期室温不能太高，应该逐步升高，以使根株逐渐恢复生机。保护地韭菜扣棚覆盖后主要依靠土壤、根系和鳞茎中的养分生长发育，前期一般不再施肥浇水。收割第二茬后（春节后），随着气温的回升，可亩施硫酸钾复合肥 40～60 千克，小水勤浇，并适度放风。保护地栽培在保温的原则下要加强通风，以增加 CO_2 含量、降低空气湿度。每茬收割后可喷洒 50％的多菌灵稀释液防病，另外，还要根据虫情及时防虫。

（四）薹韭栽培技术

薹韭以产薹为主，兼产韭黄或韭青。韭薹目前是一种高档蔬菜，生产效益较高，保护地栽培可在 4 月初至 5 月下旬上市供应；露地栽培在 6 月下旬开始采收上市，可延续到 9 月初。其栽培要点如下：

1. 选用薹韭品种　如平顶山市农业科学院研究育成的平丰薹韭王、铜山早薹韭等。

2. 稀植栽培　薹韭一般不直播，多采取育苗移栽，按行距 40 厘米、株距 4 厘米定植，亩种植密度 16 万株左右。

3. 适当早割多割　薹韭具有早割早冒薹，多割多冒薹，晚割晚冒薹，少割少冒薹，不割晚冒薹的特性。因此，要适当早割、多割。一般当年栽种的薹韭保护地栽培在大雪前后覆盖，春节前后只收割一刀；多年生薹韭在小雪至大雪期间覆盖，春节前收割一刀，春节后视其情况，若生长比较旺盛可再收割一刀。每刀韭菜的高度以不超过 30 厘米为宜，以防营养损失过大，导致韭薹减产。

4. 加强肥水管理，壮苗促薹　薹韭需肥量大，耐肥能力强。立秋前要少浇水、少施肥，以控苗生长，在立秋后叶片旺盛生长期就要开始加强肥水管理，以施氮肥为主。一般每隔半个月追施 1 次尿素。抽薹期要氮、磷、钾化肥配合施用，抽薹前可亩施磷酸二铵 50 千克，硫酸钾 15 千克。水分不足容易导致韭薹纤维含量增加，丧失柔嫩之特点，因此，在冒薹期间要间隔 7～8 天浇 1 次水，并随水亩施尿素 20 千克，促使韭薹高产。在叶片生长期和韭薹抽生初期，可分别喷施 50 毫克/千克的 920 植物生长素，不仅可增产 20％以上，而且韭薹颜色嫩绿，脆嫩感强，长短一致，品质提高。

5. 搭架防倒伏 薹韭停割后，高达 40 厘米时，要因地制宜及时设架防止倒伏。

6. 及时收获 一般当韭薹高 40～50 厘米，花苞尚未膨大时，选清晨或傍晚趁韭薹脆嫩之时拿下，采摘要彻底。另外，采摘要及时，过早会影响产量，过晚纤维含量增加，品质较差。采收后一般将其 0.5 千克左右扎成一把，若干把捆成一捆，浸入水中保鲜或出售。

（五）韭菜病虫害防治技术

1. 韭菜灰霉病 也叫韭菜白点病或腐烂病，是韭菜主要病害，特别是保护地生产更为普遍。

症状：主要危害叶片，分白点型、干尖型和湿腐型三种。白点型和干尖型初在叶片正面或背面生白色或浅灰褐色小斑点，由叶尖向下发展，病斑菱形或椭圆形，也可相互汇合成斑块致半叶或全叶枯焦。湿度大时，枯叶表面生稀疏的霉层。湿腐型发生在湿度大时，叶上不产生白点，枯叶表面密生灰色或绿色绒毛状霉，伴有土霉味。干尖型由割茬刀口处向下腐烂，初呈水渍状后变淡绿色，有褐色轮纹，病斑扩散后多呈半圆形或 V 形，并可向下延伸 2～3 厘米，呈黄褐色，湿度大时，表面生灰褐色绒毛状霉。大流行年份或韭菜贮运时，病叶出现湿腐症状，完全湿软腐烂，表面产生灰霉。

发病规律：韭菜灰霉病主要靠病菌的分生孢子传播蔓延。收割韭菜时，病菌分生孢子散落于土表越冬，来年传播蔓延，导致新叶发病，作为初侵染源，之后产生分生孢子，通过气流、灌溉、农事操作等进行再侵染。病菌生长的温度范围是 15～30 ℃，菌丝生长适温 15～21 ℃，高温时产生菌核。孢子萌发需要水滴或 95％以上相对湿度。高温高湿条件下，韭菜生长过旺，抗病力差，往往造成大流行。

防治措施：①控温，降湿。适时通风降温，相对湿度控制在 75％以下。②清除病残体。韭菜收割后，及时清除病残体，将病叶、病株深埋或烧毁。③药剂防治。喷雾：在韭菜每次收割后，及时选用 50％多菌灵或 70％甲基硫菌灵可湿性粉剂兑水喷布地面。发病初期可选用 50％甲基硫菌灵可湿性粉剂，或 75％百菌清可湿性粉剂、78％甲霜锰锌、50％多菌灵可湿性粉剂、50％速克灵可湿性粉剂兑水喷施，重点喷施叶片及周围土壤。烟雾：棚室可用 10％速克灵或 10％百菌清烟剂，每亩 250 克，分放 6～8 点，用暗火点燃，熏蒸 3～4 小时。粉尘：于傍晚喷散 10％杀霉灵或 5％百菌清粉尘剂，每亩每次 1 千克，9～10 天 1 次。

2. 韭菜疫病

症状：主要危害韭菜的假茎和鳞茎，叶片、花薹、根也可受害，尤以假茎和鳞茎受害重。假茎受害，呈水渍状浅褐色软腐，叶鞘易脱落。鳞茎受害，根盘处呈水渍状褐色腐烂，鳞茎内部组织亦呈浅褐色，新生叶片瘦弱。根部受害，根毛少，变褐腐烂，植株长势弱。叶及花薹受害，多始于中下部，初产生暗绿色水渍状斑点，后病斑扩大，病部缢缩，引起叶、花薹下垂腐烂。湿度大时，病部长出白色稀疏霉层。

发病规律：病菌随病残体在土壤中越冬，条件适宜时产生孢子囊，放出游动孢子侵染寄主，借风雨、流水传播，可多次再侵染。高温（25～30 ℃）高湿（相对湿度在 95％以上）是该病发生的重要条件。

防治措施：①轮作倒茬，增施腐熟有机肥，半高畦栽培，注意排水。保护地要适时放风、透光、降湿。②发病初期可用 58％瑞毒霉锰锌 500 倍液、64％杀毒矾可湿性粉剂或 70％克露可湿性粉剂兑水喷雾防治。

3. 韭菜菌核病

症状：主要危害叶片、叶鞘或茎部。被害的叶片、叶鞘或茎基部初变褐色或灰褐色，后腐烂干枯，田间可见成片枯死株，病部可见棉絮状菌丝缠绕及由菌丝纠结成的黄白色至黄褐色或茶褐色菜籽状小菌核。

发病规律：寒冷地区，主要以菌丝体和菌核随病残体遗落土中越冬。翌年条件适宜，菌核萌发产生子囊盘，以子囊孢子进行初侵染，借气流进行传播蔓延，或以菌丝接触侵染发病。一般雨水频繁，地势低洼，湿度过大易发病。

防治措施：①合理密植，改善田间小气候；避免过量施氮，定期喷施微肥激素，促进植株早生快发；缩短割韭周期，改善株间通透性。②及时喷药防治。每次割韭后至新株抽生期喷淋50%速克灵、或75%百菌清+75%甲基硫菌灵可湿性粉剂、或5%井冈霉素水剂兑水喷雾，隔7～10天1次，连防3～4次。

4. 韭菜锈病

症状：主要侵染叶片和花梗。初在表皮上产生纺锤形或椭圆形隆起的橙黄色小疱斑，即夏孢子堆，病斑周围具黄色晕环，后扩展为较大孢斑，表皮破裂散出橙黄色夏孢子。叶片两面均可染病，后期叶及花茎上出现黑色小疱斑，为其冬孢子堆。

发病规律：以冬孢子在病残体上越冬，也可在温室寄主上辗转危害或在活体上以菌丝越冬，翌年以夏孢子随气流进行初侵染和再侵染。天气温暖湿度高、露多雾大，或种植过密、肥水过大、氮肥多、钾肥不足发病重。

防治方法：见大葱锈病防治方法。

5. 韭菜茎枯病

症状：主要危害花茎，也可危害叶片。茎部染病初现褪绿长椭圆形病斑，后全部变为灰白色，上生较密的小黑点，即病原菌的分生孢子器；叶片染病，叶两面病斑呈梭形或长椭圆形，边缘不清，后期也呈小黑点，严重时叶片枯死。

发病规律：以菌丝体或分生孢子器在病残体上越冬。翌年条件适宜时，分生孢子器吸水，逸出分生孢子，借风雨传播蔓延，进行初侵染，以新生分生孢子进行再侵染。高温高湿条件下，肥料不足、管理粗放、植株长势弱易发病。

防治措施：①选用生长健壮、抗病的韭菜品种，加强韭菜田间管理，及时拔除杂草，调节田间小气候。②发病初期，用75%百菌清可湿性粉剂、70%代森锰锌可湿性粉剂、80%大生可湿性粉剂或50%苯菌灵可湿性粉剂兑水喷雾防治。

6. 韭菜白绢病

症状：韭菜须根、根状茎及假茎均可受害，根部及根状茎受害后软腐，失去吸收功能，导致地上部萎蔫变黄，逐渐枯死。假茎受害后亦软腐，外叶首先枯黄或从病部脱落，重者整个茎秆软腐死亡。所有患病部位均产生白色绢丝状菌丝，中后期菌丝集结成白色小菌核。在高温潮湿条件下，病株及其周围土壤地表均可见到白色菌丝及菌核。

发病规律：病菌以菌核或菌丝遗留在土中或病残体上越冬。翌年气温回升后，在适宜条件下，产生菌丝，从地下须根、根状茎或假茎的地表处侵入形成中心病株，借雨水、灌水、施肥等农事操作等传播扩散蔓延。

防治措施：①选用无菌核种子播种，使用充分腐熟的堆肥或有机肥，避免粪肥带菌，及时清除田间个别病株。②加强管理，注意旱涝及时浇排，防止植株衰弱，降低田间湿度，提高植株抗病能力，创造不利于发病的条件。③发病初期喷洒15%三唑酮可湿性粉剂或20%甲基立枯磷乳油兑水喷雾防治。

7. 韭菜黑斑病

症状：主要危害叶片、花梗或鳞茎。叶片、花梗染病初生浅褐色，卵圆形至纺锤形条斑，后变为黑褐色具轮纹，湿度大时表面密生黑色霉层。叶斑融合可致全叶干枯。

发病规律：大葱紫斑病是真菌性病害，病菌由菌丝体或分生孢子在病残体上或种苗上越冬，借气流、雨水传播，病菌经葱表的气孔、伤口或直接穿透表皮侵入。该病在温暖多湿的条件下易发生，发病适宜温度为 $25\sim27\ ℃$，低于 $12\ ℃$ 不发病，温暖潮湿发病重。秋季的温度适宜病菌繁殖。雨水多的年份，大葱紫斑病流行加速，普遍发病严重。

防治措施：①清洁田园，实行轮作，避免葱属蔬菜重茬。②加强管理，多施基肥，合理追肥，雨后排水，使植株生长健壮，增强抗病力。③及时防治洋葱蓟马，以免植株造成伤口。④选用无病种子，或将种子用40%甲醛溶液浸种杀菌，浸后及时洗净。⑤发病初期可用 75％百菌清，或 58％甲霜灵锰锌、64％杀毒矾、50％扑海因可湿性粉剂兑水喷施，隔 7～10 天喷 1 次，共喷 3～4 次。

8. 韭菜软腐病

症状：主要危害叶片及茎部，叶片叶鞘初生灰白色半透明病斑，扩大后病部及茎基部软化腐烂，并渗出黏液，散发恶臭，严重时成片倒伏死亡。

发病规律：病原细菌主要以病残体遗落土中或未腐熟的堆肥中越冬，也可在保护地侵染越冬。在田间借雨水、灌溉水溅射及小昆虫活动和农事操作传播蔓延，自伤口或自然孔口侵入。温暖多湿，降雨频繁，连作地、低洼积水、土壤黏重的田块发病重。

防治措施：①选用抗逆性强的耐热、抗风雨品种。②发病初期喷施 77％可杀得可湿性粉剂，或新植霉素兑水溶液，视病情 7～10 天 1 次，连防 2～3 次。

9. 韭菜病毒病

症状：属系统侵染病害，染病后，生长缓慢，植株叶片变窄或披散，叶色褪绿并沿中脉形成条状变色黄带，之后叶尖黄枯，发病重的单株矮小或矮缩，最后枯死。

发病规律：主要在韭菜根部越冬，翌春韭菜萌发后，病毒扩展到地面叶片中，开始显症。病毒可通过割刀进行汁液接触传播蔓延，也可以通过葱蚜、桃蚜等传播媒介进行远距离传播。蚜虫的传毒是非持久性的，种子、土壤均不带毒。

防治措施：①选用生长健壮、长势强、抗逆性强的韭菜品种，发现病毒单株及时拔除销毁，并防止割刀传毒。②加强韭菜田间管理，及时防治蚜虫。③发病初期喷施 5％菌毒清、0.5％抗毒剂 1 号或 20％病毒 A500 兑水溶液，连喷 3～4 次。

10. 韭菜低温冷害

症状：韭菜属耐寒、耐旱、喜长日照的宿根蔬菜，遇过低的温度时，也会遭受冷害。当温度在 －4～－2 ℃时，叶尖先变白而后枯黄，整个叶片垂萎，温度在 －7～－6 ℃时，全叶变黄枯死。保护地韭菜在－2～0℃低温下会受到冷害，叶尖变为苍白色。

病因：属生理病害。主要因温度过低，叶片内游离水凝结而造成的。韭菜幼苗在12～18℃，叶片在12～24℃条件下均能健壮生长。遇0℃以下低温则易受到冷害。但土壤内的韭菜根茎在－30～－20℃也可安全越冬。

防治措施：该病多发生于保护地。一是提高棚室温度，保持15～20℃，防止冷空气侵袭。二是控制浇水量，保持土壤湿润。三是施足腐熟的有机肥于沟、垄内，促进健壮生长提高地温，防止冷害。四是喷施植物抗寒剂或植物营养剂，增加韭菜的耐寒能力。

11. 韭菜黄叶和干尖　棚室或露地栽培的韭菜经常发生黄叶和干尖。

症状：心叶或外叶褪绿后叶尖开始变成茶褐色，后渐枯死，直至叶片变白或叶尖枯黄变褐。叶片生长缓慢，细弱，外叶枯黄；叶尖枯萎，并逐渐变为褐色，后变为枯白色；先外叶叶尖变茶褐色，然后逐渐枯死，而中部叶片变白；嫩叶轻微黄化，外部叶片黄化枯死。田间发生均匀，且病部看不到明显病症。

病因：一是土壤环境不良。长期大量施用粪肥或生理酸性肥料，会导致土壤酸化而致韭菜叶片生长缓慢、细弱或外叶枯黄；盖膜前大量施入氮肥加上土壤酸化严重，易造成氨气积累和亚硝酸积累，导致先叶尖枯萎、后叶尖逐渐变褐和叶尖变白枯死。二是高温危害。韭菜生长适宜温度范围为5～35℃，当棚温高于35℃且持续时间长则导致叶尖或整叶变白、变黄，外叶叶尖开始变成茶褐色，然后叶片逐渐枯死，中部叶片变白即为高温叶烧病。三是低温危害。棚室韭菜遇有低温冷害或冻害，易造成韭菜白尖或烂叶，连阴天骤晴或高温后冷空气突然侵入则叶尖枯黄。四是缺素导致。硼素过剩可使叶尖干枯；锰过剩可致嫩叶轻微黄化，外部叶片黄化枯死；缺硼引起中心叶黄化，生理受阻；缺钙时心叶黄化，部分叶尖枯死；缺镁引起外叶黄化枯死；缺锌中心叶变黄黄化。五是缺水导致。土壤中水分不足常可引起干尖。

防治措施：①选用抗逆性强、吸肥力强的品种，施用腐熟的堆肥和有机肥，采用配方施肥技术，科学施用化肥，同时喷用绿风95、惠满丰、复合微肥等，防止缺素症。②加强棚室管理，遇高温及时放风、浇水，防止叶烧发生，遇低温及时采取保护措施，防止寒流扑苗。

12. 韭菜迟眼蕈蚊 又叫韭蛆，主要危害韭菜、大葱和大蒜，以韭菜受害最重。幼虫群居于寄主地下部的鳞茎和嫩茎部分危害。初孵幼虫首先取食韭菜叶鞘基部的嫩茎上端。春秋两季主要危害韭菜的嫩茎，使根基腐烂，地上部叶片枯黄而死，夏季高温时则下移，蛀鳞茎取食，严重时造成鳞茎腐烂，整墩枯死。

生活习性：韭菜迟眼蕈蚊在华北1年发生4代，以老熟幼虫或蛹在韭菜鳞茎内或韭根周围3～4厘米土层中休眠越冬。次年5月中旬羽化为成虫，成虫喜在阴湿弱光条件下活动，多产卵于韭根附近的表土中。幼虫孵化后即行分散，先危害韭菜叶鞘、幼茎及幼芽，随后咬断茎并蛀入其中，继而向根茎下部蛀食。幼虫喜湿怕干，湿的壤土地、多汁的嫩茎及鳞茎受害重。

防治方法：

（1）农业防治。①科学施肥。施用充分腐熟的有机肥料，施肥要做到开沟深施覆土。在成虫发生盛期切记不要泼浇未腐熟的人粪尿。②灌水防治。在早春或秋季幼虫发生时，连续灌水2～3次，每天早、晚各灌一次，灌水以淹没地面为准，保持4～6小时，使根蛆窒息死亡，能减轻危害。③剔韭法防治。用竹签剔开植株根周围土壤晾晒，造成干燥环境，可降低幼虫孵化率和成虫羽化率，减轻危害。剔韭土时间以春季地面表土未完全解冻为宜，宁早勿晚。④浇灌氨水。氨水是一种液体氮素化学肥料，浇灌韭菜，除了有肥效外，还有很好的防治根蛆作用。在韭菜头茬收割后2～3天，用3%的氨水均匀灌根，可有效减轻韭蛆危害。⑤滴灌法。在韭菜生长期，用滴灌供水，保持土壤表层干燥，不利于迟眼蕈蚊产卵，降低韭蛆虫口密度。

（2）物理防治。①覆膜法。韭菜收割后，菜田留有很浓的韭菜味，能引来大批成虫产卵，因此收割后覆膜3～5天，待伤口愈合后，韭菜味消失再揭膜。②灯光诱杀。在成虫羽化期，夜间田间设置日光灯，灯下放盆水。③黄板诱杀。成虫对黄色有强烈趋性。可在近地面处每亩设置40～60块15厘米×20厘米的黄色粘虫板，每隔7～10天清除一次粘虫板上的成虫并补刷机油。④糖醋液诱杀成虫。用糖：醋：酒：水按3：3：1：10的比例加入十分之一的90%敌百虫晶体配成混合液，分装在瓷制容器内，每亩均匀放置10个，可有效地诱杀成虫，5～7天更换一次，隔日加一次醋液。

（3）药剂防治。在成虫羽化盛期喷洒高效氯氟氰菊酯、阿维菌素＋氯氰菊酯、灭幼脲、联苯菊酯，上午9～10点施药效果最好；在幼虫危害盛期，应灌药防治，可选用辛硫磷、敌百虫、地蛆灵等，按药剂说明浓度灌根，或用喷雾器卸去喷头喷灌。施药后10天收割。

13. 韭菜蛾 韭菜蛾也叫葱须鳞蛾、葱小蛾，发生普遍，可危害韭菜、葱蒜和圆葱等。以幼虫蛀食韭菜叶片，严重时心叶变黄，降低产量和品质，一般老韭菜特别是种株受害严重。

生活习性：成虫将卵散产在韭菜叶片上，成虫羽化后，需补充营养。幼虫孵化后向叶基部转移危害，常将韭菜叶咬成纵沟，幼虫在沟中向茎部蛀食，但不侵入根部，幼虫常把绿色虫粪留在叶基部分叉处，因而受害株很易辨认，幼虫老熟后从茎内爬至叶中部吐丝做薄网茧化成蛹。

防治措施：在初孵期，选用20%杀灭菊酯乳油、90%敌百虫晶体、80%敌敌畏乳油、2.5%敌杀死乳油、2.5%功夫乳油或20%甲氰菊酯乳油按药剂说明浓度喷施。

14. 潜叶蝇 潜叶蝇种类较多，危害的寄主也较广。蔬菜中常危害豆类、茄果类、十字花科蔬菜、大葱、韭菜等。一年发生4～5代。成虫产卵于叶肉内，幼虫蛀食叶肉成曲折隧道。受害叶片失缘、变白干枯，严重影响产量和质量。

防治方法：①收获后，及时清除残叶残枝集中烧毁，以减少虫源。②成虫发生期,用黄板胶诱杀,每亩 40~60 片,均匀安放胶板高出韭菜 10 厘米,每 2~3 次观测一次,作为防治成虫的依据,每板上有 3~5 头即需要进行成虫防治。③防治幼虫可喷施 40%绿菜宝、阿维菌素、斑潜净、灭蝇胺、蚜虱净等药剂。

15. 蓟马

习性与危害症状:成虫、若虫多隐藏于韭菜幼嫩组织部位,以锉吸式口器锉伤条形叶。危害严重时叶片出现灰白色条斑。

发生规律:蓟马在温室恒定温度下一年可发生 15~20 代。危害盛期世代重叠严重。成、若虫白天栖息在叶片背面,行动迅速。常把卵产在叶片组织里,卵期 7~10 天。若虫在叶上危害 7 天左右,钻入表土 0.5~1.0 厘米左右,进行蜕皮,7~10 天后羽化为成虫,成虫寿命 7~10 天。

防治方法:①严防蓟马持续循环危害。早春清除田间杂草和蔬菜残株落叶,集中烧毁或深埋;勤浇水消灭地下若虫和蛹;定植前做好灭虫工作,同时防止幼苗等人为传入蓟马。②提高植株抗性。加强田间肥水管理,促使植株健壮生长,提高抗性。

八、芫荽

芫荽亦称香菜。属 1~2 年生伞形科作物,我国自古就有栽培,现遍及全国。芫荽作物一般生长高度在 20~60 厘米,根系粗壮,茎短缩。叶互生,叶部高大,叶薄,具有一种特殊香味,芫荽耐寒性强,适于冷凉季节栽培,一般以秋季栽培为主。适合芫荽生长的温度在 15~20 ℃,温度在 20~30 ℃时,生长缓慢,易抽薹。夏季栽培,因天气炎热,易抽薹,产量和品质都受影响。但近些年来,随着耐热品种的推广应用,一年可多茬次栽培,有些年份夏秋栽培生产效益还很高。华北地区越冬栽培时,需在阳畦中覆盖越冬。

视频 24
芫荽栽培
技术要点

芫荽适于轻松肥沃而湿度适中的土壤,播种前先将种子搓开,使双悬果分离，采用条播或撒播法，每亩用种 1.5 千克左右，近年来采用编织机编制绳条状播种或精播耧播种，既省种子又省工，且播种均匀，出苗整齐，在生产中广泛采用。芫荽出土前应防止土壤表层板结，以利出土。常规播种苗高 3 厘米时，行间苗。幼苗小时水量不宜过多，待叶部封严地面，幼苗开始旺盛生长时，可连浇几水，促使迅速生长。一般自播种到采收约 40～60 天。芫荽除秋季供应市场外，还可进行冻藏，在冬季随时供应。芫荽采种，须在第一年秋（9 月上旬）播种，大地封冻前苗高达 6 厘米后，防寒越冬，翌年大地化冻后，重新生出新苗，至 6 月间种子成熟。

目前生产上种植的芫荽品种多为大叶型品种，如大叶香菜、白花香菜、原阳秋香菜、北京香菜等。其栽培要点如下：

（一）栽培时间

春露地栽培，一般 2 月上旬至 4 月上旬播种，5 月上旬至 6 月上旬收获；夏露地栽培，一般于 6 月上旬播种，8 月中旬收获；秋季一般于 7 月上旬至 8 月下旬播种，9 月上旬至 12 月下旬收获；越冬种植，一般于 8 月上旬至 9 月上旬播种，翌年 2 月上旬至 4 月下旬收获。

（二）栽培技术

常规种植采用平畦条播的开沟深约 2 厘米，行距 8 厘米，播后盖土压平再浇水。撒播时畦内先浇足水，待水渗透后，畦面覆 1 层过筛土，然后再撒播种子覆土。条播、撒播均盖土 2～3 厘米，每亩用种量 3～4.5 千克，播后不再浇水，待苗出齐后再浇水。现代规模种植多采用编织机编绳条状播种或精播耧播种，既省种子又省工，且播种均匀，出苗整齐。夏播香菜，气温高，不易出苗，可将小白菜、香菜混播，小白菜出苗后，可对香菜起到遮阴作用。

（三）田间管理技术

常规种植，苗高 3 厘米时进行间苗。苗期浇水时不宜过多，待叶封严地面，幼苗开始旺盛生长时，可连续浇 2～4 次水，并结合浇水追施速效性氮肥或撒施土粪及饼肥后再浇水，促使茎叶迅速生长。越冬芫荽在封冻前结合灌水追施牲畜粪 1～2 次，或灌水后畦面覆盖碎马粪、干草等防寒越冬，但覆盖不宜过厚，待翌春清除覆盖物，返青后开始浇水、追肥。在收获前 7～10 天，用 20 毫克/千克的赤霉素溶液喷洒，可提高产量。

春季露地种植芫荽时，要根据当地的温度条件播种，春季一般在 2 月上旬到 4 月上中旬。春季种植芫荽要防止抽薹，水肥充足。芫荽吸收的氮肥较多，缺氮时，生长缓慢，容易提前抽薹。芫荽出苗后，为防止地温降低，土壤表面干旱时，要浇灌小水，在芫荽生长旺盛期浇水要勤，保持土壤湿润。在定苗之后，长出 3 厘米高时，及时追施一次氮肥，春季温度低，宜选用硝酸铵态氮肥，如尿素硝铵溶液每亩 3～5 千克，同时还可每亩用聚谷氨酸溶液（阳光 1 号）50 毫升＋尿素硝铵溶液 150 毫升＋磷酸二氢钾 50 克，兑水 15 千克叶面喷施，促进生长，提高抗性。春季芫荽生长周期不宜过长，不然容易开花抽薹，一般 40～50 天，达到采收条件就可以采收了。

（四）病虫害防治

芫荽叶斑病，发病初期开始喷洒 50％利得可湿性粉剂或 40％增效瑞毒霉可湿性粉剂、50％多·霉威（多菌灵加万霉灵）可湿性剂、75％百菌清可湿性粉剂，隔 7～10 天 1 次，连续防治 2～3 次，采收前 7 天停止用药。香菜在生长中，注意防治蚜虫。

第三章 农作物高效间套种植模式与栽培技术

>>>

第一节 露地秋冬茬高效间套种植模式

一、小麦/春甘薯‖夏玉米*

(一)种植模式

一般300厘米一带,种12行小麦、3行春甘薯、两行夏玉米(图3-1)。茬口安排见表3-1。

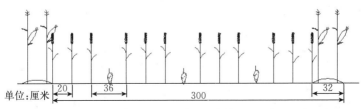

单位:厘米

图3-1 小麦/春甘薯‖夏玉米一年三收种植模式

表3-1 小麦/春甘薯‖夏玉米一年三收茬口安排

月份	1	2	3	4	5	6	7	8	9	10	11	12
小麦						□				○		
春甘薯			○	✕							▢	
夏玉米						○			□			

注:○代表播种,✕代表移植,▢与□代表收获(长方形表示可多次收获致收获期延长)。下同。

———————

* ‖表示间作,/表示套种,—表示轮作。下同。

（二）主要栽培技术

小麦：选用高产优质品种，半冬性品种于 10 月上中旬、春性品种于 10 月中下旬适期播种，行距 20 厘米，隔 3 行留 36 厘米宽垄。播量同常规播量，按照小麦高产栽培技术管理，一般亩产 400 千克以上。

春甘薯：选用高产、优质、脱毒种苗，3 月 10 日育苗，4 月底扦插，株距 27 厘米，亩栽 2 500 株，按甘薯高产栽培技术管理，一般亩产鲜薯 3 000 千克。

夏玉米：选用竖叶大穗型品种，5 月下旬在畦埂两侧各播种 1 行，株距 22 厘米，亩种植 2 000 株左右，按照夏玉米高产栽培技术管理，一般亩产玉米 300 千克。

二、小麦‖春玉米‖夏玉米‖秋菜（大白菜、萝卜）

（一）种植模式

一般 250 厘米（或 300 厘米）一带，种 9 行（或 12 行）小麦、2 行春玉米、3 行（4 行）夏玉米、2 行秋菜（图 3-2）。茬口安排见表 3-2。

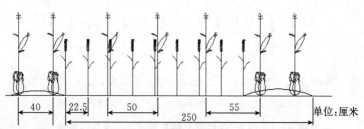

图 3-2 小麦‖春玉米‖夏玉米‖秋菜一年四收种植模式

表 3-2 小麦‖春玉米‖夏玉米‖秋菜一年四收茬口安排

月份	1	2	3	4	5	6	7	8	9	10	11	12
小麦						□				○		
春玉米			○	✕			□					
夏玉米					○				□			
秋菜			·					○		□		

（二）主要栽培技术

小麦：选用高产优质品种，于10月靠畦一边适期播种，行距22.5厘米，播量同常规播量，按照小麦高产栽培技术管理，一般亩产400千克。

春玉米：选用竖叶型高产品种，3月下旬至4月上旬在预留行内播2行春玉米，行距40厘米，株距20厘米，亩种植密度2 600株，按照玉米高产栽培技术管理，一般亩产350千克。若采用育苗移栽和地膜覆盖技术，可提早春玉米成熟期，有利于夏玉米和秋菜生产。春玉米也可根据市场行情采用鲜食品种，虽然产量有所降低，但经济效益好。

夏玉米：选用竖叶型高产品种，在麦收前5～7天套种3行夏玉米（或麦收后随灭茬直播），行距50厘米，与春玉米间距55厘米，株距20厘米左右，亩种植4 500株，按照玉米高产栽培技术管理，一般亩产400千克以上。

秋菜：在春玉米收获后，可随即整地直播（或定植）两行秋菜，如早熟大白菜，选用耐热、早熟、抗病优良品种，行株距40厘米×40厘米定植，按早熟大白菜高产栽培技术管理，一般亩产1 000千克左右。

三、小麦‖越冬甘蓝（或越冬花椰菜、菠菜）/玉米‖大豆（或花生、谷子、甘薯）

（一）种植模式

一般300厘米一带，种12行小麦、2行越冬甘蓝（或2行越冬花椰菜或3行菠菜）、2行玉米、5行大豆或花生（或5行谷子或5行甘薯）（图3-3）。茬口安排见表3-3。

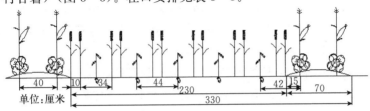

图3-3　小麦‖越冬甘蓝（或越冬花椰菜、菠菜）/玉米‖大豆（或花生、谷子、甘薯）一年四收种植模式

表3-3　小麦‖越冬甘蓝（或越冬花椰菜、菠菜）/玉米‖大豆（或花生、谷子、甘薯）一年四收茬口安排

月份	1	2	3	4	5	6	7	8	9	10	11	12
小麦	├──────────────□───							○──────				
越冬甘蓝 ①							○───×─── □──					
越冬甘蓝 ②			□──					○───────				──
越冬甘蓝 ③		□──					○───×──					
玉米				○───────				○───────				
大豆（或花生、谷子、甘薯）					○─────				□──			

注：①秋播，②冬播，③晚秋播。

（二）主要栽培技术

小麦：选用高产优质品种，于10月适期播种，靠畦一边采用宽窄行播种，带宽230厘米，窄行10厘米，宽行34厘米，播量同常规播量，按照小麦高产栽培技术管理，一般亩产400千克。

越冬甘蓝：选用极耐寒越冬专用品种。有三种种植方式：①秋播：7月20日至8月10日育苗，9月15日前定植，11月上旬开始采收上市。②冬播：10月1～15日育苗，11月下旬定植，翌年4～5月采收上市；若2月初覆盖地膜，可提早到3月上市。③晚秋播：8月20日至9月1日育苗，10月1日前定植，2～3月采收上市。选择其中一种种植方式，适期育苗，适期定植在小麦空挡带内（秋播种植须先定植甘蓝后播种小麦），行距40厘米，甘蓝距小麦15厘米，株距30厘米，亩种植1 400株。按照越冬甘蓝高产栽培技术管理，一般亩产2 000千克。

越冬花椰菜：种植越冬花椰菜须早秋茬地，选用极耐寒专用品种。8月1～20日育苗，9月中旬靠种植带一端定植2行，10月再播种小麦，行距40厘米，花椰菜距小麦30厘米，亩种密度1 400株。冬前浇足封冻水，翌春2月，气温升高，适时浇返青水追肥，以促进植株迅速生长，形成大球，提高产量。现蕾后，应摘下花球下端老叶，遮盖球部，提高品质。3月上旬至4月下旬上市。若2月扣棚可提早到3月上旬上市，一般亩产1 500千克。

玉米：选用竖叶型大穗品种。在越冬菜种植带内于5月整地播种2行玉米，行距40厘米，株距18厘米（或株距36厘米双株留苗），亩种密度2 400株。按照玉米高产栽培技术管理，一般亩产350千克。

大豆：选用优质高产品种，于麦收前7～10天在小麦宽行内各套种1行大豆（共5行），大豆与玉米间距42厘米，大豆等行距播种，行距44厘米，株距10～11厘米，亩密度10 000～11 000株，按照大豆高产栽培技术管理，一般亩产250千克。夏季玉米和大豆间作是一种合理搭配的好模式。玉米属禾本科，须根系，植株高大，叶片大而长，需水肥多的C4植物。大豆属蝶形花科，直根系，植株矮小，叶片小而圆，能与根瘤菌共生固氮，需磷肥较多的C3植物。二者间作既能改善田间的通风透光条件，又能合理利用不同层次土壤中的营养元素，并能减少氮素化肥的投入，综合效益较好。

谷子：选用高产优质品种。于麦收前7～10天在小麦宽行内各套种一行谷子（共5行），谷子与玉米间距42厘米，谷子等行距播种，行距44厘米，株距5～6厘米，亩密度18 000～22 000株。按照谷子高产栽培技术管理，一般亩产300千克。夏季玉米谷子间作是一种双保险的稳产保守种植方式，雨水正常或较多时发挥玉米高产优势，雨水少时发挥谷子耐旱特性而稳产保收。

甘薯：选用优质脱毒种苗。于麦收前7～10天在小麦宽行内各扦插1行甘薯（共5行），甘薯与玉米间距42厘米，甘薯等行距播种，行距44厘米，株距35厘米，亩密度3 100株。按照甘薯高产栽培技术管理，一般亩产甘薯2 000千克。甘薯株低蔓生，叶片小，根系浅，地下结薯，耐旱耐瘠，需磷肥较多。甘薯和玉米间作，可以减少竞争，互补利用环境资源，增产效果明显。

花生：选用优质大果型品种。于麦收前10～15天在小麦宽行内各播1行花生（共5行），花生与玉米间距42厘米，花生等行距播种，行距 44 厘米，穴距 35 厘米，亩密度 8 000 穴。每穴播种 2 粒，按照花生高产栽培技术管理，一般亩产 350 千克以上。花生植株低，叶片小，根系浅，地下结果，与根瘤菌共生，具有固氮能力，但需磷钾肥较多。夏季玉米与花生间作空间生态位和营养生态位合理，有利于用养结合，是粮、油作物高产高效的理想种植模式。

以上三种种植模式是以小麦、玉米主要粮食作物为主，适量加入一些蔬菜或油料作物的高产高效栽培模式，在亩产吨粮的基础上，尽可能提高单位面积生产效益，比传统的小麦/玉米、小麦/花生、小麦/大豆、小麦/甘薯等种植模式生产效益有显著提高。此类种植模式特别适合于人多地少的地区使用。

四、小麦‖菠菜/三樱椒

（一）种植方式

一般 100 厘米一带，种 3 行小麦，3 行菠菜，2 行三樱椒（图 3 - 4）。茬口安排见表 3 - 4。

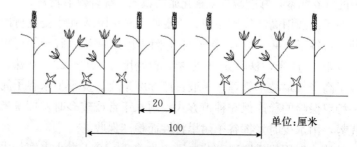

图 3 - 4　小麦‖菠菜/三樱椒一年三收种植模式

表 3 - 4　小麦‖菠菜/三樱椒一年三收茬口安排

月份	1	2	3	4	5	6	7	8	9	10	11	12
小麦					☐					○		
菠菜			☐							○		
三樱椒			○	✕						☐		

（二）主要栽培技术

小麦：选用高产优质品种，行距 20 厘米，于 10 月上旬靠中间带适期播种，亩播量 5 千克左右，按小麦高产栽培技术管理，可亩产小麦 300 千克。

菠菜：选用耐寒能力强的尖叶类型品种或大叶菠菜，于小麦播种时在畦埂上及两侧种三行菠菜。冬前以培育壮苗安全越冬为目标。注意中耕保墒，并消灭在叶片上的越冬蚜虫。早春返青期注意肥水管理，在耕作层解冻后及时浇返青水，并每亩追施硫酸铵 7～15 千克，每亩叶面喷施磷酸二氢钾 0.05 千克，3～4 月陆续收获上市，一般亩产 250～350 千克。若冬前市场价格较好，也可在冬前收获。

三樱椒：选用高产早熟优质品种。3 月下旬阳畦育苗，于 5 月中旬选壮苗定植，在埂两边各种 1 行，行距 35～40 厘米。穴距 20 厘米，每穴定植两株，亩定植密度 13 000 株左右。按照三樱椒高产栽培技术管理，一般亩产干椒 200 千克以上。

五、小麦‖菠菜/番茄

（一）种植模式

一般 120 厘米一带，种植 3 行小麦，4 行菠菜，2 行番茄（图 3-5）。茬口安排见表 3-5。

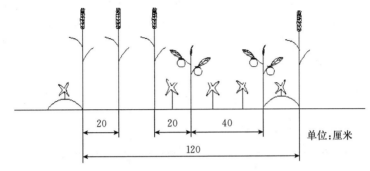

图 3-5　小麦‖菠菜/番茄一年三收种植模式

表3-5　小麦‖菠菜/番茄一年三收茬口安排

月份	1	2	3	4	5	6	7	8	9	10	11	12
小麦	▭				▭					○		
菠菜			▭							○		
番茄				○	✕		▭					

（二）主要栽培技术

小麦：参照模式"小麦‖菠菜/三樱椒"中小麦。

菠菜：参照模式"小麦‖菠菜/三樱椒"中菠菜。

番茄：选用无限生长型优良品种。4月上、中旬在育苗床上育苗，有条件的利用育苗盘育苗更好。5月中、下旬定植2行，番茄行距40厘米，番茄距小麦20厘米，株距24厘米，亩密度4 300株左右。按照麦套番茄高产栽培技术管理，争取单株结果8～9穗，每穗3个果左右，每株27个果左右，单果平均重140克，单株产量3.36～3.38千克，亩产10 000千克。

六、小麦/西瓜/玉米

（一）种植模式

有两种种植模式：模式1，一般160厘米一带，种植6行小麦，1行西瓜，2行夏玉米（图3-6-a）；模式2，一般280厘米一带，种植12行小麦，1行西瓜，4行夏玉米（图3-6-b）。茬口安排见表3-6。

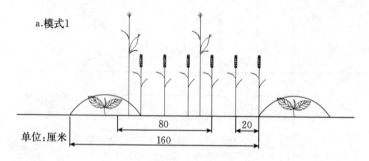

a.模式1

单位：厘米

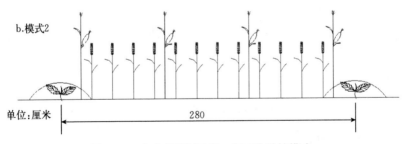

图 3-6　小麦/西瓜/玉米一年三收种植模式

表 3-6　小麦/西瓜/玉米一年三收茬口安排

月份	1	2	3	4	5	6	7	8	9	10	11	12
小麦						▭				○		
西瓜模式1			○			▭			○			
西瓜模式2				○			▭					
夏玉米						○		▭				

（二）主要栽培技术

小麦：选用高产优质品种，于上年10月适期播种，行距20厘米，播量每亩约8～10千克。施足底肥，足墒播种，年前浇好越冬水，拔节后追肥浇水，后期注意防治穗蚜，并搞好"一喷三防"工作，一般亩产小麦400～450千克。

西瓜：模式1，选用早熟品种，3月底4月初选择冷尾暖头地膜覆盖播种，株距50厘米，每亩种植830株左右，按照地膜西瓜高产栽培技术管理，一般亩产2500千克左右。模式2，选用中晚熟品种，4月中下旬选择浸种不催芽直播，株距40厘米左右，每亩种植590株左右，按三角定苗方法定植，向两侧甩蔓坐瓜，按照西瓜高产栽培技术管理，一般亩产2500～2800千克。

夏玉米：选用早中熟品种，6月上旬麦收后播种，等行距和宽窄行种植，模式1株距18.5～20.8厘米；模式2株距21～23.8厘米，每亩种植4000～4500株，按照夏玉米高产栽培技术管理，一般亩产 500 千克以上。

此模式与常规的小麦/玉米种植方式相比,小麦稍受影响,每亩减产 75～100 千克,但增加了一季西瓜收入,秋季玉米基本不受影响,增加了亩效益。

七、小麦/西瓜/花生‖甘蓝(或早熟大白菜)

(一)种植模式

一般 180 厘米一带,种植 6 行小麦,1 行西瓜,4 行花生,2 行甘蓝或大白菜(图 3-7)。茬口安排见表 3-7。

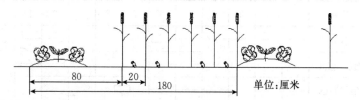

图 3-7 小麦/西瓜/花生‖甘蓝(或早熟大白菜)一年四收种植模式

表 3-7 小麦/西瓜/花生‖甘蓝(或早熟大白菜)一年四收茬口安排

月份	1	2	3	4	5	6	7	8	9	10	11	12
小麦						□				○		
西瓜			○			□						
花生					○				□			
甘蓝或大白菜					○	✕	□					
						○		□				

(二)主要栽培技术

小麦:选用高产优质品种,于上年 10 月适期播种,行距 20 厘米,播量按常规播量的 2/3,每亩约 6 千克。按照小麦高产技术管理,一般亩产小麦 350 千克。

西瓜:选用早中熟品种。3 月底,选择冷尾暖头天气,浸种不催芽直播，株距 43 厘米，每亩种植 900 株，按照地膜西瓜高产栽培技术管理，一般亩产 2 500 千克。

花生：选用中早熟高产品种，于 5 月中下旬套播在小麦行间，穴距 17~18 厘米，每穴 2 粒，每亩密度 8 000 穴，按照麦套夏花生栽培技术管理，亩产花生 250 千克。

甘蓝：选用夏甘蓝品种，5 月下旬在育苗床上育苗。7 月上中旬西瓜拉秧后，施肥整地种植，定植行株距为 33 厘米×40 厘米，每亩 1 850 株。定植最好在傍晚或阴天进行，须带土定植，利于缓苗。缓苗后及时加强肥水管理和害虫防治，浅中耕除草，9 月上中旬及时收获，一般亩产甘蓝 2 500 千克。

早熟大白菜：选用耐热早熟抗病的优良品种。在 7 月下旬（立秋前后 15 天）西瓜拉秧后施肥整地、播种，行株距为 40 厘米×40 厘米，每亩 1 850 株。定植后轻施 1 次提苗肥，包心前期和中期各追肥 1 次，小水勤浇，一促到底，及时防治虫害，9 月底至 10 月上旬正值蔬菜淡季，根据市场行情收获上市，可亩产大白菜 2 500 千克。

八、大蒜‖小麦/玉米‖花生

（一）种植模式

一般 120 厘米一带，种 3 行大蒜，3 行小麦，2 行玉米，2 行花生（图 3-8）。茬口安排见表 3-8。

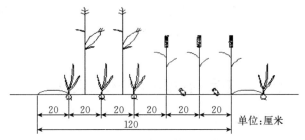

图 3-8　大蒜‖小麦/玉米‖花生一年四收种植模式

表3-8 大蒜‖小麦/玉米‖花生一年四收茬口安排

月份	1	2	3	4	5	6	7	8	9	10	11	12
大蒜					□				○			
小麦									○			
玉米				○								
花生					○				□			

（二）主要栽培技术

大蒜：早秋作物收获后，于9月中下旬及时施底肥耕地作畦，宽120厘米，先播3行大蒜。选用抗寒品种，行距20厘米，株距2厘米左右，每亩种植80 000株。亩需蒜头30千克左右。年前或早春隔株拔2株出售蒜苗，可亩产蒜苗600千克以上。冬前优质圈肥覆盖越冬，早春及时中耕追肥浇水管理，按大蒜栽培技术管理，6月可亩产蒜头200千克以上。

小麦：选用高产优质品种，10月根据品种特性和茬口安排适期播种，一般亩播量5千克，按照小麦高产技术管理，亩产300千克以上。

玉米：选用大穗竖叶型高产品种，在4月下旬于大蒜行间点播，株距28厘米，亩密度4 000株，按照玉米高产栽培技术管理，可亩产玉米400千克。

花生：选用中早熟高产品种。于5月下旬小麦行间点播，穴距35厘米，亩密度3 000穴。每穴2粒，按照夏花生高产栽培技术管理，可亩产花生100千克。

九、小麦‖菠菜/花椰菜/玉米‖大豆

（一）种植模式

一般200厘米一带，种植6行小麦，2行菠菜，2行花椰菜，2行玉米，4行大豆（图3-9）。茬口安排见表3-9。

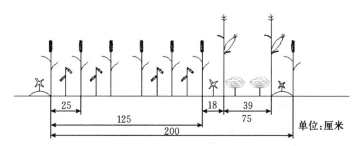

单位:厘米

图 3-9 小麦‖菠菜/花椰菜/玉米‖大豆一年五收种植模式

表 3-9 小麦‖菠菜/花椰菜/玉米‖大豆一年五收茬口安排

月份	1	2	3	4	5	6	7	8	9	10	11	12
小麦						□				○		
菠菜		□								○		
花椰菜		✕		□						○		
玉米					○				□			
大豆					○					□		

(二)主要栽培技术

小麦:选用高产优质品种,行距 25 厘米,于 10 月上旬靠中间带适期播种,亩播量 7 千克左右,按小麦高产栽培技术管理,可亩产小麦 400 千克。

菠菜:参照模式"小麦‖菠菜/三樱椒"中菠菜。

花椰菜:选用极耐寒专用品种,在 10 月上旬育苗,翌年 2 月中下旬菠菜收获后随即整地移栽,行距 39 厘米,株距 50 厘米,亩种密度 1 330 株,按照菜花高产栽培技术管理,5 月中下旬可收获,一般可亩产花椰菜 500 千克左右。

玉米:选用大穗竖叶型高产品种,在 5 月中下旬于菜花收获后,点播 2 行玉米,株距 20 厘米,亩密度 3 330 株,按照玉米高产栽培技术管理,可亩产玉米 400 千克。

大豆：选用早熟优质品种，在 6 月上旬小麦收获后（或小麦收获前 7 天）点播穴距 20 厘米，每亩点播 6 660 穴，每穴 2 粒，按照夏大豆高产栽培技术管理，一般亩产大豆 200 千克。

十、小麦‖洋葱/芝麻‖甘薯

（一）种植模式

一般 180 厘米一带，种 6 行小麦、3 行洋葱、2 行芝麻、2 行甘薯（图 3 - 10）。茬口安排见表 3 - 10。

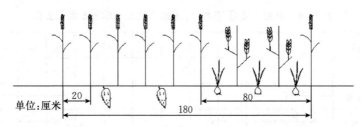

单位:厘米

图 3 - 10　小麦‖洋葱/芝麻‖甘薯一年四收种植模式

表 3 - 10　小麦‖洋葱/芝麻‖甘薯一年四收茬口安排

月份	1	2	3	4	5	6	7	8	9	10	11	12
小麦					□				○			
洋葱					□				○	✕		
芝麻					○			□				
甘薯					○					□		

（二）主要栽培技术

小麦：参照模式"小麦/西瓜/花生‖甘蓝"中小麦栽培管理技术，一般亩产小麦 350 千克。

洋葱：选用紫皮或黄皮优良品种，在 9 月上旬育苗，每亩生产田需要苗床 40～60 平方米，种子 250～300 克，足墒遮阴育苗。在 10 月底至 11 月初整地施肥，采用小高畦栽培，畦面宽 15 厘米，沟宽 25 厘米，采用 90 厘米幅宽的地膜覆盖畦面，每个畦面定植

2.7 万～3.3 万株，定植深度 3 厘米，定植后及时返青浇水。发棵期应保持土壤表层见干见湿，适时追施发棵肥；鳞茎膨大期，及早追肥并适时浇水，保持土壤湿润；在收获前 10 天停止浇水，生育期间还应及时防治病虫害，一般亩产 3 000～5 000 千克。

芝麻：选用高产优良品种，在洋葱收获后及时整地播种 2 行，一般采用条播，出苗后注意中耕防止草荒，定苗后单杆性品种留株距 10 厘米，亩留苗 7 000 多株；分支型品种留株距 13 厘米，亩留苗 5 700 多株；苗期及时追施磷钾肥。初茬期追施氮肥，重视中后期叶面喷肥。盛花后及时打顶减少养分无效消耗，提高体内有机养分利用率。后期注意喷施杀菌剂保叶，延长叶片功能期提高产量，在下部蒴果籽粒充分成熟、上部蒴果籽粒进入乳熟后期及时收获，一般亩产 50 千克以上。

甘薯：选用脱毒优良品种秧苗，在小麦收获带中起小垄种植 2 行，或小麦收获前 7～10 天套栽 2 行，一般株距 38 厘米左右，亩栽植 2 000 株左右，缓苗后及时追施钾肥，团棵期追施氮肥，按照夏甘薯高产栽培技术管理，一般亩产 1 500 千克以上。

十一、油菜—地膜花生‖玉米（或芝麻）

（一）种植模式

一般 340 厘米或 255 厘米一带，340 厘米带为隔 4 个花生种植带播种一行玉米，255 厘米带为隔 3 个花生种植带播种一行芝麻（图 3-11）。茬口安排见表 3-11。

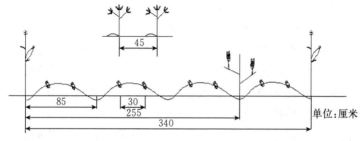

图 3-11　油菜—地膜花生‖玉米（或芝麻）一年三收种植模式

表 3-11 油菜—地膜花生‖玉米（或芝麻）一年三收茬口安排

月份	1	2	3	4	5	6	7	8	9	10	11	12
油菜						□			○	×		
花生					○					□		
玉米（或芝麻）					○				□			

（二）主要栽培技术

油菜：此模式需早秋茬，油菜选用双低早熟优良品种，9月初育苗，10月下旬移栽或9月中上旬直接播种，一般40～50厘米一带1行，等行距种植，甘蓝型品种株距8～11厘米，每亩种植密度1.3万～1.8万株，白菜型品种可密些，亩密度可达2万株；也可实行宽窄行定植，宽行60～70厘米，窄行30厘米，株距不变。适时播种或育苗移栽，冬前培育壮苗越冬，防止冻害或"糠心"早抽薹，越冬初期培土壅根，早春及早中耕、施肥，加强田间管理，并注意防止蚜虫，花期注意喷施硼肥和其他叶面肥，适时收获，一般亩产150～200千克。

花生：选用中晚熟、大果高产型优良品种，在5月中旬油菜收获后，抢时整地播种，一般85厘米一带，采用高畦栽培，畦面宽55厘米，沟宽30厘米，每个畦面上播2行花生，小行距30～35厘米，穴距15～17厘米，亩密度9 000～10 000穴，每穴2粒。采用机械化播种效果更好，集起垄、施肥、播种、喷除草剂、覆膜于一体，既省工省时又能提高播种质量，使苗整齐一致，生育期间注意防旱排涝，适当进行根际追肥和叶面喷肥，中后期注意控制徒长和防治病虫鼠害，按照地膜花生高产栽培技术进行管理，一般亩产450～500千克。

玉米：选用稀植大穗品种，在花生播种后，每隔4个种植带播1行玉米，穴距40厘米，亩密度500株。以个体大穗夺丰收，按照玉米高产栽培技术管理，可亩产玉米500千克以上。

芝麻：在花生播种后，每隔3个种植带播种1行芝麻，株距15厘米，亩密度1 700株，沟内足墒播种，播种后注意保墒，并及时间定苗和中种耕除草培土，生育期间，适当追肥浇水，按时打顶，及时收获。按照芝麻高产栽培技术管理，可亩产30～40千克。

十二、洋葱/棉花（或甘薯）

（一）种植模式

一般100厘米一带，种植5行地膜洋葱，1行棉花（或2行甘薯）（图3-12）。茬口安排见表3-12。

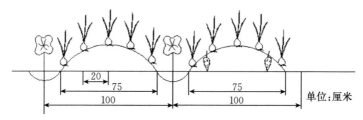

图3-12 洋葱/棉花（或甘薯）一年二熟种植模式

表3-12 洋葱/棉花（或甘薯）一年二熟茬口安排

月份	1	2	3	4	5	6	7	8	9	10	11	12
洋葱					□				○	×		
棉花（或甘薯）			○ ×		×					□		

（二）主要栽培技术

洋葱：参照模式"洋葱/棉花"中洋葱栽培管理技术，一般亩产1 000～2 000千克。

棉花：选用春棉或半春棉品种。4月下旬在每个沟内播种1行春棉，株距19厘米，每亩种植密度3 500株，适时播种，力争一播全苗。蒜头收获后，加强田间管理，使之壮苗早发，前期防止疯长，中期争取三桃，后期保叶防早衰。按照春棉高产栽培技术管理，一般亩产皮棉80千克。

甘薯：5月中旬洋葱收获前10天在畦面两边插2行脱毒甘薯，株距40厘米，每亩密度3 300株，洋葱收获后加强田间管理，及时除草浇水，缓苗后及时追施钾肥，团棵期追施氮肥，根据墒情浇好缓苗水、团棵水、甩蔓水和回秧水。中期坚持提蔓不翻秧，若有徒长趋势，可采用掐尖和化控等措施，后期搞好叶面喷肥，一般亩产3 000千克。

十三、莴笋/西瓜—花椰菜

（一）种植模式

一般180厘米一带，种植5行莴笋，1行西瓜；西瓜收获后定植花椰菜（图3-13）。茬口安排见表3-13。

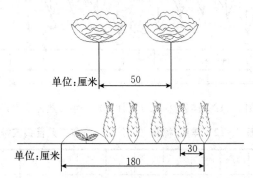

图3-13　莴笋/西瓜-花椰菜一年三收种植模式

表3-13　莴笋/西瓜-花椰菜一年三收茬口安排

月份	1	2	3	4	5	6	7	8	9	10	11	12
莴笋				▭					○		✕	
西瓜			○				▭					
花椰菜							○	✕		▭		

（二）主要栽培技术

莴笋：选用耐低温的尖叶型品种，9月下旬秋分前后播种，11月上旬立冬前后定植，地膜覆盖，行距30厘米，株距30厘米，每亩定植6 000多株，按照越冬莴笋栽培技术管理，在4月底5月初收获上市，一般亩产4 500～5 000千克。

西瓜：选用早中熟品种。4月上中旬选择浸种不催芽直播，株距 50 厘米，每亩种植 740 株左右，按照西瓜高产栽培技术管理，一般亩产 2 500 千克左右。

花椰菜：选用耐高温优良品种，7 月上旬遮阴播种育苗，8 月上旬定植，地膜覆盖，行距 50 厘米，株距 40～60 厘米，每亩定植 2 500～3 300 株，按照秋茬花椰菜栽培技术管理，在 9 月底 10 月初收获上市，一般亩产 3 000～3 500 千克。

十四、小麦/西瓜/棉花

（一）种植模式

一般 167 厘米一带，种植 4 行小麦，1 行西瓜，1 行棉花（图 3 - 14）。茬口安排见表 3 - 14。

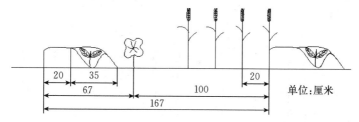

图 3 - 14　小麦/西瓜/棉花一年三收种植模式

表 3 - 14　小麦/西瓜/棉花一年三收茬口安排

月份	1	2	3	4	5	6	7	8	9	10	11	12
小麦					□					○		
西瓜			○			□						
棉花				○	×				▭			

（二）主要栽培技术

小麦：选用高产优质品种，于上年 10 月适期播种，行距 20 厘米，播量按常规播量的 2/3，每亩约 6 千克。施足底肥，足墒播种，年前浇好越冬水，拔节后追肥浇水，后期注意防治穗蚜，并搞好"一喷三防"工作，一般亩产小麦 250 千克。

西瓜：选用早中熟品种。3 月底，选择冷尾暖头天气，浸种不催芽直播，株距 43 厘米，每亩种植 900 株，按照朝阳洞地膜西瓜高产栽培技术管理，一般亩产 2 500 千克。

棉花：选用后发性强的杂交棉品种。4 月中下旬阳畦营养钵育苗，5 月中旬移栽，株距 25 厘米，亩密度 1 500 株，按照杂交棉高产栽培技术管理，一般亩产皮棉 100 千克以上。

十五、小麦—玉米 ‖ 大豆（或谷子）

（一）种植模式

一般 285 厘米一带，种 12 行小麦、4 行玉米、6 行大豆（或谷子）（图 3 - 15 - a 和图 3 - 15 - b）。茬口安排见表 3 - 15。

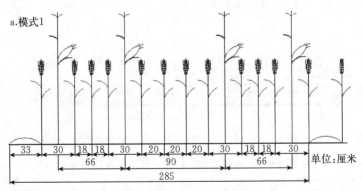

a.模式1

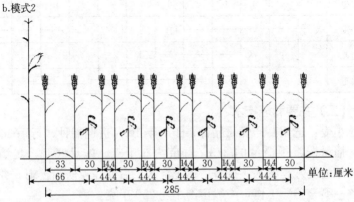

b.模式2

图 3 - 15　小麦—玉米 ‖ 大豆（或谷子）一年三收种植模式

表 3-15 小麦—玉米‖大豆（或谷子）一年三收茬口安排

月份	1	2	3	4	5	6	7	8	9	10	11	12
小麦					□				○			
玉米						○———			—□			
大豆（或谷子）						○———			—□			

（二）主要栽培技术

小麦：选用高产优质品种，于10月适期播种，一般先按模式1（图3-15-a）播一畦小麦，再按模式2（图3-15-b）播一畦小麦，模式1（图3-15-a）与模式2（图3-15-b）小麦播种方式交互进行。小麦播量同常规高产播量，一般每亩8～10千克。按照小麦高产栽培技术管理，一般亩产500～600千克。

玉米：选用株型紧凑、大穗型、适宜密植和机械化收获的高产品种，黄淮海地区可选用农大372、豫单9953、纪元128、登海939等。于6月10日前后在模式1（图3-15-a）畦中播种4行玉米，窄行距66厘米，宽行距90厘米，玉米与大豆（或谷子）间距66厘米，单元宽幅5.7米。玉米平均行距1.425米，邻大豆的两行株距控制在10厘米，中间两行株距控制在12厘米（或株距20厘米与24厘米双株留苗），实际每亩种植密度4 253株左右。按照玉米高产栽培技术管理，一般亩产500～600千克。

大豆：选用优质高产品种，黄淮海地区可选用齐黄34、石豆936、石豆885、郑豆0689、安豆203等。与夏玉米同时播种，播种在模式2（图3-15-b）畦中，播6行大豆，大豆与玉米间距66厘米，大豆等行距44.4厘米，单元宽幅5.7米。大豆平均行距0.95米，株距10厘米左右，实际亩种植密度7 000多株，按照大豆高产栽培技术管理，一般亩产250千克左右。夏季玉米和大豆间作是一种合理搭配的好模式。玉米属禾本科，须根系，植株高大，叶片大而长，需水肥多的C4植物。大豆属蝶形花科，直根系，植株矮小，叶片小而圆，能与根瘤菌共生固氮，需磷肥较多的 C3 植物。二者间作既能改善田间的通风透光条件，又能合理利用不同层次土壤中的营养元素，并能减少氮素化肥的投入，综合效益较好。

谷子：选用高产优质品种。与夏玉米同时播种，播种在模式 2（图 3 - 15 - b）畦中，播 6 行谷子，谷子与玉米间距 66 厘米，谷子等行距 44.4 厘米，单元宽幅 5.7 米。谷子平均行距 0.95 米，株距 4 厘米左右，实际亩种植密度 17 540 多株。按照谷子高产栽培技术管理，一般亩产 300 千克。夏季玉米谷子间作是一种双保险的稳产保守种植方式，雨水正常或较多时发挥玉米高产优势，雨水少时，发挥谷子耐旱特性而稳产保收。

十六、大麦‖秋冬蔬菜/西瓜—胡萝卜

（一）种植模式

一般 180 厘米一带，种 6 行大麦、2 行秋冬蔬菜、1 行西瓜，轮作胡萝卜（图 3 - 16）。茬口安排见表 3 - 16。

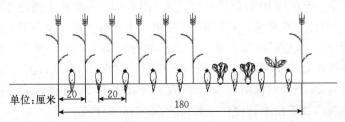

图 3 - 16　大麦‖秋冬蔬菜/西瓜—胡萝卜一年四收种植模式

表 3 - 16　大麦‖秋冬蔬菜/西瓜—胡萝卜一年四收茬口安排

月份	1	2	3	4	5	6	7	8	9	10	11	12
大麦					□					○		
秋冬菜			▭							○		
西瓜			○	×		□						
胡萝卜							○			○		

（二）主要栽培技术

大麦：最好选用销路好的专用型大麦品种，于10月上旬在带的一端播种6行大麦，行距20厘米，亩播量6～7千克。大麦种子播前要晒种、除芒、精选，去除小、病、秕粒和杂质。条纹病、根瘤病和黑穗病严重的地区可用粉锈宁等杀菌剂拌种，用药量为种子用量的0.2%～0.3%，拌匀阴干后播种。大麦生育期短，分蘖发生快，幼穗分化比小麦明显提早，冬前壮苗对高产起着重要作用。同时，大麦苗期的发根能力强，生育前期有比较迅速吸收肥料的能力，因此要施足基肥、早施追肥，特别要重施分蘖肥，后期注意进行叶面喷肥。按照大麦高产栽培技术管理，一般亩产400～500千克。

秋冬蔬菜：在大麦播种的同时，在播种带的另一端播种或定植2行秋冬蔬菜，如菠菜、黄心菜、越冬甘蓝等，按照秋冬蔬菜高产栽培技术管理，春季收获上市，一般亩产350～800千克。

西瓜：选用中熟高产优良品种，于3月中旬在温棚内育苗，4月下旬将西瓜苗移栽于大田秋冬蔬菜种植带内，秋冬蔬菜收获后及时整地，施足基肥，株距43厘米，每亩定植860多株，按照西瓜高产栽培技术管理，一般亩产2 500千克左右。

胡萝卜：选用高产优质品种，在西瓜拉秧后及时施足底肥，深耕25厘米左右，然后纵横细耙2～3遍，整平耙碎，1～2米宽作畦，在7月中旬按行距20厘米左右条播，播种前搓去种子上的刺毛，以利于吸水和播种均匀。胡萝卜播种深度在2厘米左右，每亩用种量0.75千克。胡萝卜在夏季种植气温较高，杂草生长速度快，所以应注意及时除草和间定苗。在幼苗3～4片真叶、高13厘米左右时进行定苗，一般中小型品种间距10～13厘米，大型品种苗距13～17厘米，播种后，如果天气干旱，应连续浇水2～3次，经常保持土壤湿润。定苗后追肥1次，连续追施2～3次，由于胡萝卜对土壤溶液很敏感，追肥量宜小，并结合浇水进行，通常每亩每次施用人粪尿150千克左右，或硫酸铵7～8千克，并可适当增施钾肥。生长后期应防止水肥过多，否则易导致裂根，也不利于贮藏。在11月上中旬肉质根充分膨大成熟时收获，一般亩产1 500～2 500千克。

十七、小麦/甜瓜/棉花‖甘薯

（一）栽培模式

一般167厘米一带，种植3行小麦，2行甜瓜，1行棉花，1行甘薯（图3-17）。茬口安排见表3-17。

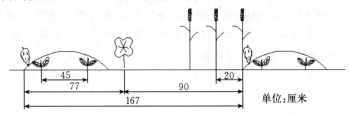

图3-17 小麦/甜瓜/棉花‖甘薯一年四收种植模式

表3-17 小麦/甜瓜/棉花‖甘薯一年四收茬口安排

月份	1	2	3	4	5	6	7	8	9	10	11	12
小麦					□					○		
甜瓜			○		□							
棉花			○	×				□				
甘薯			○	×						□		

（二）主要栽培技术

小麦：选用高产优质品种，于10月根据品种特性和茬口安排适期播种，一般亩播量5千克，按照小麦高产栽培技术管理，亩产300千克以上。

甜瓜：选用早中熟优良品种，于3月底，选择冷尾暖头天气，小弓棚覆膜栽培，或4月底露地直播，行距45厘米，每亩种植密度2 000株，3～5片叶及时打尖，留子蔓或孙蔓坐瓜，要求有机肥充足，磷钾肥丰富，坐瓜后喷杀菌剂保叶，并叶面施肥1～2次，一般亩产2 500千克。

棉花：选用后发性强的杂交棉品种，如标杂A1等，于4月中

下旬阳畦营养钵育苗，5月中旬移栽，株距25厘米，亩密度1 500
株，按照杂交棉高产栽培技术管理，一般亩产皮棉100千克以上。

　　甘薯：选用后发性强的耐阴品种，在5月下旬扦插，穴距
20厘米，亩密度2 000株。按照甘薯高产栽培技术管理，一般亩产
甘薯1 000千克。

十八、小麦‖蒜苗/西瓜/棉花

（一）栽培模式

　　一般350厘米一带，每带分两畦，大畦233厘米，小畦117厘
米，在小畦中种6行小麦，大畦中种3行蒜苗，2行西瓜，4行棉
花（图3-18）。茬口安排见表3-18。

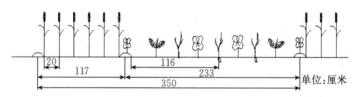

图3-18　小麦‖蒜苗/西瓜/棉花一年四收种植模式

表3-18　小麦‖蒜苗/西瓜/棉花一年四收茬口安排

月份	1	2	3	4	5	6	7	8	9	10	11	12
小麦												
蒜苗												
西瓜												
棉花												

（二）主要栽培技术

　　小麦：选用高产优质品种，10月适期播种，行距20厘米，亩
播量5千克左右，按小麦高产栽培技术管理，一般亩产200千克。

　　蒜苗：蒜苗和小麦同期播种，在大畦中间种3行，选用紫皮蒜
或白皮蒜，株距1.6厘米，一般亩需蒜头10千克左右，亩密度

34 000株，冬前优质圈肥覆盖越冬，早春及时浇水追肥中耕，有条件的也可以用小弓棚覆盖促进生长，提前上市，增加效益。一般亩产蒜苗 250 千克以上。

西瓜：选用中晚熟品种，于 4 月上中旬在蒜苗两边行各种 1 行（3 月初阳畦嫁接育苗、4 月底定植的西瓜效益更好），株距 46 厘米，亩种植 800 株，直播后随覆盖地膜，按西瓜高产栽培技术管理，一般亩产 2 500 千克。

棉花：选用夏棉高产品种，于 5 月上中旬在 3 行蒜苗间种 2 行，在西瓜两边各种 1 行，每带共 4 行棉花，株距 15 厘米，亩种植 5 000 株，采用夏棉高产栽培技术管理，一般亩产皮棉 50 千克以上。

十九、小麦/甜瓜‖青椒/花椰菜

（一）种植模式

一般 150 厘米一带，种植 3 行小麦，1 行甜瓜，2 行青椒，1 行花椰菜（图 3-19）。茬口安排见表 3-19。

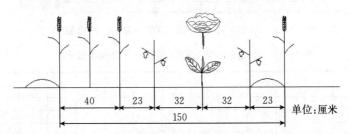

图 3-19　小麦/甜瓜‖青椒/花椰菜一年四收种植模式

表 3-19　小麦/甜瓜‖青椒/花椰菜一年四收茬口安排

月份	1	2	3	4	5	6	7	8	9	10	11	12
小麦					□				○			
甜瓜		○		×		▭						
青椒		○		×								
花椰菜				○		×						

（二）主要栽培技术

小麦：参照模式"小麦‖菠菜/三樱椒"中小麦。

甜瓜：选用高产优质品种，2月中旬阳畦营养钵育苗，4月中旬在110厘米空挡中间定植1行，株距33厘米，亩栽密度1 350株，按照甜瓜高产栽培技术管理，一般亩产2 000千克。

青椒：选用大果耐热优良品种，2月中旬阳畦育苗，4月中旬在甜瓜两边各种植1行，共2行。距小麦23厘米，距甜瓜32厘米，株距34厘米，亩密度2 600株，按照青椒高产栽培技术管理，一般亩产3 000千克。

花椰菜：选抗热品种，6月上旬育苗，7月中旬甜瓜拉秧后，在青椒中间定植1行，株距27厘米，亩密度1 600株，按照菜花高产栽培技术管理，一般亩产菜花500千克。

二十、小麦/甜瓜‖花生/胡萝卜

（一）种植模式

一般180厘米一带，种植6行小麦，2行甜瓜，4行花生，3行胡萝卜（图3-20）。茬口安排见表3-20。

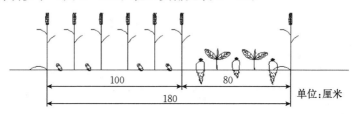

图3-20　小麦/甜瓜‖花生/胡萝卜一年四收种植模式

表3-20　小麦/甜瓜‖花生/胡萝卜一年四收茬口安排

月份	1	2	3	4	5	6	7	8	9	10	11	12
小麦				□						○		
甜瓜			○	✕		□						
花生					○				□			
胡萝卜							○				□	

（二）主要栽培技术

小麦：参照模式"小麦/西瓜/花生‖甘蓝（或早熟大白菜）"中小麦。

甜瓜：选用高产优质品种，3月上旬阳畦营养钵育苗，4月中下旬在80厘米空挡中定植2行，行距35～40厘米，株距40厘米，亩密度1 800株，按照甜瓜高产栽培技术管理，一般亩产甜瓜2 500千克。

花生：选用中早熟高产品种。于5月中下旬在麦垄内套种4行，宽行40厘米，窄行20厘米，穴距20厘米，亩种植7 400穴，每穴2粒，按照夏花生高产栽培技术管理，一般亩产花生250千克。

胡萝卜：选用高产优质品种，甜瓜收获后于7月中旬在80厘米空挡中种植3行胡萝卜，行距25厘米，株距17厘米，亩密度6 000株，按照胡萝卜高产栽培技术管理，一般亩产2 200千克。

二十一、小麦/西瓜/花生‖豆角

（一）种植模式

一般200厘米一带，种植6行小麦，1行西瓜，3行花生，2行豆角（图3-21）。茬口安排见表3-21。

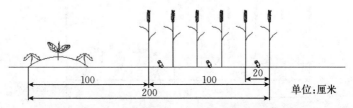

图3-21　小麦/西瓜/花生‖豆角一年四收种植模式

表3-21　小麦/西瓜/花生‖豆角一年四收茬口安排

月份	1	2	3	4	5	6	7	8	9	10	11	12
小麦						□				○		
西瓜			○			□						
花生					○				□			
豆角						○						

（二）主要栽培技术

小麦：选用高产优质品种，行距 20 厘米，于 10 月靠中间带适期播种，亩播量 7 千克左右，按小麦高产栽培技术管理，可亩产小麦 400 千克。

西瓜：选用早中熟品种，于 3 月底，选择冷尾暖头的天气，浸种不催芽直播，株距 43 厘米，每亩种植 770 株，按照西瓜高产栽培技术管理，一般亩产 2 500 千克。

花生：选用中早熟高产品种，于 5 月下旬小麦行间点播，穴距 17～18 厘米，亩密度 5 800～5 500 穴，每穴 2 粒，按照麦套夏花生高产栽培技术管理，可亩产花生 350 千克。

豆角：选用长条类型豆角优良品种，于 6 月下旬在西瓜两边各点播 1 行，穴距 20 厘米，每穴 2～3 株，亩密度 3 000 穴，按照夏豆角高产栽培技术管理，一般亩产 1 500 千克。

二十二、小麦‖越冬菜/花生

该模式与常规麦套花生相比，能较好地解决花生套种困难和小麦、花生争光、争时的矛盾，使花生能充分利用光热资源，充分利用侧枝结果并促使果实饱满，能有效地提高产量，从而提高综合效益。

（一）种植模式

一般 90 厘米一带，种 3 行小麦、3 行越冬菜、2 行花生（图 3-22）。茬口安排见表 3-22。

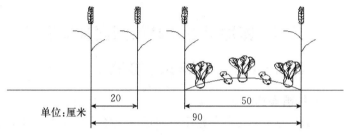

图 3-22　小麦‖越冬菜/花生一年三收种植模式

表 3-22　小麦‖越冬菜/花生一年三收茬口安排

月份	1	2	3	4	5	6	7	8	9	10	11	12
小麦												
越冬菜												
花生												

（二）主要栽培技术

小麦：选用高产优质品种，行距 20 厘米，于 10 月播在沟底，亩播量 4~5 千克，按小麦高产栽培技术管理，可亩产小麦 350 千克以上。

越冬菜：在垄背上可直播菠菜或定植越冬甘蓝、白菜等越冬菜，按照相应的高产栽培技术管理，在翌年春季上市供应。一般亩产 250~800 千克。

花生：选用中高产中晚熟品种。在越冬菜收后及时整地，于 5 月上旬在垄上播种 2 行花生，有条件的地方也可进行地膜覆盖种植，穴距 19.5 厘米，每亩播种 8 000 穴，每穴 2 粒，按照花生高产栽培技术管理，一般亩产花生 450~500 千克。

以上模式均以主要粮食作物小麦为基础，在稳定粮食生产的同时，适当增加一些经济作物或瓜菜作物，尽最大可能提高经济效益。

第二节　露地早春茬高效间套种植模式

一、西瓜（或冬瓜)/玉米‖芸豆

（一）种植模式

一般 180 厘米一带，种植 1 行西瓜（或冬瓜），2 行玉米，2 行芸豆（图 3-23）。茬口安排见表 3-23。

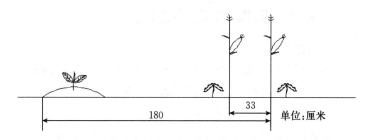

图 3-23 西瓜（或冬瓜）/玉米 ‖ 芸豆一年三收种植模式

表 3-23 西瓜（或冬瓜）/玉米 ‖ 芸豆一年三收茬口安排

月份	1	2	3	4	5	6	7	8	9	10	11	12
西瓜（或冬瓜）			○———			—▭						
玉米				○———				———▭				
芸豆						○———		——▭▭——				

（二）主要栽培技术

西瓜：参照模式"小麦/西瓜/棉花"中西瓜。

冬瓜：选用露地优良品种。3月中下旬直播（或3月上旬营养钵育苗，4月初定植），株距66厘米，亩密度600棵，按照冬瓜高产栽培技术管理，一般亩产4000～4600千克。

玉米：选用大穗竖叶型高产品种，在5月上中旬点播，行距33厘米，株距20厘米，亩密度3700株，按照玉米高产栽培技术管理，可亩产玉米400千克。玉米收获后，茎秆不收，作为芸豆架。

芸豆：选用耐热品种，于早霜前100天左右在玉米行两侧点播2行芸豆，穴距20厘米，每穴3粒，亩密度3700穴。播种时要保证墒情，同时防止雨涝。蹲苗后及时浇水追肥，防止高温危害，争取在短时期内进入生殖生长阶段，延长结荚期，增加产量，一般亩产1500千克。

二、甘蓝‖西瓜/棉花（或玉米）

（一）种植模式

一般 200 厘米一带，种 5 行甘蓝、1 行西瓜，3 行棉花（或 3 行玉米）（图 3-24）。茬口安排见表 3-24。

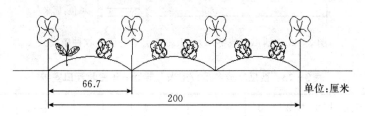

图 3-24　甘蓝‖西瓜/棉花（或玉米）一年三收种植模式

表 3-24　甘蓝‖西瓜/棉花（或玉米）一年三收茬口安排

月份	1	2	3	4	5	6	7	8	9	10	11	12
甘蓝	○		×		□							
西瓜			○	×			□					
棉花												

（二）主要栽培技术

甘蓝：选用早熟品种，元月中下旬育苗，3 月中旬定植，每带起 3 个小埂，每埂底宽 66.7 厘米，盖地膜后再种植甘蓝，第一个埂靠内栽 1 行甘蓝，后两埂每埂栽 2 行甘蓝，每带 5 行甘蓝，株距 40 厘米，亩密度 4 500 棵，按照早春甘蓝高产栽培技术管理，一般亩产 3 000 千克。

西瓜：选用早中熟品种，3 月下旬在阳畦内育苗，4 月下旬定植在第一埂预留行内，株距 40 厘米，亩种植 830 棵，按西瓜高产栽培技术管理，一般亩产 2 500 千克。

棉花：选用后发性强的夏棉品种，5 月底在每埂之间播种 1 行棉花，株距 20 厘米，亩种植密度 5 000 株，按夏棉高产栽培技管理，一般亩产皮棉 50 千克。

玉米：在种棉花的地方改种玉米，5 月底播种，株距 25 厘米，亩种植密度 4 000 株左右，按夏玉米高产栽培技术管理，9 月中下旬收获，一般亩产玉米 600 千克左右。

三、甘蓝/茄子/萝卜

（一）种植模式

一般 95 厘米一带，起 65 厘米宽的垄，垄上种植 2 行甘蓝，轮作 2 行萝卜，垄下种植 1 行茄子（图 3 - 25）。茬口安排见表 3 - 25。

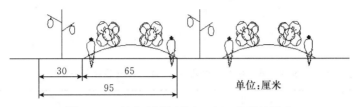

图 3 - 25　甘蓝/茄子/萝卜一年三收种植模式

表 3 - 25　甘蓝/茄子/萝卜一年三收茬口安排

月份	1	2	3	4	5	6	7	8	9	10	11	12
甘蓝	○		×		□							
茄子		○		×								
萝卜								○			□	

（二）主要栽培技术

甘蓝：参照模式"甘蓝‖西瓜/棉花（或玉米）"中甘蓝。

茄子：选用早熟高产品种，2 月上中旬温室育苗，4 月下旬定植在沟底，穴距 40 厘米，双株定植，亩密度 3 500 株，按照茄子高产栽培技术管理，亩产 2 500 千克。

萝卜：选用高产优质品种，8 月中旬在茄子行间种植 2 行萝卜，株距 23 厘米，亩密度 6 100 株，按照萝卜高产栽培技术管理，一般亩产 3 500 千克。

四、西瓜‖甘蓝/秋白菜

（一）种植模式

一般 167 厘米一带，种植 1 行西瓜，1 行甘蓝，3 行早熟大白菜（图 3 - 26）。茬口安排见表 3 - 26。

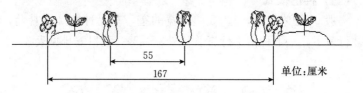

图 3 - 26　西瓜‖甘蓝/秋白菜一年三收种植模式

表 3 - 26　西瓜‖甘蓝/秋白菜一年三收茬口安排

月份	1	2	3	4	5	6	7	8	9	10	11	12
西瓜			○——	——	——	——□						
甘蓝	○—	—×——	——□								
秋白菜						○——	——□			

（二）主要栽培技术

西瓜：选用早中熟品种。3 月中下旬，选择冷尾暖头的天气，浸种不催芽直播，株距 43 厘米，每亩种植 900 株，按照朝阳洞地膜西瓜高产栽培技术管理，一般亩产 2 500 千克。

甘蓝：选用早熟品种。元月中下旬育苗，3 月中旬西瓜播种前在种植带的南端定植 1 行甘蓝，株距 33.3 厘米，亩密度 1 200 棵，按照早春甘蓝高产栽培技术管理，一般亩产 450～500 千克。

秋白菜：选用耐热早熟抗病的优良品种。在 7 月中下旬（立秋前后 15 天）西瓜拉秧后施肥整地，播种，每带播种 3 行，行距为 55 厘米，每亩 2 300 株。定植后轻施 1 次提苗肥，包心前期和中期各追肥 1 次，小水勤浇，一促到底，及时防治虫害，9 月底至 10

月上旬正值蔬菜淡季，根据市场行情收获上市，可亩产大白菜
2 500千克。

五、甘蓝/棉花‖矮生豆

(一) 种植模式

一般 120 厘米一带，起 50 厘米宽的垄，垄下种植 2 行甘蓝，垄上种植 1 行棉花，2 行矮生豆（图 3-27）。茬口安排见表 3-27。

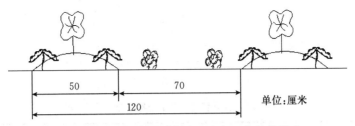

图 3-27 甘蓝/棉花‖矮生豆一年三收种植模式

表 3-27 甘蓝/棉花‖矮生豆一年三收茬口安排

月份	1	2	3	4	5	6	7	8	9	10	11	12
甘蓝	○		✕		▭							
棉花				○								
矮生豆				○								

(二) 主要栽培技术

甘蓝：参照模式"甘蓝‖西瓜/棉花（或玉米）"中甘蓝。

棉花：选用夏棉或杂交棉品种，4月中下旬在垄中间直播 1 行春棉，常规棉株距 25 厘米，每亩种植 2 200 株；杂交棉花株距 35 厘米，亩密度 1 500 株，适时播种，力争一播全苗。采用春棉高产栽培技术管理，一般亩产皮棉 80 千克以上。

矮生豆：选用高产优良品种，与棉花同时播种，在垄两边各种 1 行，株距 20 厘米，亩密度 5 500 株，按照矮生豆高产栽培技术，亩产 1 500 千克。

六、春马铃薯/棉花

（一）种植模式

一般 120 厘米一带，种植 2 行马铃薯、1 行棉花（图 3-28）。茬口安排见表 3-28。

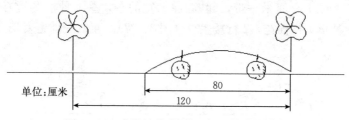

单位：厘米

图 3-28　春马铃薯/棉花一年二熟种植模式

表 3-28　春马铃薯/棉花一年二熟茬口安排

月份	1	2	3	4	5	6	7	8	9	10	11	12
马铃薯		○				□						
棉花				○—×								

（二）主要栽培技术

春马铃薯：选用适宜春播的脱毒优良品种薯块做种薯，在元月下旬将种薯置于温暖黑暗的条件下，持续 7～10 天促芽萌发，维持温度 15～18℃，空气相对湿度 60%～70%，待芽萌发后给予充分的光照，维持 12～15℃ 的温度和 70%～80% 的相对湿度，经 15～20 天绿化处理后，可形成长 0.5～1.5 厘米的绿色粗壮苗，同时也促进了根的形成及匍匐茎的分化，播种后比早催芽的早出土 15～20 天。也可在播种前整薯浸泡于 5～10 毫克/千克浓度的赤霉素溶液中 1～2 小时，捞出后即可播种。

马铃薯不宜套作，也不宜与其他茄科蔬菜轮作，在播种前应施足基肥，2 月下旬至 3 月初，及时整地起垄播种，一般垄面宽 80 厘米，沟宽 40 厘米，在垄面两侧各播 1 行马铃薯，株距 20～25 厘米，亩栽植 4 000～4 500 株，播后随即覆盖地膜，出苗后应及时破膜压孔。前期管理重点是促进发棵和壮棵粗根，防止茎叶徒长，及时中耕除草，逐渐加厚培土层；结薯期的管理重点是控制地上部生长，延长结薯盛期，缩短结薯后期，促进块茎迅速膨大。显蕾期应摘除花蕾并灌一次大水，进行 7～10 天蹲苗，促生长中心向块茎转变。蹲苗结束后进入块茎膨大盛期，为需肥水临界期，需要加大浇水量，经常保持地面湿润，可于始花、盛花、终花和谢花期连续浇水 3～4 次，结合浇水追肥 2～3 次，以磷肥为主，配合氮肥，一般每次每亩可追氮磷钾复合肥 10～20 千克，结薯后期注意排涝和防止叶片早衰，一般每隔 10 天左右喷 1 次复合叶面肥增产效益较好，可连喷 2～3 次。

马铃薯在植株大部分叶片由绿转黄开始枯萎、块茎停止膨大的生理成熟期采收，也可根据需要在商品成熟期采收。收获要在高温雨季前选晴天进行，采收时避免薯块损伤和日光暴晒，以免感病，影响贮运。一般亩产 2 000～4 000 千克。

棉花：选用适宜宽行种植的杂交棉品种，3 月下旬营养钵育苗，4 月下旬定植，每个垄沟内定植 1 行，棉花行距 120 厘米，株距 20 厘米，亩栽植 2 500 株左右，按照杂交棉高产栽培技术管理，一般亩产皮棉 150 千克以上。

七、春马铃薯/玉米—秋马铃薯

（一）种植模式

春马铃薯套玉米一般 120 厘米一带，种植 2 行马铃薯、1 行玉米，玉米收获后种植秋马铃薯应按 80 厘米一带，种植 2 行秋马铃薯（图 3-29）。茬口安排见表 3-29。

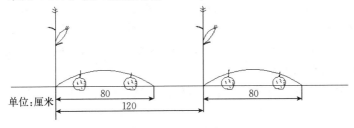

图 3-29　春马铃薯/玉米—秋马铃薯一年三收种植模式

表 3-29　春马铃薯/玉米—秋马铃薯一年三收茬口安排

月份	1	2	3	4	5	6	7	8	9	10	11	12
春马铃薯		○—	—	—	—□							
玉米				○—	—	—	—□					
秋马铃薯								○—	—	—	—□	

（二）主要栽培技术

春马铃薯：参照模式"春马铃薯/棉花"中春马铃薯栽培技术，一般亩产 2 000～4 000 千克。

玉米：选用大穗早熟品种或鲜食玉米品种，4 月 20 日左右在带沟内播种 1 行玉米，株距应缩小到 18 厘米，亩种植 3 000 多株，按照玉米高产栽培技术管理，在 8 月中旬收获，一般亩产 400 千克左右。

秋马铃薯：选用早熟、丰产、抗退化、休眠期短而且易打破休眠的品种。秋马铃薯播种要尽可能选择小整薯块播种，播后不易烂种；大薯块应进行纵向切块，为打破休眠必须应用激素处理种薯，一般整块薯种用 2～10 毫克/千克赤霉素溶液浸 1 小时，薯块用 0.5 毫克/千克赤霉素溶液浸 10～20 分钟，捞出晾干后催芽，常用湿沙土积层催芽，维持 30 ℃以下温度，保持透气和湿润，经 6～8 天，芽长可达 3 厘米左右。此时把薯块从沙土中起出，在散射光下进行 1～2 天绿化锻炼后即可播种。秋马铃薯在河南的适宜播期在立秋前后，8 月玉米抢时收获后随即整地，播种提前催芽的种薯。秋薯植株小、结薯早、宜密植，密度要比春马铃薯增加 1/3，一般 80 厘米一带，40～50 厘米起垄，在垄上种植 2 行，株距 21～24 厘米，亩种植 7 000～8 000 株。播种时采取浅播起大垄的方式，最后培成三角形的大垄。

秋马铃薯生长季日照短，气候冷凉适合薯块的生长，也不易发生徒长，管理上要抓住时机，肥水齐攻，一促到底，争取早发早结薯，整个生长期结合浇水追肥 3～4 次，以速效性氮、磷、钾复合肥料为主，后期注意进行叶面喷肥工作。秋马铃薯生长前期要及早中耕培土，以利降低地温，并可及时排涝，有利于促进块茎肥大，保护块茎防寒。在不受冻害的情况下，秋马铃薯应尽可能适期晚收，以促进块茎养分积累，茎叶枯死后，选晴天上午收获，收后在田间晾晒几小时，即可运入室内摊晾数天，堆好准备贮藏。一般亩产 1 000～1 500 千克。

八、春马铃薯/西瓜—秋马铃薯（或花椰菜、甘蓝、西芹）

（一）种植模式

春马铃薯按 100 厘米一带起垄，每垄种 2 行，第一垄第一行作预留行栽植西瓜，以后每隔 3 行马铃薯栽植一行西瓜（图 3 - 30）。茬口安排见表 3 - 30。

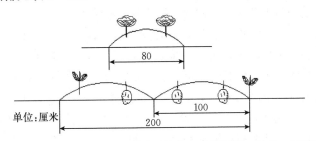

图 3 - 30　春马铃薯/西瓜—秋马铃薯（或花椰菜、甘蓝、西芹）
　　　　　一年三收种植模式

表 3 - 30　春马铃薯/西瓜—秋马铃薯（或花椰菜、甘蓝、西芹）一年三收茬口安排

月份	1	2	3	4	5	6	7	8	9	10	11	12
春马铃薯		○————				—□						
西瓜				○——	×		—□					
秋马铃薯 花椰菜 甘蓝 西芹								○——	—□			

（二）主要栽培技术

春马铃薯：参照模式"春马铃薯/棉花"中春马铃薯栽培技术，一般亩产1 500～3 000千克。

西瓜：选用晚熟高产品种或无籽西瓜品种，在3月下旬至4月上旬育苗，4月底至5月初移栽，株距40厘米，亩种植830株，按照西瓜高产栽培技术管理，7月中下旬收获，亩产可达2 500～3 000千克。

秋马铃薯：参照模式"春马铃薯/玉米—秋马铃薯"中秋马铃薯栽培技术，一般亩产1 000～1 500千克。

花椰菜：选用抗热早熟品种，于7月上中旬遮阴育苗，亩用种量50～75克，需苗床面积70～100平方米，8月上旬5～6片叶时定植。西瓜拉秧后及时耕地并施足底肥，定植密度一般按行株距40厘米×40厘米进行，亩定植4 100多株，定植后注意浇水降温，雨后排涝，在莲座期适当蹲苗，结球期应保持土壤湿润。在初花现蕾时和结球期适当追肥2次，后期叶面喷施复合型营养剂1～2次。结球后期可进行束叶，以保护花球，提升其品质，其措施是把植株中心的几片叶上端束扎起来，或把中部1～2叶折裂盖于花球上。在花球充分长大时或市场价格好时分批采收，采收时，每个花球带2～3片叶，避免运输过程中碰伤或污染花球，一般亩产1 500千克以上。

甘蓝：选用抗寒、结球紧实、耐贮、生长期长的中晚熟秋甘蓝优良品种，7月下旬在地势高燥、排灌良好的地块育苗，亩用种量75～100克。播种后苗床可采用秸秆覆盖遮阴，以防高温和雨水冲刷，9月上旬当幼苗长至3～4片叶时及时移栽定植。一般行距60厘米，株距45厘米，亩栽植2 400多株，定植宜选在阴天或晴天傍晚进行，起苗时尽量多带土少伤根，适当浅栽，栽后随即浇好缓苗水，定植后气温尚高，不利植株生长，随气温下降，植株生长加快，要求肥水供应充足，但莲座后期应适当蹲苗，促进叶球分化；结球期需肥水量大，以速效氮肥为主，适当配合磷钾肥，保持地面经常湿润，以利叶球充实。在收获前10天根据市场行情收获，一般亩产5 000～7 000千克。

西芹：选用进口优良品种，在6月中下旬选择排灌方便的地块阳畦育苗，亩用种量为 70～100 克，需育苗床 70 平方米。播种前要浸种催芽，可用冷水浸泡 4 小时，然后放到布袋中，放在冷凉处进行催芽，每天用冷水冲洗 1 次，在种子露白后再播种。播后要防雨遮阴，出苗后可在早晚喷水降温，保持床面湿润，促进幼苗出齐。苗期要注意去掉弱苗、病苗和杂草，一般苗龄 60～70 天，苗子长到 6～7 片真叶时可定植。

定植前应施足底肥，耕耙均匀，做成平畦，按行距 25 厘米，株距 25 厘米定植，亩栽植 10 000 株左右。定植后要小水勤浇，保持湿润，定植后 1 个月左右，西芹开始进入生长旺盛期，生长速度加快，叶片数迅速增加，此时要追施 2～3 次速效性氮肥和磷肥。外叶长到一定程度，开始进入心叶发育、肥大充实期，此期要特别注意浇水，保持水分供应充足，要注意追施氮肥和钾肥，以促进心叶生长和植株肥大，提高西芹的商品价值和产量。植株高度达到 70 厘米以上，单株重达到 1 千克以上，根据市场行情可收获上市，一般亩产 7 500～10 000 千克。

九、春葱—玉米/菜豆

（一）种植模式

该模式冬春季为大葱，夏秋季为玉米间作菜豆。春葱可以弥补大葱供应淡季，并能为玉米、菜豆生产提供较好的茬口基础，是全年生产效益较高的种植模式之一（图 3 - 31）。茬口安排见表 3 - 31。

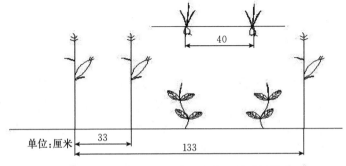

图 3 - 31 春葱—玉米/菜豆一年三收种植模式

表3-31 春葱—玉米/菜豆一年三收茬口安排

月份	1	2	3	4	5	6	7	8	9	10	11	12
春葱					□		○			×		
玉米					○				□			
菜豆						○			▭▭▭			

（二）主要栽培技术

春葱：选用抗病、抗倒伏的高产优良品种，7月下旬在育苗床上育苗，苗床要选用地势平坦、无坷垃、底肥充足、上实下虚的壤土。播好种子后耙平床面，然后灌水。播后7~8天，苗出齐后再浇一小水，8月下旬和9月下旬各追肥浇水1次，并注意防治苗期病虫害。10月上中旬秋作物腾茬后将葱苗移栽大田，每亩施优质农家肥4立方米以上，碳酸氢铵100千克，过磷酸钙100千克，硫酸钾10千克，作基肥一次性沟施，按40厘米×40厘米等行距开沟定植，一般株距3.5厘米，每亩定植5万株左右。定植后注意保墒缓苗，并防寒安全越冬。翌春返青后加强管理，一般2月下旬浇水追肥1次，4月春葱生长为旺盛期，此时，不等地皮见干就要浇水。若后期感染霜霉病和灰霉病，应及时用药防治，一般亩产可达2 500~4 000千克。

玉米：选用丰产潜力大的竖叶大穗壮秆型品种，在春葱收获后及时整地播种，采用宽窄行播种的方式，窄行33厘米，宽行100厘米，每带133厘米种2行玉米，株距28厘米，亩种植3 500多株，按照玉米高产栽培技术管理，成熟后先收穗留茎秆，一般亩产500~600千克。

菜豆：选用高产抗病性强的搭架菜豆品种，当玉米长到6片叶时在玉米宽行内播种2行菜豆，穴距同玉米株距，每穴2~3粒，菜豆播种后切忌浇"蒙头水"，以防烂籽，苗期一般不浇水也不施肥，进行蹲苗，甩蔓后以玉米秆为支架进行生产，注意防治蚜虫、红蜘蛛等害虫，一般亩产菜豆2 000千克以上。

第三节　设施栽培高效间套种植模式

一、小拱棚西瓜×冬瓜—大白菜

（一）种植模式

一般 160 厘米一带，种植 1 行西瓜，隔三棵西瓜定植一棵冬瓜；西瓜收获后冬瓜收获上市，9 月冬瓜拉秧整地，每 70 厘米定植一行秋大白菜（图 3-32）。茬口安排见表 3-32。

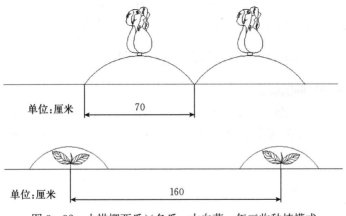

图 3-32　小拱棚西瓜×冬瓜—大白菜一年三收种植模式

表 3-32　小拱棚西瓜×冬瓜—大白菜一年三收茬口安排

月份	1	2	3	4	5	6	7	8	9	10	11	12
小拱棚西瓜		○		×		▭						
小拱棚冬瓜		○		×				▭				
秋大白菜								○	×		▭	

（二）主要栽培技术

西瓜：春季小拱棚覆盖栽培。2 月下旬温室播种，地热线加温育苗，苗龄 35 天左右，4 月上旬定植，覆盖地膜，加盖小拱棚（小拱棚竹竿间距 1 米左右），6 月中旬上市。做畦时畦宽 1.6 米左右，栽植一行西瓜，株距 50 厘米左右，亩栽 600 多株，按照早春西瓜栽培技术管理，一般亩产 2 500 千克左右。

冬瓜：冬瓜选用小个品种，与西瓜同一时期播种，同一时期定植。定植时每隔三棵西瓜定植一棵冬瓜，株距 1.5 米，亩栽 280 棵左右。7 月底 8 月上旬当冬瓜果皮上茸毛消失，果皮暗绿或白粉布满，应及时收获，按照小冬瓜栽培技术管理，一般亩产 4 000 千克左右。

大白菜：选用高产抗病耐贮藏的秋冬品种。采用育苗移栽，于 8 月上中旬播种育苗，9 月上旬于冬瓜收获后整地起垄移栽定植。行距 70 厘米，株距 45 厘米，亩栽 2 100 株左右。于 11 月中下旬上冻前收获，按照秋大白菜栽培技术管理，一般亩产 4 000～5 000 千克。

二、小拱棚甜瓜/玉米—大白菜

（一）种植模式

一般 130 厘米一带，种植 2 行甜瓜，2 行玉米，玉米收获后整地，每 70 厘米起垄定植一行秋大白菜（图 3-33）。茬口安排见表 3-33。

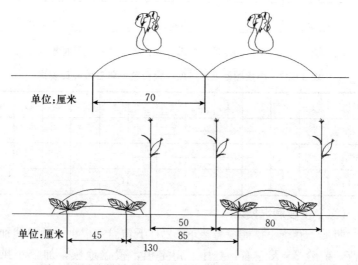

图 3-33 小拱棚甜瓜/玉米—大白菜一年三收种植模式

表3-33 小拱棚甜瓜/玉米—大白菜一年三收茬口安排

月份	1	2	3	4	5	6	7	8	9	10	11	12
小拱棚甜瓜			○—	—✕—	—▭							
玉米					○—	——	——	——	—▭			
秋大白菜								○—	—✕—	——	—▭	

（二）主要栽培技术

甜瓜：2月下旬至3月上旬温室育苗，4月上旬定植，宽窄行种植，宽行85厘米，窄行45厘米，株距55厘米，亩栽1 800株左右。栽后覆膜，搭小拱棚，6月中旬上市，按照薄皮甜瓜栽培技术管理，一般亩产3 000千克。

玉米：普通玉米选用大穗型优良品种，于5月上中旬点播于甜瓜行间，宽窄行种植，甜瓜窄行变玉米宽行，甜瓜宽行变玉米窄行。宽行80厘米，窄行50厘米，株距22.8～25.6厘米，亩留苗4 000～4 500株。9月上旬收获，按照玉米栽培技术管理，一般亩产650～750千克。如果种植甜玉米或糯玉米成熟收获更早，对种植大白菜更有利。

大白菜：选用高产抗病耐贮藏的秋冬品种。采用育苗移栽，于8月上中旬播种育苗，9月上旬玉米收获后整地起垄移栽定植。行距70厘米，株距45厘米，亩栽2 100株左右。于11月中下旬上冻前收获，按照秋大白菜栽培技术管理，一般亩产4 000～5 000千克。

三、小拱棚西瓜/花生

（一）种植模式

一般160厘米一带，种植1行西瓜，4行花生（图3-34）。茬口安排见表3-34。

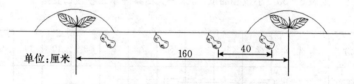

图 3－34　小拱棚西瓜/花生一年二收种植模式

表 3－34　小拱棚西瓜/花生一年二收茬口安排

月份	1	2	3	4	5	6	7	8	9	10	11	12
小拱棚西瓜		○		✕		▭						
花生					○					▭		

（二）主要栽培技术

西瓜：春季小拱棚覆盖栽培。2月下旬温室播种，地热线加温育苗，苗龄 35 天左右，4 月上旬定植，覆盖地膜，加盖小拱棚（小拱棚竹竿间距 1 米左右）。6 月中旬上市。做畦时畦宽 1.6 米左右，栽植一行西瓜，株距 50 厘米左右，亩栽 800 多株，按照早春西瓜栽培技术管理，一般亩产 2 500 千克左右。

花生：5 月上旬在西瓜地内套种花生，每带套种 4 行花生，行距 40 厘米，穴距 17～18 厘米，每亩 9 000 多穴，每穴 2 粒，按花生栽培技术管理，亩产 350 千克以上。

四、棉被大棚早春西瓜—秋延辣椒（或芹菜）

（一）种植模式

早春西瓜一般 300 厘米一带，种植 1 行西瓜；6 月底 7 月初西瓜拉秧后整地种植秋延辣椒或芹菜，秋延辣椒 130 厘米一带，种两行辣椒，宽窄行种植；芹菜一般 150 厘米一带，种植 6 行，25 厘米等行距定植（图 3－35）。茬口安排见表 3－35。

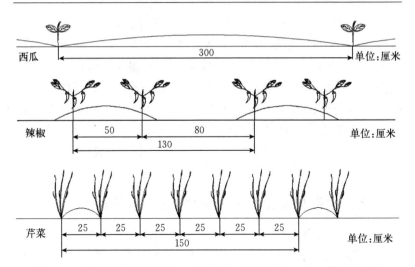

图 3-35 棉被大棚早春西瓜—秋延辣椒（或芹菜）一年二收种植模式

表 3-35 棉被大棚早春西瓜—秋延辣椒（或芹菜）一年二收茬口安排

月份	1	2	3	4	5	6	7	8	9	10	11	12
西瓜		×										○
辣椒或芹菜						○	×					

（二）主要栽培技术

西瓜：选用抗性强、耐低温弱光的早熟京欣系列等品种。上年 12 月中下旬育苗，出苗后子叶瓣平展露出一心时进行嫁接，2 月中下旬定植，5 月上旬上市。平均行距 3 米，株距约 35 厘米，亩栽苗 600～650 株，一般亩产 6 000 千克。

辣椒：选用耐高温、抗旱、结果能力强、抗病、丰产性好的优良品种。6 月下旬育苗，7 月下旬定植，10 月上旬上市。大行距 80 厘米，小行距 50 厘米，穴距 45 厘米，亩栽 2 000 余株，一般亩产 4 000 千克。

芹菜：6 月中下旬露地遮阳育苗，一般在 8 月下旬定植，结合翻地，每亩施用优质腐熟的圈肥5 000千克，尿素30千克，过磷酸钙40千克，硝酸钾15千克，粪土掺匀，耙平搂细，做成1.2~1.5米宽的平畦。选阴天或傍晚，在棚内开沟或挖穴，随起苗，随定植，随浇水，并浇透水。栽植深度以不埋住心叶为度。定植密度：本芹一般行距20厘米，株距13厘米左右，亩栽2.5万株左右；西芹采用行距25厘米，株距13厘米左右，亩栽2.0万多株。11月中下旬至翌年元月上市，一般亩产5 000~7 000千克。

五、大棚早春甜瓜—夏秋甜瓜—秋冬菠菜

(一) 种植模式

两茬甜瓜一般180厘米一带，种植2行甜瓜，宽窄行种植；秋冬菠菜一般120厘米一带作畦，畦内种7行菠菜，15厘米等行距定植（图3-36）。茬口安排见表3-36。

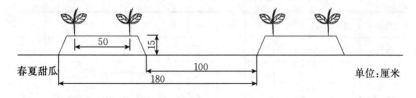

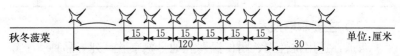

图3-36 大棚早春甜瓜—夏秋甜瓜—秋冬菠菜一年三收种植模式

表3-36 大棚早春甜瓜—夏秋甜瓜—秋冬菠菜一年三收茬口安排

月份	1	2	3	4	5	6	7	8	9	10	11	12
早春甜瓜	○		✕		▭							
夏秋甜瓜					○			▭				
秋冬菠菜									○		▭	

（二）主要栽培技术

早春甜瓜：选用美央玉菇、雪红、脆梨、丰雷、景甜等品种。早春茬甜瓜元月中下旬育苗，3月中旬定植，当甜瓜苗龄30～35天，真叶三叶一心，一般大棚地温稳定在12℃以上时，便可定植。一般采用宽窄行高垄定植，垄高20厘米左右，宽行距1.0米左右，窄行距80厘米左右，株距30～35厘米。浇一次底墒水，晾晒后铺上地膜。为便于采光，南北走向大棚顺棚方向作畦。一般亩栽2 100～2 500株。5月上中旬上市。亩产4 000千克。

夏秋甜瓜：夏秋甜瓜于5月中下旬直播，在上茬甜瓜拉秧后及时清洁田园，结合犁地每亩撒施腐熟优质有机肥1 500千克，45%硫酸钾复合肥50千克，石灰75千克，整平耙细。直播前2～3天结合起垄施尿素5千克，45%硫酸钾复合肥20千克，硼砂1～1.5千克。可仍采用宽窄行高垄定植，垄高20厘米左右，宽行距1.0米左右，窄行距80厘米左右，株距30～35厘米，亩种植2 100～2 500株。垄面要平、净、细。播种后要及时在大棚周围和顶口放风处覆盖防虫网，防止害虫进入，减轻病虫害发生。9月中旬上市。一般亩产2 500千克。

秋冬菜：主要种植菠菜、芫荽等。菠菜或芫荽10月上旬直播，120厘米一带，种植7行，行距15厘米左右，采用精播机械播种，亩播种量1～1.5千克，12月中下旬上市，一般亩产1 500～2 000千克。

六、大棚早春黄瓜（或番茄）—秋延韭菜

（一）种植模式

早春黄瓜（或番茄）一般130厘米一带，种植2行黄瓜（或番茄），宽窄行种植；秋延韭菜一般180厘米一带作畦，畦内种6行韭菜，30厘米等行距按穴定植（图3-37）。茬口安排见表3-37。

（二）主要栽培技术

早春黄瓜：黄瓜选用早熟耐低温弱光、对病害多抗品种，如津杂3号、津春2号、津春3号等。1月中下旬育苗，3月上旬定植，4

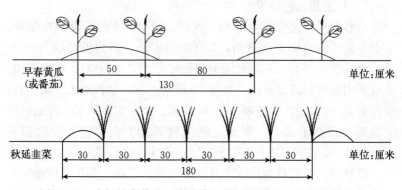

图 3-37　大棚早春黄瓜（或番茄）—秋延韭菜一年二收种植模式

表 3-37　大棚早春黄瓜（或番茄）—秋延韭菜一年二收茬口安排

月份	1	2	3	4	5	6	7	8	9	10	11	12
早春黄瓜或番茄	○		×									
秋延韭菜						○		×				

月上中旬上市。定植按宽行 80 厘米，窄行 50 厘米，株距 25～30 厘米，每亩保苗 3 500～4 000 株。一般亩产 1 万千克。

早春番茄：应选择耐低温、耐弱光、抗病性强的早熟高产品种，如金棚 1 号、百丽等。在 12 月中旬温室育苗，3 月上旬定植，4 月中下旬上市。采用宽窄行起垄地膜覆盖的方法，宽行 80 厘米，窄行 50 厘米，株距 40～45 厘米，亩留苗 2 200～2 500 株，双蔓整枝。6 月初拉秧，一般亩产 8 500 千克左右。

韭菜：选用高产、优质、抗逆性强的韭宝等品种。4 月上旬育苗，7 月下旬定植，按行距 30 厘米，穴距 15 厘米定植，每穴 15 株左右，亩定植 1.5 万穴、20 万～22 万株。10 月上旬上市。第一刀是秋季生长的成株，第二刀在大棚中适宜的条件下长成，故前两刀产量较高，一般亩产 2 000～2 500 千克。第三刀韭菜长期处在光照弱、日照短、温度低的条件下，产量较低。每次收割都应适当浅下刀，最好在鳞茎上5厘米处收割，最后一次收割，可尽量深割，因为割完就要刨除韭根了。

七、大棚早春马铃薯—夏白菜—秋番茄

（一）种植模式

早春马铃薯一般100厘米一带，在垄上种植2行马铃薯；夏白菜一般50厘米一带，起垄种植1行抗热大白菜；秋番茄一般130厘米一带，在垄上种植2行番茄，宽窄行定植（图3-38）。茬口安排见表3-38。

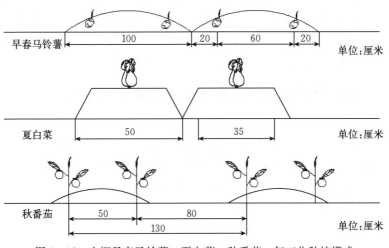

图3-38　大棚早春马铃薯—夏白菜—秋番茄一年三收种植模式

表3-38　大棚早春马铃薯—夏白菜—秋番茄一年三收茬口安排

月份	1	2	3	4	5	6	7	8	9	10	11	12
早春马铃薯	○	×			▭							
夏白菜						○		▭				
秋番茄							○×	▭				

（二）主要栽培技术

早春马铃薯：中原地区保温性较好的三膜大棚可于 1 月中旬前后播种，中拱棚双膜栽培可于 2 月初播种，小拱棚双膜栽培可于 2 月中下旬播种。在垄上种植，行距 60 厘米左右，株距 30 厘米左右，亩种植 4 500 株左右。在 5 月初至 6 月初择机收获上市，一般亩产 2 500～3 500 千克。

夏白菜：夏白菜 6 月上旬直播，或 5 月中下旬播种育苗，6 月中旬定植，50 厘米一带起垄种植，株距 40 厘米左右，亩定植 3 300 株左右；8 月底采收完毕，一般亩产 2 500 千克。

秋番茄：7 月中下旬育苗，8 月上旬定植，9 月中旬上市，11 月中下旬拉秧。秋番茄定植密度一般比春提早番茄要大，按宽行 80 厘米，窄行 50 厘米，株距 40～45 厘米，亩定植 2 300～2 500 株。一般亩产 4 000～4 500 千克。

八、日光温室冬春茄子—夏白菜—秋黄瓜

（一）种植模式

冬春茄子一般 130 厘米一带，每带 2 行茄子，宽窄行定植；夏白菜一般 50 厘米一带，起垄种植 1 行抗热大白菜；秋黄瓜一般 120 厘米一带，起垄种植 2 行秋黄瓜，宽窄行定植（图 3 - 39）。茬口安排见表 3 - 39。

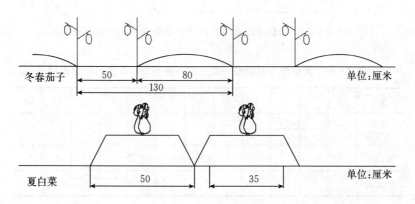

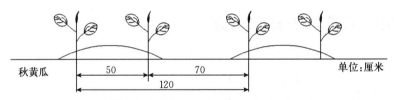

图 3 - 39　日光温室冬春茄子—夏白菜—秋黄瓜一年三收种植模式

表 3 - 39　日光温室冬春茄子—夏白菜—秋黄瓜一年三收茬口安排

月份	1	2	3	4	5	6	7	8	9	10	11	12
冬春茄子												
夏白菜												
秋黄瓜												

（二）主要栽培技术

冬春茄子：10 月初播种育苗，12 月定植，按宽行 80 厘米、窄行 50 厘米，株距 30～35 厘米，亩定植 3 000～3 500 株；翌年 2 月中旬上市，6 月底收获结束。一般亩产 4 000 千克左右。

夏白菜：6 月底至 7 月初播种，50 厘米一带，起垄种植，株距 40 厘米左右，亩定植 3 300 株左右；8 月中旬采收上市，8 月底收获完毕，一般亩产 2 500 千克。

秋黄瓜：7 月下旬至 8 月初育苗，8 月底移栽定植，按宽行 70 厘米，窄行 50 厘米，株距 32 厘米左右，亩定植 3 500 株左右；10 月中旬采收上市，元旦之前收获结束。秋延迟栽培的黄瓜，生长前期高温多雨，后期低温寒冷，因此，应选择苗期较耐热、生长势强、抗病、高产的黄瓜品种，如津研 4 号、秋棚 1 号、鲁秋 1 号和津杂 2 号等。一般于 7 月下旬至 8 月上旬播种，育苗应在覆盖遮阳网或草帘的棚内进行，以免高温强光和暴晒对出苗造成影响。播后 3～4 片真叶时移植，注意抑制幼苗徒长。一般亩产 4 500 千克左右。此种植模式黄瓜上市时间正值淡季，又逢中秋、元旦节日，因此市场价格较高，能取得较好的收益。

附：间套作农作物图例

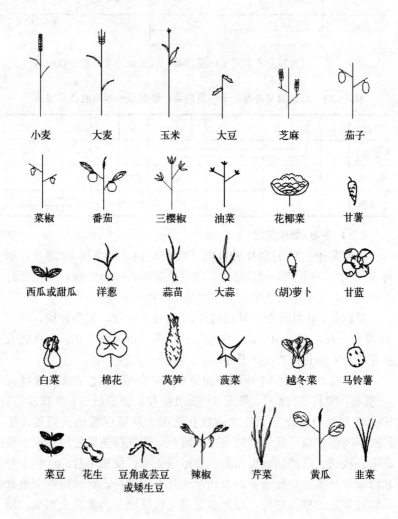